KB069459

화성 탐사선을 탄 걸리버

곽재식이 들려주는 고전과 과학 이야기

화성 탐사선을 탄 걸리버

곽재식 지음

문학수첩

차 례

사람을 문과와 이과라는 두 가지 인간형으로 나눈다는 것은 이상한 일이다. 문과와 이과라는 기준은 사람을 보고 분류해서 만든 기준이 아니다. 여러 사람의 뇌를 살펴봤더니 '문과형 뇌'가 있고 '이과형 뇌'가 있다는 결과를 얻은 것도 아니거니와, 그런 두 부류의 사람들 비율이 대략 반반이더라는 결론 때문에 사람의 성향을 두 가지로 구분하기로 한 것도 아니라는 뜻이다. 뇌의 어느 부위는 수학을 잘하는 부위인데, 그 부위가 발달할수록 철학을 잘하는 부위가 줄어든다는 식의 관계가 있는 것도 아니다. 수학 잘하는 부위가 발달한 사람은 이과이고 철학을 잘하는 뇌 부위가 발달한 사람이 문과가 되는 것이 아니다.

문과와 이과라는 기준은 사람을 보고 만든 기준이 아니라 그냥 제도의 편의를 위해서 만들어 놓은 것이다. 시험을 쳐서 대학에서 사람을 뽑아야 하는데, 모든 과목을 다 공부하라고 하기에는 학생들도, 학교도 너무 피곤하니까 적당히 과목을 갈라서 두 가지 부류로 제도를 나누어 놓은 것뿐이다. 그냥 19세기 말에서 20세기 초의 어느 날, 일본의 공무원 몇이 입시 제도에 맞춰서 적당히 갈라놓기로 한 기준이 문과와 이과이고 그것이 한국으로 넘어와서 비슷비슷하게 계승되어 온 것일 뿐이다. 그게 전부다.

물론 사람마다 좋아하는 과목이나 잘하는 과목이 다를 수는 있다. 누구는 다른 과목은 어지간히 잘할 수 있는데 수학만은 너무 하기 싫어할 수도 있고, 다른 과목은 잘 못하지만 수학만은 아주 잘하는 사람이 있을 수는 있다. 사람들 사이에 그런 차이는 있다. 그러나 그렇다고 해서 문과와 이과라는, 백 몇십 년 전 일본 공무원 몇이 만들어 놓은 기준으로 모든 사람이 저절로 반반씩 구분될 리는 없다. 수학을 열심히 하면 저절로 사회 과목을 싫어하게 되는 것도 아니고, 문학에 관심이 생기면 그다음부터는 화학을 증오하게 되는 것도 아니다. 그런 원리가 사람의 두뇌에는 들어 있지 않다.

그렇지만 그렇게 교육제도를 둘로 나누어 놓고, 그에 맞추어 대학 전공을 둘로 나누어 놓고, 그에 맞춰서 다시 어울리는 직업도 둘로 나누어 놓는 식으로 대충 세상을 맞춰나가다 보면, 별 의미 없던 구분도 점차 실체를 갖게 된다. 사회제도를 운영하는 공공기관의 편의 때문에 생긴 구분일 뿐이었지만, 사회제도를 이끌고 굳혀나가는 그 강력한 힘 때문에 그것은 그 사회에 사는 사람들 사이에서 점차 의미를 갖게 된다는 이야기다.

미국과 캐나다 사이의 국경 중 대부분은 먼 옛날의 높으신 분들이 그냥 적당히 지도를 보고 직선으로 반듯하게 대충 줄을 그어 잘라놓은 것뿐이다. 그 국경선을 그리는 데 딱히 대단한 기준은 없었다. 하지만 그 기준으로 사람들이 서로 다르게 나뉘어서 오래 살다보니 실제로 양쪽에서 사는 사람들이 각자 미국인과 캐나다인이 되어 서로 다른 삶에 익숙해졌다. 그런 것과 비슷하다.

문학을 잘했기 때문에 문과를 선택하고 문과 전공으로 진학한 사람이 문과 전공이 잘 갖는 직업을 갖게 되면, 자신이 그에 어울리는 직업을 얻은 것은 문학 때문이며 수학은 이과 과목에 속하므로 자신과는 관련이 없다고 자연히 생각하게 된다. 나아가 수학이나 과학은 자신과 거리가 먼 과목이고, 그런 분야의 지식은 자신의 두뇌에는 맞지 않다고 생각하게 될지도 모른다.

그러나 막상 세상에서 일을 하며 먹고살기 시작하면 현실은 별로 그렇지 않다는 사실을 곧 깨닫게 된다. 문과와 이과의 구분을 따져 생각하는 사람들이 아주 많이 모여 있는 직종으로 가지만 않으면, 일의 성격을 구분할 때 문과냐 이과냐 하는 구분은 아무런 쓸모가 없다. 편의점에서 물건을 정리하고 가격을 계산하는 일은 문과에 속하는가, 이과에 속하는가? 점포를 경영하는 일이라고 할 수 있으니 경영학이므로 문과인가? 물건 값을 계산하는 일을 많이 해야 하니 수학이라고 보고 이과인가? 음식점의 물건을 배달하는 일은 문과인가, 이과인가? 지도를 보아야 하니 지리학에 가깝고 그렇다면 문과인가? 자동차나 오토바이 같은 기계를 다루어야 하니 이과인가? 아닌 게 아니라 지리학과를 이과 계열 전공으로 분류해 두는 대학도 적지 않다. 문과 전공이라고 하는 중국어나 일본어를 열심히 배워서 대기업 해외 영업팀에 취직을 하면, 우리 회사에서 파는 전자제품이나 화학제품이 과학적으로 어떻게 뛰어나며 기술적으로 어떤 점에서 경쟁력을 가지는지에 대해 중국이나 일본 고객에게 설명해야 하는 일을 맡게 되는 경우가 허다하다.

그렇기 때문에 심지어 '문과-이과 융합' 같은 말조차도 현실에서는 별 의미가 없다. 세상의 대단히 많은 일들이 원래부터 문과-이과의 경계와는 별 관련 없이 이루어지는, 융합 그 자체이기 때문이다. 그런 구분은, 교육제도를 나누어 따지는 것에 어쩔 수 없이 매달려 있었던 몇 안 되는 영역에서나 의미를 갖는다. 요즘 들어 인터넷을 통해 빠르게 확산되는 유행어나 농담의 힘이 워낙 강하다 보니, 그야말로 농담 삼아 누군가 이야기한 문과 성향, 이과 성향을 구분하는 말이 자주 돌기는 한다. 그렇지만 이는 애초부터 한계가 명백한 구분 방법이다. 요즘 학생들에게는 아예 문과, 이과 구분을 하지 않는 교육과정이 적용되기 시작했다.

당연히 먼 옛날부터 이야기를 만들고 그 이야기를 즐겨 오던 옛사람들에게도 문과와 이과의 구분 같은 것은 없었다. 문학은 자연스럽게 사회의 모습과 그 사회에서 사는 사람들의 모습을 반영하기 마련이고, 사회와 사람의 삶은 과학기술 발전에 따라 변화하기 마련이다. 그러므로 문학에는 어떤 식으로든 과학기술의 영향이 드러날 수밖에 없다.

중세에 생겨난 아서왕의 전설에서는 신비로운 보검을 뽑는 장면이 중요하지만, 근대에 나온 늑대인간을 물리치는 이야기에서는 은으로 만든 탄환을 쏘는 총이 중요한 무기로 등장한다. 시대상을 잘 표현한 소설에는 과학기술의 발전으로 생긴 그 시대의 변화가 그런 식으로 이야기 속에 포착되어 있다. 한편 옛사람들이 판소리로 듣던 이야기와 오늘날 사람들이 스마트폰 영상으로 보면서 유행한 이야기는 다를 수밖에 없듯이, 기술의 발전에 따라 사람들이 좋아하는 이야기, 쉽게 읽을 수 있는 책이 바뀌어 가면서 인기를 얻는 문학이 달라지기도 한다.

이 책은 잘 알려진 옛 문학의 걸작들 속에서 바로 그런 과학과 기술에 관한 이야기를 좀 더 잘 보이게 잡아내어 설명해 보려고 노력한 책이다.

소설이나 전기 속에서 진기한 과학 이야기를 찾아보는 것은 그 자체로 재미난 일이다. 그런데 나는 더 나아가서 그런 과학에 관한 생각이 이야기를 좀 더 감동적으로 즐기는 데 도움이 될 수 있다고 본다.

쉬운 예를 들어보자면, 옛 소설 속의 등장인물들이 어떤 정도의 과학기술을 갖고 있는 시대를 살았는지 이해하면 그 인물들이 겪었던 감정을 좀 더 생생하게 느낄 수 있게 된다. 배를 타고 바다 먼 곳으로 모험을 떠난 사람의 이야기를 읽는다고 할 때, 과연 그 시대의 항해기술이 어느 정도였는지를 알고 있다면, 그 모험이 과연 얼마나 위험한 도전이었는지를 좀 더 실감 나게 느낄 수 있다. 반대로, 문학 속에 묘사된 과거 시대의 실감 나는 광경이 지금은 사라진 옛 시대의 기술을 더 가슴에 와닿게 느끼는 기회가 될 수도 있다. 예를 들어 현대 한국의 독자가 현대의 한국에는 야생 호랑이가 살지 않는다는 사실을 확실히 알고 있는 상태에서, 조선 시대 이야기에서 그 당시로는 최선의 기술을 이용해 호랑이를 물리치기 위해서 조마조마한 마음으로 덫을 놓는 장면을 읽는다면 감흥은 달라진다.

그렇기에 이 책에서는 과학기술이 발전해 가는 과정이 잘 드러나고 기술 간의 연결 관계를 알아보기 쉽도록 대체로 시대 순서대로 이야기 하나씩을 다루는 방식으로 내용을 구성해 보았다. 과거에서 현재로 이어지는 시대의 흐름에 따라 내가 좋아하는 전 세계의 고전을 하나씩 꼽고, 그에 대해 각각 설명을 이어보았다. 막연하고 먼 이야기로만 느껴지지 않도록, 내용을 설명하면서 가능하면 한국, 한국인에게는 그런 과학기술이 어떤 영향을 미쳤는지에 대해서도 조금이나마 언급해 보려고 애썼다.

또한 정론을 전하려는 책이나 교과서같이 중요한 내용을 명확히 밝히려고 쓴 책은 아니므로, 다수의 평론가들이 칭송하는 점을 무조건 따라 칭송하는 식으로 글을 분석하지는 않았다. 그보다는 각각의 이야기들에 대해 내가 느낀 것, 내가 좋아한 점, 내가 읽다보니 생각난 이야기를 곁들이는 식으로 솔직한 글을 쓰고자 했다. 그런 만큼, 감히 어쭙잖게 고전에 대해 멋대로 떠들기보다는, 아직 아는 것이 부족하고 배운 것들의 깊이도 얕은 시선의 한계 속에서 한번 생각해 볼 만한 이런저런 이야깃거리들을 엮어보는 정도로 내 생각을 담았다.

독자께서 고전 속에 드러난 세상의 생생한 모습 속에 실제로 다양한 삶이 어떻게 엮여 있는지를 다시 한번 돌아보는 기회가 되는 책으로 이 책을 읽을 수 있다면 좋겠다. 고전 속에 펼쳐진 수천 년의 역사 동안 '문과형 인간'이니 '이과형 인간'이니, '나는 태생이 찐문과, 찐이과' 같은 마음을 갖고 살아온 사람은 정말 아무도 없었다는 사실은 말할 것도 없이 잘 드러나 있다.

뭐니 뭐니 해도 시간의 흐름에 따라 사람의 과학기술은 그럭저럭 좋은 쪽으로 계속해서 잘 발전해 온 것 같다. 그렇다면, 푹 빠져들 수 있는 여러 명작들을 하나둘 따라 읽으면서, 머나먼 과거의 시대부터 현재까지 바뀌어 온 세상을 시간여행 하듯 즐기는 기회로 이 책을 활용해도 좋을 거라고 생각한다.

—서초에서

곽재식

chapter 1.

《길가메시 서사시》와 기후변화

"먼 옛날 지구가 아주 미세하게 한쪽 방향으로 비틀거리면서 움직인 현상이 있었기 때문에 빙하기가 시작됐고, 그 후 빙하기가 끝나면서 지구의 날씨가 바뀌었고, 농사가 성공을 거둘 수 있게 됐고, 사람들은 문명을 만들고 도시를 만들고 영웅의 서사시를 노래할 수 있게 되었다."

2003년, 중동의 이라크에서는 전쟁이 벌어지고 있었다. 대한민국은 전통적으로 미국의 동맹국이었기 때문에, 이라크에서 벌어진 이 전쟁에도 미국 편으로 참전해야 한다는 이야기가 나왔고, 결국 2003년 4월 한국군 부대가 이라크로 가게 된다.

그러나 아무래도 다른 나라의 전쟁터에 병사들을 보내는 데 대한 부담이 있었던 것 같다. 그래서 이때 처음 보낸 병력은 부서진 시설물을 건설해 주는 공병부대나, 다친 사람들을 치료해 주는 의료 지원 부대를 중심으로 편성됐다. 그렇게 해서 이라크로 건너간 의료 지원 부대가 100명 규모의 제마부대다. '제마'는 조선 말기에 한의학을 연구해 사람들의 병을 치료하려고 애쓴 학자였던 이제마의 이름에서 따온 말이다. 부상이나 병으로 고생하는 주민들을 치료해 주면서, 동맹군이 이라크인들에게 좋은 인상을 갖도록 해주는 임무를 맡은 부대에 어울리는 이름이었던 것 같다.

제마부대는 약 5년 동안 이라크에서 활동했다. 제마부대가 주로 활동한 지역은 이라크 남부의 도시인 나시리야Nasiriyah라는 곳 인근이다. 당시에는 중간 규모의 평범한 도시였고, 그런 만큼 이라크 전쟁의 피해를 입기도 했던 곳이다.

그런데 이곳은 흔히 교과서에 인류 문명이 처음으로 시작된 곳이라고 나오는 메소포타미아 문명의 발상지에서 그다지 멀지 않은 곳이기도 하다. 인류에는 고대 4대 문명이 있고, 그중 메소포타미아 문명은 티그리스강과 유프라테스강 유역에서 발생했다는 이야기가 상식처럼 퍼져 있는데, 나시리야는 바로 그 유프라테스강 가까운 곳에 위치해 있다. 한국의 서울에서 운전을 하다가 도심지의 길이 막히면 강변이나 물가의 뚝방길을 따라가는 것이 유용할 때가 있는데, 나시리야에서 뚝방길로 가면 인류 최초의 문명을 낳았다는 바로 그 유프라테스강에 닿을 수 있다.

이를테면, 한국군 제마부대가 주둔했던 나시리야에서 북서쪽으로 50~60킬로미터쯤 가면 우루크Uruk라는 곳이 나온다. 이곳이 인류가 최초로 글로 쓴 문학작품을 이야기할 때 빠지지 않는, 《길가메시 서사시Epic of Gilgamesh》의 무대가 되는 도시다.

지금 우루크 근처를 지나치면 눈에 보이는 것은 그저 모래, 흙, 돌만 가득한 황무지뿐이다. 한국은 어디를 가나 땅이 그럭저럭 비옥한 편이고 기후도 좋아서 풀과 나무가 가득하기에, 이라크의 우루크 같은 땅은 정말 메말라 보인다. 한국에서라면, 공사를 하느라 땅을 갈아엎었다가 버려둔 곳으로 보일 정도로 척박한 땅이다. 그런데 지금으로부터 5,000년 전의 옛날로 거슬러 올라가면, 이곳은 세계 어느 곳보다 화려하고 거대한 최고로 번화한 도시였다.

적지 않은 학자들이 우루크를 인류 역사상 도시다운 도시가 생긴 최초의 장소로 지목한다. 현재의 발굴 결과를 훑어보면 우루크가 건설된 후 그곳에는 수만 명 단위의 사람들이 모여 살았던 것 같다. 대략 21세기의 경기도 과천시 인구 정도 되는 사람들이 5,000년 전에 한 도시를 만들고 살았다는 뜻으로 볼 수 있다. 5,000년 전이면 세상 대다수 지역에서는 사람들이 석기시대의 원시 문화를 이루며 살던 시절이다. 그런 석기시대 사람들이 사는 곳이 계속되다가, 이라크의 우루크에 들어선 순간 갑자기 경기도 과천시 같은 곳이 펼쳐지는 느낌을 상상해 봐도 좋겠다.

나는 이런 비교가 큰 과장은 아니라고 생각한다. 당시 다른 지역에 사는 사람이 우루크에 찾아왔다면 그 도시의 발전된 풍경에 완전히 압도당했을 것이다. 그 시절 대부분의 사람들은 나뭇가지를 대충 엮어 만든 움막을 치고 살았을 텐데, 우루크에는 벽돌로 쌓은 고층 탑이 건설되어 있었다. 다른 지역 사람들이 농사를 짓는 일도 겨우 해내고 있을 때, 우루크에서는 다채로운 전문직 종사자들이 도시인의 삶을 즐기며 살고 있었다. 요즘 SF 영화를 보면 외계인의 발전된 도시에 하늘을 날아다니는 자동차가 가득하고, 하늘 끝까지 솟은 어마어마한 고층 건물 사이에서 커다란 우주선이 날아다니는 경이로운 장면이 나오는데, 아마 5,000년 전 다른 지역에 살던 사람이 우루크를 봤다면 그 충격은 그 정도였을 것이다. 그 이상일지도 모른다. 우리는 SF 영화 등을 보면서 그런 발달한 문화가 있을 수도 있다는 것을 상상이라도 하고 있지만, 5,000년 전 사람들은 대부분 그렇게 웅장하고 화려한 도시가 있을 수 있다는 것을 상상조차 해보지 못했을 것이다. 그런 사람들이 우루크의 도시 문화를 봤을 때의 감탄은 굉장하지 않았을까.

《길가메시 서사시》는 이 도시, 우루크를 다스린 영웅인 길가메시의 삶을 다룬 이야기다. 서사시epic라고는 하지만 이는 《길가메시 서사시》를 연구한 초기 유럽 학자들이 유럽에서 서사시라고 부르던 옛 문학과 비슷한 느낌이 들었기 때문에 붙인 이름일 뿐, 실제로 서사시 형식에 가까운 이야기인지 어떤지는 알 수 없다. 서사시 같은 구체적인 문학 형태가 나오기 수천 년 전에 생긴 이야기이기 때문에, 서사시라든가 소설이라든가 하는 구분을 초월하는, 옛 우루크와 우루크에 살던 수메르Sumer 민족 사람들 고유의 문학이라고 부르는 것이 더 옳을 듯하다.

《길가메시 서사시》의 주인공 길가메시는 전설적이고 신화적인 인물이다. 어떤 이야기에서는 우루크의 영웅이었다는 식으로 언급되고, 어떤 기록에서는 우루크를 다스리는 임금 같은 사람이었다는 식으로 등장한다. 심지어 이런저런 떠도는 이야기들을 보다 보면, 길가메시가 우루크를 처음 세운 사람이었다는 식으로 이야기하는 경우도 있다. 어디까지가 사실이고 어디까지가 지어낸 이야기인지 명확하지는 않다. 아마도, 우루크에서 살던 사람들 사이에 '옛날옛날에 우리 도시에 굉장한 사람이 있었는데 그 사람이 바로 길가메시였다'는 식으로 이야기가 돌고 있었다는 정도가 그나마 확실한 내용일 것이다.

그런데 이 이야기는 그냥 대충 전해져 내려오는 전설이라고 하기에는 구조가 비교적 복잡하고, 다루고 있는 주제도 심각한 편이다. 이야기의 구절구절에 담겨 있는 묘사가 풍부하고 아름답기도 하다. 이야기를 전할 때 더 멋지고 더 감동적으로 꾸미기 위한 작가의 노력이 더해져 있다는 사실이 그 내용에서도 드러난다.

예를 들어, 길가메시가 친구 엔키두Enkidu를 만나는 부분을 살펴보자. 길가메시의 친구, 엔키두는 도시 바깥의 숲, 산에서 야생의 생활을 하던 힘이 센 인물이다. 몸에 털이 많이 난 들소 같은 인물로 묘사되고 있다. 그런 만큼 거칠고 강인해서 힘으로는 당할 자가 없다. 또한 엔키두는 그만큼 순박하고 굳센 성품을 가진 인물이기도 하다. 그러나 그에 비해 주인공 길가메시는 우루크라는 당시 세계 최고의 대도시를 중심으로, 그 도시에서 가장 뛰어난 인물로 추앙받던 인물이다. 엔키두와 달리 길가메시는 재주가 뛰어날 뿐만 아니라 고귀한 혈통에 생김새도 대단히 아름다운 사람이었던 것 같다.

길가메시로 추정되는 부조(왼쪽)와 엔키두의 부조(오른쪽)

길가메시는 힘으로는 당할 자가 없다는 굉장한 인물, 엔키두와 대결하겠다고 마음먹는다. 둘은 온 도시가 들썩거릴 정도로 굉장한 싸움을 벌인다. 그런데 그 과정에서 길가메시와 엔키두는 서로 상대가 얼마나 기량이 뛰어나고 멋진 인물인지 점차 알아가게 된다. 모든 것을 걸고 서로에게 최고의 솜씨를 보이고 있기 때문에, 최고의 솜씨가 어떤 것인지 누구보다 잘 알아볼 수 있는 두 사람은 그것을 더욱 강하게 느끼게 된다. 둘은 적이지만 상대를 존경하는 마음을 갖게 된다. 결국 두 사람의 싸움은 무승부처럼 끝이 나고, 길가메시와 엔키두는 절친한 친구가 된다. 그리고 이후 그 둘이 짝이 되어 괴물을 퇴치하고, 아름다움의 여신을 만나는 등의 온갖 모험을 벌인다.

싸움을 벌이다가 오히려 친구가 되는 이야기는 1960년대, 1970년대 조직폭력배를 주인공으로 한 한국 영화에서 무척 자주 나오던 소재거니와, 최근까지도 각종 만화 같은 매체에서 좀 지나칠 정도로 남용되던 소재였다. 보다보면 "또 이런 이야기냐"고 좀 지겹다는 생각이 드는 경우도 있었다. 그럴 만도 한 것이, 지상 최초의 흥행 문학작품이라고 할 5,000년 전의 길가메시 이야기에서부터 나오는 소재인 것이다. 한편으로는, 길가메시의 이야기에 5,000년 후의 작가들도 써먹을 만한 소재가 들어 있었다는 것도 신기한 일이다.

길가메시의 이야기를 그 이상으로 멋지게 만드는 부분은 길가메시와 엔키두의 싸움 이야기 전후로 보이는 주변 묘사들이다. 이 싸움 전후로 엔키두는 야생의 숲과 들판을 떠나 도시에서 지내는 삶을 경험한다. 그리고 그 과정에서 야생의 습속과 마음을 잃어버리게 된다. 과거 엔키두는 짐승과 거의 다를 바 없이 자연 그대로, 내키는 대로 자유롭게 살았다. 그러나 길가메시를 만나게 되면서 모든 것이 깨끗하고 화려하게 장식된 도시의 쾌락을 접한다. 그러면서 조금씩 도시에 사는 사람처럼, 문명에 길들여진 사람처럼 변화하게 된다. 그리고 이러한 사실을 마치 엔키두에게 어떤 약점이 생긴 것처럼 이야기하고 있다.

즉 도시를 이루고 살면서 문화를 만들고 문명 생활을 하는 삶은 오히려 그만큼 사람의 삶에 복잡한 고민거리를 가져다준다는 사실을 암시하는 것이다. 요즘 우리는 흔히 100년 전, 200년 전, 조선 시대 정도의 생활 방식을 두고도 자연과 함께 사는 평화로운 삶의 방식이라고 느낄 때가 있다. 그러나 사실 조선 시대건 고려 시대건, 문명을 이루는 사람의 삶이라면 그런 식으로 막연한 자연 속의 평화를 찾기란 어렵다.

길가메시의 이야기는 무려 5,000년 전, 인류 문명의 시작과 함께 이미 문명사회를 사는 사람의 삶이란 짐승의 삶과는 근본적으로 달라져서 골치 아플 수밖에 없다는 점을 지적한다. 직업을 갖고, 관계 속에서 제 역할을 수행해야 하고, 먹고살고 더 잘살기 위해 재물을 모으거나 지위를 얻으려고 하고, 예절과 관습을 배워서 따라 하기 위해 애써야 하고, 악한 사람을 찾아내고, 선한 사람을 칭송하기 위해 고민해야 하는 것이 문명을 이룬 사람이 지게 된 짐이라는 사실을 상징하는 이야기라고 나는 느꼈다.

그렇다면 그 먼 옛날 《길가메시 서사시》 같은 복잡한 이야기가 도대체 어떻게 해서 탄생하고 기록되어 퍼질 수 있었을까? 또 그런 이야기가 나올 수 있는 우루크 같은 도시는 어떻게 탄생할 수 있었을까? 쉽게 답을 말할 수 있는 간단한 질문은 아니다. 그렇지만, 그래도 그 답의 배경이 될 만한 확실한 사실 몇 가지 정도는 짚어볼 수 있을 것 같다.

우루크가 속한 중동 지역은 곡식인 밀wheat이 처음 탄생한 곳으로 지목되는 곳이다. 즉, 밀이라는 곡식을 심어서 농사짓는 풍속을 처음 시작한 사람들이 우루크에서 멀지 않은 곳에 살고 있었다. 중동 지역 중에서도 지중해에 가까운 곳에서 밀농사가 처음 시작되었다는 학설도 있는데, 그렇다고 해도 우루크에서 아주 먼 것은 아니다.

그런데 지금 우리가 먹는 밀은 야생의 풀밭에서 저절로 자라는 밀 비슷한 식물과는 꽤 다른 생명체다. 유전자 조작으로, 길러서 먹기 편한 형태로 개조되었다는 느낌이 들 정도로 다르다. 우리가 먹는 보통

우루크 유적에 표현된 밀

밀은 그 유전자가 들어 있는 염색체의 모양부터가 특이하다.

모든 동식물의 몸은 세포로 이루어져 있는데, 세포 속에는 그 생물의 유전자를 품고 있는 0.01밀리미터 정도 크기의 염색체가 여러 개 들어 있다. 보통은 비슷하게 생긴 염색체를 2개씩 한 벌 갖고 있어서 2배체라고 부른다. 사람도 마찬가지다. 사람에게는 염색체가 46개 있는데, 그중 대부분이 똑같은 것을 두 짝 한 벌로 찾아서 짝지을 수 있는 2배체다. 그런데, 우리가 기르는 밀은 비슷하게 생긴 염색체가 4개씩 있는 품종 또는 심지어 6개씩 있는 품종이 주류다. 즉 무슨 이유에서인지 밀의 유전자는 4배체, 6배체 염색체라고 하는 특이한 방식으로 담겨 있다.

아마도 밀의 조상이 되는 품종들 사이에 이리저리 잡종이 만들어지고, 그러면서 특징이 다른 여러 가지 다양한 식물이 나타났고, 그중에 길러서 먹기 좋은 것을 먼 옛날 중동 지역 사람들이 골라서 퍼뜨린 것이 아닌가 싶다. 그리고 그 과정에서 우연히 염색체가 여러 벌로 불어나 있는 특이한 품종이 나타났는데 하필 그것이 좋아 보여서 선택되었던 듯하다. 그 씨앗을 사람들이 널리 뿌리기 때문에, 특이한 품종이라고 하더라도 한 번 선택되면 온 세상에 널리 퍼져서 자랄 수 있다. 이런 식으로 식물의 잡종을 통해 새로운 식물의 탄생이 가능하다는 사실은 20세기에 들어와서 많은 내용이 선명하게 밝혀졌다. 예를 들어, 우장춘禹長春이 배추를 연구하면서 잡종을 통해 새로운 식물이 탄생하는 사례를 보여준 것은 유명한 이야기다.

비슷한 원리에 따라, 중동 지역에서 고대 중동의 우장춘이라고 불릴 만한 인물 몇 사람이 여러 차례 실험을 하면서 이리저리 잡종을 만들어 가며 심기 좋은 밀을 열심히 개발했는지도 모른다. 너무 오래전에 일어난 일이기에 이와 관련해서 지금 우리가 명확한 기록을 찾을 수는 없다. 누군가 말했듯이 "쓸데없는 전쟁을 벌인 임금의 자식 이름 같은 것은 역사 속 기록에 이토록 오래 남아 있건만, 세상 모든 사람들의 생명을 이어나갈 수 있게 해준 농사를 시작한 인물의 이름은 정작 잊혔다는 사실은 비참하다".

그렇지만 그 알 수 없는 사람들 덕택에 이때 탄생한 밀이 전 세계로 퍼져나갔고 오늘날 우리는 밀을 먹을 수 있게 되었다. 다른 지역에서도 나름대로 밀을 재배하고 개발한 공을 완전히 무시할 수는 없겠지만, 중동 지역에서 밀농사를 시작한 사람들의 역할이 가장 중요했던 것으로 보인다. 하다못해 한국 음식 중에도 잔치국수, 오징어튀김, 파전처럼 밀가루를 이용하는 음식이 적지 않은데, 이런 음식들은 그 옛날 중동 지역의 어느 훌륭한 농부가 발명한 밀농사 방법이 퍼지지 않았다면 탄생할 수 없었을 것이다.

그저 꾸며낸 이야기일 뿐이지만, 한번 상상해 보자. 먼 옛날 우루크에 서로 사랑하는 남녀가 살았다. 그러나 권위를 앞세운 왕자와 공주가 그 연인을 떼어놓고 강제로 결혼하려고 든다. 연인은 밤을 틈타 멀리 도망친다. 왕자와 공주가 보낸 추적대가 그 뒤를 쫓는다. 연인은 몇 년 동안이나 도망쳐서 중동 지역을 빠져나가 중앙아시아로 숨어들고, 계속해서 동쪽으로 동쪽으로 도망친다. 마침내 사악한 왕자와 공주의 추적대를 따돌리고 먼 동쪽의 어느 마을에 정착해 보니, 그곳 마을 사람들은 쌀이나 수수를 농사지어 먹고 사는 이들이었다. 쌀농사를 짓는 마을 사람들은 연인이 발붙이고 살 수 있도록 도와준다. 연인은 자신들이 살던 고향에서는 밀이라는 곡식도 심어서 먹었다면서 밀농사 짓는 시범을 보이고 씨앗을 나누어 준다. 밀농사 짓는 방법이 퍼진다. 그리고 그 먼 후손들이 마침내 밀을 이용해서 오징어튀김이나 부침개를 부쳐 먹는 방법을 개발한다.

다른 방향에서 생각해 보면, 밀처럼 기르기 좋고 먹기 좋은 식재료를 만들어 내는 농사를 진작에 시작한 사람들이라면, 문화를 먼저 발전시키는 일도 더욱 유리할 것이다. 농사를 짓고 살기 전에는, 먹기 좋은 과일이나 사냥감이 있는 곳을 찾아 떠돌아다녀야 했다. 그렇지만 좋은 밀 품종이 개발되어 농사를 짓고 살 경우 훨씬 풍족하게 생활할 수 있다는 사실을 알게 되었다면 굳이 식량을 찾아 떠돌이 생활을 할 필요가 없다. 그러는 대신, 농사지을 밭 옆에 자리를 잡고 그곳에서 오래오래 살아야 한다. 그러려면 튼튼하고 좋은 집을 짓는 편이 유리하다. 집 짓는 기술, 마을을 만드는 기술이 발달하게 된다. 그렇게 여러 사람이 모여서 힘을 합해 일하면 농사짓는 과정은 더 편리해진다.

시간이 갈수록 그런 마을의 크기는 점점 더 커질 것이다. 많은 사람들이 모여 살면서 더 많은 생각을 주고받으며 여러 가지 다양한 아이디어를 발전시킬 기회도 따라서 같이 늘어날 것이다. 언제 씨를 뿌리고 언제 추수하는 것이 좋은지 날짜를 따지고 연구하는 능력도 발전시킬 것이고, 좋은 농기구를 만들기 위한 기술도 개발하게 될 것이다. 추수한 곡식이 많이 쌓이면 그 곡식을 거래하는 상인들이 생겨나고, 상인들이 생기면 재물을 계산하는 방법, 이자를 주고 재물을 빌려주는 방법이 생겨날 것이다. 큰 부자나 훌륭한 사상가도 생길 것이고,

사기꾼과 도둑도 생길 것이다. 사기꾼과 도둑을 잡으려면 경찰과 정부의 역할이 커져야 한다.

아마도 그런 과정을 통해 우루크 같은 큰 도시가 탄생할 수 있었을 것이다. 물론 농사짓는 일에 성공한 곳이라고 해서 무조건 큰 도시로 발전하게 된다는 법은 없다. 게다가 우루크가 5,000년 전 지구상에서 가장 농사가 잘되던 지역이라고 볼 수도 없다. 하지만 적어도 우루크 근방, 혹은 우루크를 중심으로 하는 지역이 과거에 농사짓기에 나쁘지는 않은 곳이었다고 추측해 볼 만하다. 그 때문에 근처에 큰 마을이 생겼을 테고, 나아가 그 마을들의 중심지에 우루크라는 거대한 도시가 생길 가능성도 있었다고 짐작해 본다.

지금까지의 이야기를 통해 적어도 우루크가 왜, 어디서, 어떻게 생겨났는지에 대해서 최소한의 단서 정도는 잡아볼 수 있다. 그렇다면 다음에 남아 있는 질문은 '언제'에 관한 이야기다.

왜 우루크라는 도시는 5,000년 전에 건설되었을까? 지금의 인류와 같은 종이 탄생한 때는 약 10만 년 혹은 20만 년 전쯤으로 헤아릴 수 있는 옛날로 짐작된다. 5,000년 전이라고 하면 까마득한 옛날 같지만, 10만 년 전에 사람이 처음 탄생했다고 치면 이는 5,000년이라는 시간이 스무 번이나 이어질 수 있는 기간이다. 사람이 여러 가지 연구와 개발을 거듭해서 문명을 발전시키는 데 5,000년, 아니 넉넉잡아 1만 년 정도의 시간이 걸린다고 해도, 인류가 지구상에 태어나 살아가는 데 10만 년의 세월을 보냈다면 그중 초창기 1만 년 동안 이미 문명을 건설할 수도 있지 않을까? 10만 년 전 출현한 최초의 사람이 현재의 사람보다 딱히 지능이 크게 떨어지는 것도 아니다. 그런데 왜 몇만 년 동안 인류는 농사도 지을 줄 모르고, 도시를 만들 줄도 모르는 채로 그 긴 세월을 보냈을까?

몇몇 SF 작가들은 이 문제에 지목해서 재미난 이야기를 지어내기도 한다. 사실 지금으로부터 8만 년 전 혹은 대충 5만 년 전쯤에 이미 도시를 세우고 문명을 건설한 사람들이 정말로 있었다고 한번 상상해 보자는 얘기다.

우루크 같은 도시를 건설하고 현재 21세기 수준의 문명이 개발되는 데 5,000년 정도가 걸렸으니, 만약 5만 년 전에 도시를 세운 사람들이 있었다면 그들이 4만5천 년 전쯤에 현대 수준의 기술을 개발했을 거라고 짐작해 볼 수 있다. 거기서 다시 1,000년, 2,000년의 세월이 더 흐른다면 지금 우리의 기술 수준을 훨씬 초월하는 놀라운 기술을 개발해 낼 수도 있다. 예를 들어, 지금으로부터 5만 년 전에 도시를 건설한 사람들은 4만 년 전 시점이 되면 엄청난 미래의 기술 같은 발달된 문화를 갖추고 있을지도 모른다.

SF 작가들은 5만 년 전 우리의 먼 조상들이 그 놀라운 기술을 이용해서 모두 우주 머나먼 곳으로 떠나버렸기 때문에 지금은 남아 있지 않다는 식의 이야기를 지어낸다. 더 인기 있는 이야기는, 그 사람들이 발달된 기술을 이용해서 엄청난 위력의 핵전쟁 같은 것을 벌였기 때문에 다 멸망해 버렸다는 것이다. 그리고 그 사람들이 다 멸망한 후, 산골 깊숙한 곳에 숨어 살던 이들이나 아무도 관심 갖지 않던 초원 같은 곳에 살던 이들이 몇몇 남아서 다시 처음부터 농사짓는 기술을 개발하고 문명을 만들어 나갔는데, 그들이 현재의 우리라는 이야기다. 프레드릭 브라운Fredric Brown 같은 SF 작가는 이런 생각을 더 화끈하게 밀어붙여서, 이렇게 먼 옛날 문명이 생겼다가 망하고 생겼다가 망하기를 여러 차례 반복했다는 이야기를 지어내기도 했다.

실제로 우루크 같은 도시가 생기기 전에 더 발전된 문명이 있었을 거라는 생각은 아직까지는 상상일 뿐이다. 우루크는 역시 사람들이 세상에 건설한 첫 번째 도시다. 그렇다면 '사람들은 왜 우루크가 탄생한 그 시점까지 세월을 허비했을까' 하는 물음에 대한 답을 찾는 문제가 더 중요해진다. 나는 이에 대한 답으로 한 가지 단서 정도는 지목할 수 있다고 본다.

나는 그 단서를 길가메시와 관련된 여러 모험담 중의 한 대목과 연결해 말해보고 싶다. 이 대목은 길가메시에 관한 여러 이야기 중에 가장 잘 알려진 내용이기도 하다.

길가메시는 새로 사귄 친구 엔키두와 함께 세상을 돌아다니며 멋진 모험을 한다. 그리고 세계 최고의 도시에서 최고의 영웅으로 대접받을 만한 위업을 쌓는다. 그런데 그 모험의 절정의 순간, 엔키두는 신에게 맞서다가 죽음을 맞는다. 길가메시는 엔키두의 죽음을 보고 통곡한다.

그리고 그 슬픔 속에서 처음으로 사람의 삶에는 반드시 죽음이 따라올 수밖에 없다는 점을 마음속 깊이 절감한다. 만약 자기 자신이 죽음을 맞이했다면 그것으로 삶이 끝났을 테고 더 이상의 생각은 없었을 것이다. 만약 길가메시가 죽음의 위기만을 겪었다면, 죽음의 공포를 깨닫기는 했겠지만 일단 그에 대해 복수하고자 하는 생각에 먼저 사로잡혔을 것이다. 그렇지만 가장 아끼는 친구가 죽는 것을 곁에서 보았기에 그는 생각의 큰 변화를 경험한다. 길가메시는 처음으로 사람의 삶이 유한하며 그 끝은 죽음이라는 사실을 진정으로 깨달으면서 삶의 의미에 대해 고민하게 된다.

길가메시는 그리하여 그의 마지막 도전을 계획한다. 세상 누구보다 뛰어나며 가장 훌륭한 위업을 이룬 자신의 모든 힘과 지혜를 동원하여 길가메시는 죽음을 극복하고 영원한 생명을 얻을 수 있는 방법을 찾아 나선다. 그리고 마침내 길가메시는 그 답을 알고 있을 만한 인물인 우트나피슈팀Utnapishtim을 만나는 데 성공한다. 그러자 우트나피슈팀은 길가메시에게 자신은 정말로 영원한 생명을 갖고 있다고 대답해 준다.

우트나피슈팀이 영원한 생명을 얻게 된 사연은 이러하다.

먼 옛날, 신들은 사람들이 시끄럽고 혼란스러운 삶을 사는 것에 분노했다. 그래서 신들은 세상을 깨끗하게 쓸어버리고 모든 생명을 소멸시키기로 결정하고 대홍수를 일으켜 전 세계를 멸망시킬 계획을 세운다. 그러나 이를 안타깝게 생각한 신 하나가 있어서 대홍수가 일어난다는 소식을 은근슬쩍 흘렸고, 다행히 우트나피슈팀이라는 사람이 그 이야기를 듣게 된다.

우트나피슈팀은 살아남기 위해 커다란 네모 모양의 배, 즉 방주ark를 만든다. 이 거대한 방주 속에 우트나피슈팀은 여러 동물을 한 쌍씩 태운다. 만약 세상이 멸망한다고 해도, 방주를 타고 피해 있다가 다시 그 한 쌍의 동물들이 조상이 되어 세상에 번성하면 될 거라고 계획을 세운 것이다. 이후, 신들의 징벌이 시작되어 어마어마한 비가 몰아치고 사방에서 물이 몰려들기 시작한다. 끝도 없을 정도로 많은 물이 세상 전체에 차오른다. 온 세상이 물에 잠겨 파괴되었다. 방주 속에 몸을 피한 우트나피슈팀과 동물들은 긴 시간 물 위를 떠다녔다.

몇 날 며칠이 흐른 후, 우트나피슈팀 일행은 마침내 비가 그치고 물이 빠지고 있는 것 같은 느낌을 받는다. 우트나피슈팀은 정말로 물이 빠져서 드러난 육지가 있는지 확인하기 위해 비둘기를 날려 보낸다. 그러나 비둘기는 얼마 후 다시 방주로 돌아온다. 제비를 날려 보내지만 역시 얼마 후 방주로 돌아온다. 시일이 지난 후, 우트나피슈팀은 이번엔 까마귀를 날려 보내는데, 까마귀는 방주로 돌아오지 않는다. 그것을 본 우트나피슈팀은 이제 까마귀가 앉아 쉴 만큼 육지가 드러나 있을 정도로 물이 빠졌다고 확신하게 된다. 방주는 땅에 도착하고, 우트나피슈팀 일행을 비롯한 모든 동물들은 세상 밖으로 나온다. 그리고 홍수로 멸망해 사라진 세상은 바로 그들의 후손으로부터 다시 시작한다.

한편, 세상이 홍수로 멸망했으니 모든 사람이 사라졌을 거라고 생각했던 신들은 우트나피슈팀이 방주를 타고 살아남은 것을 본다. 신들은 놀라며, 우트나피슈팀을 세상이 멸망하더라도 결코 죽일 수 없는 자라고 여긴다. 결국 우트나피슈팀은 죽을 수 없는 자라는 운명을 인정받아 이후로 영원한 생명을 얻는다.

우트나피슈팀이 경험한, 세계를 멸망시키는 대홍수 이야기는 굉장히 인기가 있었던 것 같다. 이와 비슷한 이야기가 근방 곳곳에 전해진 것으로 보인다. 여러 종교의 신화에도 영향을 미쳤음이 확실하다. 어쩌면 먼 옛날 세계 최대의 도시였던 우루크의 작가들을 통해 이 홍수

《뉘른베르크 연대기》(1493)의 삽화

이야기가 여러 지역으로 퍼져나갔는지도 모른다.

한편으로는 우트나피슈팀 이야기에서 직접 영향을 받은 것인지 확실치 않은 대홍수 이야기 역시 세계 곳곳에 남아 있다. 예를 들어 조선 시대 학자인 김종직金宗直이 지리산을 여행하고 남긴 〈두류기행록頭流記行錄〉이라는 글에는 지리산에 전해 내려오는 대홍수 전설이 기록되어 있다. 지리산에는 선암船巖, 해유령蟹踰嶺 같은 지명이 있는데, 이는 각각 '배 바위', '게걸음 고개'라는 뜻이다. 이런 이름은 바닷가나 물가

에드워드 힉스, 〈노아의 방주〉

라면 모를까 높은 산지 지역에는 어울리지 않는다. 전설의 답은 이러하다. 먼 옛날 엄청난 대홍수가 일어나서 바닷물이 지리산 높은 곳까지 차올랐던 적이 있었는데, 그때 사람이 타고 다닌 배를 바위에 매어둔 곳을 배 바위, 곧 선암이라고 부르게 되었고, 바닷물을 따라온 게들이 걸어 다닌 곳을 게걸음 고개, 곧 해유령이라고 부르게 된 것이다.

도대체 왜 이런 대홍수 이야기가 인기를 얻었고, 또 여러 지역에서 공통적으로 발견되는 것일까?

확실한 답은 알 수 없다. 농사를 시작한 사람들이라면 농사에 필요한 물을 구하기 위해 강물 곁에서 살아야 하기 마련이니, 다들 한두 번쯤은 홍수로 고생을 해봤을 것이다. 그때 홍수를 겪으며 느낀 공포감 때문에 대홍수 이야기가 세계 각지에서 동시에 나타났거나 빠르게 퍼진 것인지도 모른다.

상상 속의 이야기일 뿐이지만, 우루크 출신의 어느 사람이 머나먼 동쪽 지방으로 건너와 밀농사 짓는 방법을 전해주고 그때 홍수 때문에 고생한 이야기를 담고 있는 전설도 같이 전해주었다고 해보자. 벼농사를 짓던 동쪽 지방 사람들도 홍수로 고생한 경험이 있었기 때문에 그 전설은 그럴듯하게 들렸을 테고, 그 후손들은 그만한 대홍수가 일어났을 때 지리산 같은 높은 산지까지도 물에 잠긴 적이 있다는 이야기를 떠올릴 것이다.

여기에 인과관계가 있다고 확실히 말하기는 어렵지만, 실제로 대홍수와 비슷한 현상이 지구에서 벌어지기도 했다. 그것은 바로 빙하기 ice age의 종말이다.

우리는 지구가 항상 정확하게 돌고 있으며, 태양이 항상 정확히 동쪽에서 떠서 서쪽으로 진다고 믿기 쉽다. 지구가 스스로 한 바퀴 도는 데는 정확히 24시간이 걸리고 지구가 태양을 한 바퀴 도는 데는 정확히 365일이 걸린다고 쉽게 생각할 때도 있다.

그렇지만 자연에서 벌어지는 일 가운데 그렇게 누가 정해놓은 규칙처럼 숫자가 꼭 맞아떨어지는 경우는 드물다. 일단 계절이 돌아오는 1년이라는 단위는 365일이 아니라, 정확히 따지면 365.242일이다. 이조차도 완전히 정확한 것은 아니다. 게다가 지구는 명확히 정해진 하나의 길을 따라 완벽하게 똑같은 모양으로 매년 시계처럼 정확히 돌지도 않는다. 여러 관측 결과를 종합해서 내린 결론에 따르면, 지구는 아주 조금씩이지만 미세하게 비틀거리면서 움직인다. 그래서 조금이지만 태양빛을 평소보다 많이 받는 시절을 맞이할 때도 있고, 평소보다 조금 덜 받는 시절을 맞이할 때도 있다. 지구가 스스로 도는 각도의 축을 예로 들자면 1년에 약 0.013도 정도의 아주 작은 각도로 살짝살짝 기울어진다는 사실이 측정되었다. 별것 아닌 것 같아도, 이 정도의 미세한 기울어짐이 몇만 년 동안 쌓이면, 빛을 받는 각도가 꽤 달라져 지구의 기후가 크게 바뀌는 일도 일어날 수 있다.

이런 변화들은 사람이 하루 이틀 삶 속의 경험에서 크게 느낄 수 있는 게 아니다. 그렇지만 그 작은 차이가 지구의 기후를 완전히 바꾸어 놓는 원동력이 된다. 특히 지구 날씨의 몇 가지 특징은 그 작은 차이를 점점 더 크게 만든다.

눈이 많이 내려 남극이 눈으로 덮이면 남극 지역은 그만큼 더 하얗게 변한다. 여름철에 자동차를 만졌을 때 흰색 자동차보다 까만색 자동차가 훨씬 뜨거운 것과 같은 원리로, 하얗게 변한 남극은 더 시원해진다. 남극이 시원해지면 추운 날이 더 많아진다. 그러면 눈이 더 많이 내릴 수 있다. 그리고 그렇게 되면 남극을 하얗게 덮은 부분이 늘어난다. 남극이 더 시원해지고, 다시 더 추운 날씨가 되고 눈이 더 많이 내린다. 이렇게 작은 변화가 그 변화를 크게 만드는 방향으로 자기 자신에게 영향을 미쳐서 반복되는 현상을 '양의 되먹임positive feedback'이라고 부른다.

이런 양의 되먹임 현상 몇 가지가 동시에 일어나면, 지구가 살짝 비틀거린 탓에 살짝 추워지기 시작한 것이 시간이 흐르면서 점점 쌓이고 지구를 지금보다 훨씬 더 추운 기후가 되는 빙하기로 바꾸어 놓을 수 있다. 얼음으로 뒤덮인 땅이 많아지고 눈보라와 찬바람이 심해지는 기후가 세상을 뒤덮는다. 이 시기에는 한반도조차 굉장히 추워서 추운 지방에 사는 짐승들이 살고 있었다. 1996년 전라북도 부안의 상왕등도에서 매머드의 화석이 발견된 적도 있다. 긴 털로 뒤덮여 눈밭을 거닐던 코끼리를 닮은 그 거대한 옛 짐승들이 한반도에도 살고 있었을 거라는 뜻이다.

그런데 빙하기 동안에는 많은 양의 물이 차가운 남극과 북극을 중심으로 얼어붙어 있다. 따라서 지구의 나머지 지역에는 전체적으로 물이 적어진다. 바닷물이 훨씬 줄어들므로, 지금보다 바닷물 표면의 높이가 낮아진다. 그리고 바닷물이 바닥을 드러내면 육지는 넓어진다. 많은 학자들이 지금 대한민국의 서해가 빙하기 동안에는 아예 바다가 사라진 육지였을 거라고 추측하고 있다. 빙하기에는 그 정도로 육지가 많았다. 빙하기에 한반도에서 살던 사람들은 아마도 지금의 한반도 서쪽 바다 밑을 드넓게 펼쳐진 들판으로 여기며 살았을 것이다. 그 시절 사람들은 그 넓디넓은 들판이 서해라는 커다란 바다로 변할 거라고는 상상도 못 했을 것이다.

그러다가 지금으로부터 1만2천 년 전쯤에 빙하기가 끝났다. 빙하기가 끝난 첫 번째 원인은 아마도 지구가 돌다가 다른 쪽으로 살짝 비틀거렸기 때문일 것이다. 날씨는 다시 점점 더 따뜻해졌다. 북극과 남극의 얼음도 녹아내렸다. 바닷물의 양은 점점 더 많아졌다. 육지로 물이 차올랐다. 한반도 서쪽의 드넓은 땅은 모두 바닷물 속에 잠겼을 것이다. 전라북도 부안에서 발견된 매머드의 화석도 육지에서 찾아낸 것이 아니었다. 어선들이 바다에서 작업하다가 그물에 이상한 것이 걸려 있는 걸 발견하고 관계 기관에 보고하여 찾게 된 것이다. 빙하기 한반도에 살던 그 매머드가 걸어 다니다가 쓰러져 생을 마감한 그곳은 지금은 서해의 바다 밑에 잠겨 있다.

물론 빙하기가 끝나면서 세상 곳곳에 물이 차오르는 일이 대홍수 전설처럼 하루아침에 갑자기 이루어지지는 않았을 것이다. 그렇지만, 아주 가끔은 충격적인 상황도 있었을 거라고 나는 상상해 본다. 어느 날 갑자기 바닷물에 언덕이 무너지는 바람에, 넓은 초원이라고 생각했던 곳이 짧은 시간 안에 갯벌로 변하는 상황을 목격한 사람들은 꽤 많았을 것이다. 그런 극적인 일이 아니라고 하더라도, 기후가 갑자기 따뜻해지면서 예전에는 겪어본 적 없는 이상한 날씨를 경험하는 사람들은 적지 않았을 거라고 본다. 예상외의 긴 폭우나 갑작스러운 태풍을 겪는 사람들도 있었을 것이다. 그렇다면 빙하기가 끝나면서 맞이한 바로 그 충격적인 재난의 경험들 때문에 온 세상이 물에 잠겨 멸망하는 대홍수 신화가 인기를 얻었다고 상상해 볼 수도 있다.

그보다 좀 더 확실한 사실은, 빙하기가 끝나 날씨가 따뜻해지고 그 때문에 바다가 있고 강이 흐르는 위치도 바로 지금 우리가 보는 이 위치에 자리 잡게 되었다는 점이다. 그리고 나는 그것이 도시 우루크가 언제 시작되었는가 하는 물음에 적어도 해답의 범위를 정해줄 수 있다고 본다.

빙하기의 끝이라는 그 기후변화 덕택에 현재 우리가 살고 있는 지역에서 지금처럼 농사를 잘 지을 수 있게 되었다. 다시 말해서, 만약 차디찬 빙하기가 끝나지 않았다면 아마도 중동 지역과 그 중심 도시 우루크 주변에서 그와 같이 농사가 번성하고 많은 사람들이 모여 산다는 건 불가능했을 것이다. 반대로 생각해 만약 미래에 지구온난화가 찾아와 기후가 조금 바뀐다면, 우리가 사는 세상의 문명은 또 한 번 완전히 격변하게 될지도 모른다.

먼 옛날 지구가 아주 미세하게 한쪽 방향으로 비틀거리면서 움직인 현상이 있었기 때문에 빙하기가 시작됐고, 그 후 빙하기가 끝나면서 지구의 날씨가 바뀌었고, 농사가 성공을 거둘 수 있게 됐고, 사람들은 문명을 만들고 도시를 만들고 영웅의 서사시를 노래할 수 있게 되었다. 만약 이런 식으로 생각해 볼 수 있다면, 우트나피슈팀이 들려준 대홍수 이야기는 대홍수로 세상이 멸망하는 이야기이기도 하면서, 그 후의 세상에서 새로운 문명이 시작될 수 있음을 알려주는 이야기라는 느낌도 든다.

이후, 영웅 길가메시는 우트나피슈팀에게 죽음을 피하고 영원한 생명을 얻는 방법을 전수받으려고 애쓴다. 하지만 결국 죽음을 피할 수 있는 비술을 얻기 직전 막판에 실패하고 만다. 길가메시는 깊은 허망감과 슬픔을 느낀다. 먼저 떠난 친구 엔키두를 향한 안타까움과 그리움을 다시 한번 강하게 느꼈을 것이다.

그러나 길가메시는 그 모든 모험의 끝에 죽음으로 끝나는 인간의 운명을 그대로 받아들이기로 결심한다. 많은 사람이 바로 이 결말 때문에 멋진 이야기라고 여기며 길가메시를 진정한 영웅으로 칭송한다. 길가메시의 이야기는 위대한 길가메시가 그저 위대한 업적을 이루는 것만을 노래하지 않는다. 그다음으로, 길가메시가 실패하고 좌절한 뒤에 어떻게 인간의 한계를 인정하고 어떻게 유한한 삶이 죽음으로 허무하게 사라지는 인생을 받아들이는지 이야기한다. 놀라운 재주를 가진 위대한 영웅의 이야기로 시작했지만, 삶을 돌아보며 죽음을 기다리는 그 밖의 보통 사람들과 같은 운명의 이야기로 마무리된다. 나는 바로 그런 주제가, 단지 생존을 위해 버티며 살던 시기를 지나, 우루크라는 멋진 도시를 건설하고 문명 속에서 처음으로 미래와 운명을 고민한 그 옛사람들에게도 어울린다고 생각한다.

세월이 흘러 우루크가 멸망하고 사막의 흙먼지 속에 파묻히는 동안 길가메시의 이야기는 안타깝게도 수천 년 동안 잊힌 채로 남아 있었다. 그랬던 것이 19세기에 이르러 고고학자들의 노력에 의해 여러 기록들이 땅속에서 발굴되었다.

길가메시의 이야기들은 옛날 진흙을 굳혀 만든 점토판에 쐐기 모양의 글자로 기록되어 있었다. 한글이 가로획과 세로획을 조합해 글자를 만든다면, 수메르 민족이 처음 개발한 쐐기문자는 가로, 세로, 또는 비스듬한 쐐기 모양을 조합해 글자를 만드는 방식이다. 금방 보고 이해하기 쉬운 글자는 아니었지만 학자들은 그 내용을 하나둘 해독하는 데 성공했고, 결국 길가메시의 이야기도 세상 사람들 앞에 다시 모습을 드러내게 되었다.

쐐기문자로 쓰인 길가메시 서사시

그런 만큼, 길가메시의 이야기는 글로 써서 남긴 덕분에 사람의 사연이 시간을 초월해 살아남아 전해진다는 사실을 똑똑히 보여준 사례이기도 하다. 나는 이 역시 사람 사는 세상에 등장한 최초의 고전으로 길가메시의 이야기를 꼽기에 알맞은 특징이라고 생각한다.

20세기에 들어서자 길가메시 이야기는 더 많은 사람들에게 더 널리 퍼졌다. 먼 옛날의 길가메시 이야기가 다양한 전통문화나 종교에 얼마나 많은 영향을 미쳤는지 깨닫고 놀라는 사람들도 많아졌다. 또한 세계 각국의 사람들은 이 이야기가 얼마나 아름다운지 새삼 알아보았다. 1991년에 방영된 SF 텔레비전 시리즈 〈스타트렉: 더 넥스트 제너레이션〉의 '다르목Darmok'이라는 에피소드에서는, 먼 미래에 외계인을 만난 우주함대의 선장 피카드가 서로를 이해하기 위해 외계인에게 처음 들려주는 이야기로 길가메시의 이야기를 선택하는 장면이 나오기도 했다.

길가메시는 영원한 생명을 포기하고 죽음을 받아들였다. 그리고 시대가 바뀌자 그가 살던 화려한 도시 우루크 역시 폐허로 변했다. 그러나 길가메시의 그 이야기만은 아직도 더 넓은 세상에 퍼져나가 계속해서 이어지고 있는 셈이다.

— chapter 2. —

《일리아스》와 금속학

"철은 지구의 겉껍질 부분, 그러니까 우리가 땅이라고 생각하는 부분에서 네 번째로 풍부한 원소다. 사람들이 철을 도구로 사용하는 기술을 갖게 되면서 누구나, 모든 사람이 단단하고 빛나는 금속으로 된 물건을 갖게 되었다. 이것이 구리와 철의 가장 결정적인 차이다."

《삼국사기三國史記》의 서기 645년 음력 5월 기록을 보면 신기한 이야기가 실려 있다(권 제21 〈고구려본기〉 제9). 기록의 핵심은 당나라 태종 이세민李世民이 직접 대군을 이끌고 고구려에 쳐들어왔는데, 치열한 전투 끝에 고구려 서쪽의 중요한 도시였던 요동성을 빼앗기게 되었다는 내용이다. 여기까지는 지긋지긋하게 오랜 기간 동안 계속된 당나라군의 침공에 대한 고구려 후기의 기록 중 하나다.

그런데 전투를 설명하면서 당시 고구려의 요동성에 몇 가지 주술적인 믿음이 자리 잡고 있었다는 묘사가 잠깐 드러나는 대목이 있다. 우선 눈에 뜨이는 것은 당나라 군대를 막아내기 어려워 패색이 짙어지자, 고구려를 세운 창업 영웅인 주몽朱蒙의 사당에서 의식을 치렀다는 내용이다. 고구려 사람들에게 그 나라를 건국한 주몽을 종교적 의식의 대상으로 섬기는 문화가 있다는 점을 짐작할 만한 기록인데, 구체적인 의식 절차는 더 신기하다. 그 의식이란, 아름다운 여성을 곱게

단장하여 여신으로 꾸미는 것이었다. 의식을 집행한 무당은 그 모습을 보면서 "여신과 함께하고 있어 주몽이 기뻐한다"고 설명했고, "이제 성은 안전할 것이다"라고 말했다고 한다. 여신을 만나 주몽신이 기뻐하고, 그러니 주몽이 신비로운 힘으로 요동성을 당나라 군대로부터 보호해 줄 것이라는 이야기다.

이 기록 바로 앞에는 그만큼은 아니지만 못지않게 진기한 이야기가 하나 더 실려 있다. 고구려인들이 요동성에 보물로 모아놓은 것 중에 쇄갑鎖甲과 섬모銛矛가 있었다고 한다. 쇄갑은 쇠사슬처럼 엮어놓은 형태로 만든 갑옷이고 섬모는 작살 모양의 창인 듯하다. 아마도 멋들어지면서도 정교하고 튼튼한 갑옷과 던지기 좋은 창 모양의 무기가 보물로 있었던 것 같다.

그런데 당시 고구려 사람들은 이 쇄갑과 섬모가 옛날 요동성에 선비족들이 살고 있던 시대에 하늘에서 내려온 것이라 믿었다고 한다. 그래서 특별히 보물로 간직하고 있었다는 것이다. 주몽신 곁에 여신을 모시는 의식 이야기보다는 훨씬 밋밋한 줄거리지만, 이런저런 상상을 해보기에는 이 기록 또한 제법 이야깃거리가 될 만한 소재라고 본다.

정말로 쇄갑이나 섬모가 하늘에서 내려올 수 있을까? 가끔 하늘에서 작은 물고기나 벌레가 비와 함께 쏟아졌다는 이야기가 있기는 하다. 물고기나 벌레는 무게가 가벼워서 회오리바람 따위에 휩쓸려 하늘 높이 올라갔다가 바람을 타고 떠다니다 지상에 떨어질 수 있을 터이니, 그런 현상이 벌어지는 것이 불가능하지는 않을 것이다.

그렇지만 갑옷이나 창은 그런 식으로 하늘을 날아다니다 떨어지기에는 너무 무거운 물체다. 바람을 타고 떠다니다가 비와 함께 떨어지는 건 현실적으로 불가능하다. 그렇다면 다음으로 떠오르는 것은 신화적인 설명이라는 것이다. 천상 세계의 장군이 하늘을 날아다니다가 우연히 땅에 장비를 떨어뜨렸다거나, 혹은 천상을 돌아다니는 선녀 같은 누구인가가 그 땅을 다스리는 사람에게 선물로 내려주려고 땅에 무기를 보냈다는 식으로 갖다 붙여보는 것이다.

그러나 훨씬 더 많은 사람들이 훨씬 더 넓은 세상에 퍼져 사는 현대를 살펴보면, 하늘에서 선녀가 무기를 만들어 내려주는 일은 관찰된 적이 없는 듯하다. 요즘에는 하늘에서 무기를 땅으로 안 내려보내 주지만, 현재 세상에 퍼져 사는 80억 인류의 그 모든 민족보다 1,600년 전 요동 반도 인근에 살던 선비족이 훨씬 신성한 민족이기 때문에 선녀들이 특별히 그 시절 선비족에게만 무기를 만들어 주었다는 것도 이상한 이야기다.

그렇다면 그냥 근거 없이 생긴 뜬소문일 뿐일까? 아마 그럴 가능성도 충분히 있을 것이다. 그러나 그렇게 보자면 한 가지 문제가 마음에 걸린다. 만약 하늘에서 신비로운 무기를 내려주었다는 뜬소문이 퍼져 나갔다면, 그냥 고구려인을 위해 하늘에서 무기를 내려주었다고 간단히 설명하는 이야기가 자리 잡았을 가능성이 더 높지 않을까? 이야기를 갖다 붙인다고 해도, 주몽의 아버지라는 해모수 같은 신비로운 인물이 천상 세계에서 무기를 내려주었다는 식의 내용이 덧붙었을 듯 싶다. 굳이 고구려의 보물에 선비족을 갖다 붙일 이유는 없어 보인다. 나는 이 점이 이상했다. 선비족은 긴 세월 고구려를 괴롭힌 이민족이었다. 천상에서 내려온 신비로운 보물 이야기를 일부러 지어내서 퍼뜨린다면, 하필 고구려인들이 딱히 좋아했을 것 같지도 않은 이민족과 보물을 연관시킬 이유는 무엇이었을까?

그 때문에 나는 실제로 요동성의 쇄갑과 섬모가 원래 선비족의 손에 있었던 제품이었는데, 고구려 사람들이 선비족을 물리치고 입수했을 가능성이 높다고 생각한다. 그리고 그렇게 입수한 물건을 하늘에서 떨어진 보물이라고 믿을 만한 어떤 특별한 원인도 있지 않았을까 짐작해 봤다. 그 이유로 인해, 선비족으로부터 얻은 물건이고 그 사실을 인정하면서도 고구려 사람들조차 귀하게 여겼던 것은 아닐까 싶었다.

쉽게 생각한다면, 쇄갑과 섬모가 매우 품질이 좋고 튼튼하거나, 아니면 굉장히 아름답게 장식된 모습이 멋졌기 때문에 천상의 물건이라는 별명이 붙었을지도 모른다. 선비족은 4~5세기에 걸쳐 중국 북부를 장악하고 세력을 크게 떨쳤기 때문에, 선비족의 실력자들이 노력을 기울여 특별히 제작한 갑옷과 무기 중에 아름답고 사치스러운 물건이 한둘쯤 있었을 가능성은 충분하다. 그렇다면 그런 물건 중 가장 좋은 것에 '하늘이 내린 물건'이라는 칭송의 말이 따라붙고, 고구려가 세력을 키워 선비족의 거점들을 하나둘 정복하던 가운데 그런 물건이 소문과 함께 고구려에 넘어왔다고 상상해 볼 수 있을 것이다.

그런데 기왕에 알 수 없는 이야기를 상상해 보는 김에 나는 조금 더 재미있는 이야기를 한번 떠올려 보고 싶다. 당시 사람들 사이에 갑옷과 창이 하늘에서 내려온 것도 아니고, 선녀가 가져다준 것도 아니고, 굳이 떨어졌다는 말이 있었다고 하니, 최대한 하늘에서 떨어지는 느낌을 그대로 살릴 수 있는 상황을 가정해 볼 수 있지 않을까? 그런 방향으로 궁리해 본다면, 하늘에서 갑옷과 창이 떨어지기는 어렵겠지만 갑옷과 창을 만들 수 있는 재료가 떨어지는 일은 충분히 가능하다고 생각한다.

하늘에서 갑옷과 창을 만들 수 있는 재료가 갑자기 뚝 떨어진다니, 그럴 수도 있을까? 나는 가능하다고 생각한다. 바로 하늘에서, 더 정확히 말하자면 우주 바깥에서 지구로 떨어지는 운석이다.

우주 바깥 밤하늘에서 빛나는 대부분의 별은 수소로 이루어져 있다. 지구에서 보면 너무 멀어서 작은 점처럼 보일 뿐이지만, 사실 가까이서 보면 별은 굉장히 무겁고 거대한 불덩어리다. 그 거대한 불덩어리의 어마어마한 온도와 압력 때문에 별을 이루고 있는 수소는 헬륨이라는 물질로 변하게 된다. 사실 별이 계속해서 빛을 내뿜는 이유는 수소가 헬륨으로 변할 때 강력한 열과 빛을 내뿜는 성질이 있기 때문이다. 이런 성질을 이용해서 사람들이 만들어 낸 무기가 바로 수소폭탄이다.

더 큰 열과 압력을 받으면 헬륨도 다른 물질로 변할 수 있다. 그리고 그렇게 해서 생겨난 물질이 다시 또 다른 물질로 변하는 일도 생긴다. 이런 일을 계속 거듭하고 나면 마지막으로 생기는 물질이 바로 철이다. 철은 열과 압력을 받아 다른 물질로 변하기가 어려운 물질이다. 그래서 많은 별들은 우주에서 한참 열과 빛을 뿜으며 빛나면서 그 성분이 변해 가다 결국 점차 철 덩어리로 변하게 된다. 어떻게 보면, 별이 빛을 내뿜는 것을 별이 불타는 것에 비유해서 말한다면 타고 남은 마지막 잿더미에 비유할 수 있는 성분이 철이라고 할 수 있다. (다만 이는 어디까지나 비유일 뿐, 지구의 산소 속에서 불을 붙이는 일과는 다르다. 단순히 땔감을 태우는 불이 아니라, 수소폭탄이 폭발할 때 나타나는 현상을 불태우는 일에 비유해서 말한 것뿐이다.)

이렇게 별이 빛나면서 생긴 철 덩어리들은 결국 긴 세월이 지나면 우주 곳곳을 떠돌아다니게 된다. 만약 별이 폭발하면 철 덩어리들이 우주에 흩어질 것이고, 다른 이유로 별이 바스라지면 그 별의 조각이 이리저리 떠돌아다니기도 할 것이다. 그러다가 가끔 서로 뭉치기도 하고, 다른 덩어리에 빨려들면서 더 큰 덩어리가 되기도 한다. 지구에 있는 모든 철 성분도 언젠가 아주 멀고 먼 옛날 다른 별이 빛나는 동안 생긴 철이 우주 이곳저곳을 떠돌다가 지금 지구가 있는 곳까지 흘러든 것이다. 사람 몸속에는 철분이 들어 있다고 하는데, 그 몸속의 철분조차도 결국 먼 옛날 우주 어느 한구석에서 빛나던 별의 잿더미 부스러기다.

한편 지구의 일부가 되지 못하고 이런저런 이유로 우주의 다른 곳에서 돌아다니던 철 덩어리는 가끔 뒤늦게 지구로 추락하기도 한다. 보통 우주에서 지구로 무엇인가가 추락하면 땅으로 떨어지는 도중에 불타 없어지는 경우가 많다. 하지만 요행으로 타고 남은 덩어리가 눈에 보일 정도의 크기로 땅에 떨어지는 데 성공하면 그것을 운석이라고 부른다. 우주에서 떨어지는 운석 중에는 철 성분이 없고 그냥 돌덩어리로 된 것도 흔한데, 그래서 특별히 철 성분이 많이 들어 있는 운석을 철질운석이라고 부르기도 한다.

만약 1,600년 전의 어느 옛날 선비족이 살던 벌판에 하늘에서 우주를 떠돌던 철질운석 하나가 떨어졌다고 생각해 보자. 갑자기 하늘에서 빛을 내며 떨어진 것이니 선비족 사람들은 굉장히 신성스러운 천상의 물질을 얻었다고 생각했을 것이다. 그 신성한 재료를 어떻게 다

철질운석

룰까 가만 살펴봤더니, 재질이 철과 비슷한 것 같아서 그것을 녹여 갑옷과 창을 만드는 데 사용했다고 해보자. 철질운석이 좀 부족했다면 보통 철이나 다른 금속을 조금 섞어서 만들었을지도 모른다. 아무래도 그렇게 만든 무기는 보통 철로 만든 것과 질감이나 색깔이 달랐을 테니 특별해 보이기도 했을 것이다. 사람들 사이에, 그 귀한 갑옷과 창은 하늘에서 내려준 철로 만든 보물이라는 소문이 돌 것이다. 그렇다면 그 말이 조금 와전되어, 쇄갑과 섬모 그 자체가 하늘에서 떨어졌다는 이야기가 생기고 그것이 고구려 사람들에게까지 전해질 수도 있지 않았을까?

그야말로 별 근거 없는 상상일 따름이기는 하다. 그렇지만 사람들이 하늘에서 떨어진 철질운석을 이용해 철로 된 물건을 만들었다는 사실 자체는 사례가 있는 이야기다. 사례가 있을 뿐만 아니라, 역사에서 어찌 보면 굉장히 중요한 사건의 단초가 되는 이야기이기도 하다.

철제품을 만들 수 있는, 하늘에서 떨어진 철질운석에서 나온 철을 보통 운철隕鐵이라고 부른다. 실제로 운철로 만든 칼이나 철제품이 세

철질운석으로 만든 톡차

계 각지에서 중요한 보물로 취급된 사례가 밝혀져 있다. 예를 들어 티베트에서는 톡차thokcha라고 하는 종교적인 장신구 같은 것을 만들었는데, 그 재료로 운석에서 나온 운철을 이용한 사례가 있다. 환상적인 소설이나 영화에서 엄청난 위력을 가진 신비의 물질로 운철이 등장하는 사례가 종종 있기는 한데, 성분을 살펴보면 운철은 그보다는 평범한 물질이다. 그냥 철 덩어리에 니켈이 조금 섞여 있는 정도로, 철 가공 기술이 조금만 뛰어나다면 광산에서 캐낸 철로도 우주에서 떨어진 운철과 별반 다르지 않은 성능의 도구를 만들 수 있다.

그렇지만 조금 더 자세히 살펴보면, 운철로 만든 칼이 굉장히 강력한 보검 비슷하게 취급되던 시대도 없지는 않았다. 역사에서 운철이 중요한 사건의 단초가 되는 것도 바로 그 시대의 이야기다.

그 시대란 바로 철이라는 물질을 가공하는 방법이 아직 사람들에게 널리 알려지기 전 시대를 말한다. 즉 철을 얻는 방법을 알지 못해 구리를 재료로 한 청동으로 도구나 무기를 만들던 청동기시대에는 하늘에서 뚝 떨어진 철 덩어리라고 할 수 있는 운철이 대단히 유용했다.

고대 이집트의 유명한 파라오, 투탕카멘의 무덤에서는 철로 만든 단검이 하나 발견되었는데, 이 단검이 바로 우주에서 떨어진 운철로 만든 단검으로 추정되고 있다. 지금이야 동네 가게에서 몇천 원만 주면 살 수 있는 식칼보다도 약해 보이는 칼인데, 당시에는 철로 만든 그 칼을 굉장히 귀한 보물처럼 가장 존귀한 임금의 무덤에 정성스레 같이 넣어두었다. 투탕카멘의 시대 역시 철을 제대로 사용하는 방법을 모르던 청동기시대였으므로 철로 만든 검이 굉장한 보물로 취급되었을 것이다.

그 시대에 철을 가공하기가 어려운 것은, 일단 철이 들어 있는 철광석이라는 돌에서 철을 뽑아내기가 쉽지 않았기 때문이다. 철광석을 구하는 일은 어렵지 않다. 그렇지만 철광석에서 철을 녹여서 뽑아내는 기술, 즉 철 제련 기술은 간단한 문제가 아니었다.

우선 철은 녹아내리는 온도 자체가 구리보다 더 높다. 구리는 섭씨 1,100도가 되기 전에 녹아내리지만, 철은 1,500도로 높여야 녹는다. 그러니 철을 녹이려면 구리보다 더 높은 열기를 낼 수 있는 불꽃이 필요하다.

게다가 철이 녹이 잘 스는 물질이라는 점도 큰 골칫거리다. 보통 철을 뽑아낼 수 있는 원료인 철광석 속에 들어 있는 것은 철이 녹슨, 변질된 상태라고 할 수 있는 산화철 계통의 물질이다. 이 물질을 잘 처리해서 녹슬지 않은 순수한 철을 만들어 내는 것은 쉬운 일이 아니다. 여기에 더해서, 철에 적당한 양의 탄소가 살짝만 섞이도록 가공하는 것 또한 중요한 문제다. 철에 탄소 성분이 너무 많이 섞여 있으면 철이 너무 뻣뻣해서 바스라지고 쉽게 깨진다. 그렇다고 탄소가 전혀 없으면 철이 너무 물렁해진다.

그러므로 쓸 만한 철을 돌에서 뽑아내는 기술은 청동기시대에는 환상적인 첨단 기술이나 다름없었다. 철 제련 기술을 개발하려면 높은 온도로 불을 지피기 위해 불꽃에 공기를 불어넣어 줄 수 있는 풀무라는 장치가 필요하며, 또한 철을 녹일 때 숯을 잘 사용하는 기법도 익혀야 한다. 불이 타는 현상은 공기 중의 산소와 땔감이 결합하는 화학반응이므로, 풀무를 이용해 공기를 불어넣어 주면 산소가 많아지면서 화학반응이 더 활발히 일어나 더 강력한 불꽃을 만들어 낼 수도 있다. 숯은 주성분이 탄소이므로, 철이 녹아나는 전후에 숯 속의 탄소가 반응을 일으키면 철광석의 철 성분을 우리가 원하는 정도로 조절할 수 있다.

도대체 이런 신비한 기술을 처음 개발한 사람들은 누구일까?

최초로 개발한 사람들이 누구일지는 여전히 이런저런 논란이 있지만, 한동안 지금의 터키 지역을 중심지로 삼았던 히타이트Hittite라는 나라 사람들이 철기 문명의 선두주자로 주목받은 바 있다.

이런 견해에 따르면, 히타이트인들은 세상 사람 거의 대부분이 구리로 물건을 만들던 청동기시대에 철을 사용하는 방법을 개발했다. 예를 들어, 한국의 강원도 정선 아우라지 유적에서 지금으로부터 약 3,200년 전 제품으로 보이는 단순한 청동 장신구 조각이 발

강원도 정선 아우라지 유적에서 출토된 청동 장신구들

견된 적이 있다. 이는 아마도 한반도 역시 그 시기에는 구리를 재료로 이런저런 물건을 만들던 청동기시대였다는 간접 증거일 것이다. 그런데 이 시기가 바로 히타이트 시대와 겹친다. 철로 유명했던 히타이트는 그 시대에 유독 세력이 크고 문화가 발전한 나라를 건설했다. 히타이트 사람들이 건설한 나라는 그 세력이 여러 민족, 여러 나라를 정복할 정도로 커졌으므로, 히타이트 제국이라고 일컫는 경우도 종종 보인다.

1954년에 나온 진 시먼스, 빅터 머추어, 진 티어니 주연의 〈이집트인The Egyptian〉이라는 영화가 있다. 이 영화에는 히타이트 제국에 대한 이러한 시각을 그대로 표현한 대목이 나온다. 고대 이집트 시대, 이 영화의 주인공은 세계 이곳저곳을 돌아다니다가 오래간만에 고향 이집트로 돌아온다. 그리고 고향에서 장군이 된 친구를 찾아가 문득 이집트 장군들이 사용하는 이집트의 검으로 자신을 공격해 보라고 한다. 친구는 이상하게 여기면서도 칼을 휘둘러 본다. 그런데 주인공이 이집트의 검을 자신의 무기로 막아내는 순간 이집트의 검은 힘없이 부러지고 만다.

친구는 어떻게 그렇게 강한 무기가 있을 수 있는지 깜짝 놀란다. 그러자 주인공은 바로 이 강력한 무기가 북쪽에 사는 히타이트 제국 사람들이 개발한 무시무시한 신무기, 철제 칼이라고 알려준다. 그리고 빨리 대비하지 않으면, 철이라는 굉장한 무기를 앞세운 히타이트 제국 군대 앞에, 구리와 구리를 가공해 만든 청동밖에 사용할 줄 모르는 이집트는 패배할 것이라고 경고한다.

앞에서 말했듯이, 철을 가공하는 것은 어려운 일이다. 따라서 철을 사용하는 기술이 있다고 해도 바로 영화 장면에서처럼 청동검을 단숨에 깨뜨리는 훌륭한 철검을 얼마든지 만들 수 있는 것은 아니다. 게다가 애초에 철을 뽑아내는 기술은 복잡하고 어렵기 때문에 품이 많이 들고 고생스러운 일이기도 하다. 철이 청동보다 좋다고 해도 만드는 과정이 너무 고생스러우면 만들겠다고 나서는 사람이 없거나 만드는 과정에서 이탈하는 사람들이 많아서, 좋은 무기를 만드는 데 비용이 만만찮게 들어갈지도 모른다. 그렇다면 이웃나라가 철을 사용할 수 있는 기술을 개발했다고 해서 그렇게까지 두려워할 필요는 없다는 생각이 언뜻 들기도 한다.

그러나 그렇지 않다. 철은 정말로 무서운 무기였다. 영화 〈이집트인〉 속 주인공의 걱정은 헛된 것이 아니었다. 철은 여러 가지 단점을 갖고 있지만, 그 모든 단점을 초월할 수 있는 압도적인 장점 한 가지를 갖고 있기 때문이다.

그 장점이란, 철이 어디에나 풍부하게 널려 있다는 사실이다. 철은 지구의 겉껍질 부분, 그러니까 우리가 땅이라고 생각하는 부분에서 네 번째로 풍부한 원소다. 그 비율은 대략 5퍼센트에서 6퍼센트에 달할 것으로 학자들은 추산하고 있다. 삽으로 땅을 파서 흙 1킬로그램 정도를 자루에 퍼 담았다면, 그중에 평균 50그램 정도는 철분이라는 얘기다. 그에 비해 구리가 차지하는 비율은 0.01퍼센트도 되지 않는다. 청동검의 재료인 구리보다 철검의 재료인 철이 땅속에 500배 이상 더 많다는 뜻이다.

그렇기 때문에 철로 도구를 만드는 일이 편리해진다면 구리로 만드는 청동 제품보다 훨씬 더 많은 양을 찍어낼 수 있다. 철제품을 많이 만들다 보면 그만큼 만드는 기술도 더 개선될 것이고 철을 가공하는 비용도 점점 낮아질 것이다. 철은 점차 값싸고 저렴한 도구 재료가 될 수 있었다.

사람들이 철을 도구로 사용하는 기술을 갖게 되면서 누구나, 모든 사람이 단단하고 빛나는 금속으로 된 물건을 갖게 되었다. 이것이 구리와 철의 가장 결정적인 차이이다. 지금도 구리, 즉 동은 금과 은에 이어 올림픽 메달 재료로 쓰일 만큼 꽤나 귀중하게 취급되는 금속이지만, 그에 비해 철은 낡으면 그냥 부담 없이 갖다 버릴 정도로 값싼 금속이다. 내다 버리는 쓰레기가 된 철을 한국에서는 고철이라고 하는데, 쓰레기가 된 구리를 '고구리'라거나 '고동'이라고 부르지는 않는다. 구리는 쓰레기 취급을 받을 일이 여전히 드물고, 철은 그만큼 흔하다는 뜻이다.

때문에 청동을 무기로 사용하는 나라의 전사들이 장인이 아름답게 장식한 청동 무기를 화려한 장신구처럼 들고 전쟁터에 나서는 느낌이라면, 철을 무기로 사용하는 나라의 전사들은 가난한 나무꾼이 철 도끼로 나무를 하다가 그 도끼를 그대로 무기로 들고 전쟁터에 나서는 느낌이다. 실제로 철제 무기를 사용하는 나라가 갑자기 병력이 늘어났는지는 정확한 검증을 해봐야 할 문제이지만, 적어도 그만큼 값싸고 풍부한 무기로 많은 병사들을 전쟁터에 보낼 수 있는 가능성은 생긴다.

게다가 값싼 철이 널리 퍼지면, 농기구나 생활에 필요한 다른 여러 도구들을 모두 튼튼한 금속으로 만들어서 가난한 사람들까지도 쓸 수 있게 된다. 그러면 농사가 편해지고 생활이 편해지면서 더 많은 곡식을 수확하고 더 좋은 물건을 제조해서 쓰게 되고, 그럼으로써 경제도 빠르게 발전하게 된다.

최근 들어 히타이트 제국에서 철을 다루는 기술이 예전에 생각했던 만큼 빠르게 성장한 것은 아니라는 학설이 관심을 끌고 있는 것 같다. 따라서 1950년대 할리우드 영화에 나온 것처럼, 히타이트 사람들이 철이라는 신기술을 개발했고 그 철로 무기와 도구를 만들었기 때문에 여러 나라를 정복하고 제국을 건설했다는 쉬운 설명은 사실과 다를 가능성이 높아 보인다.

그러나 여전히 히타이트와 철의 관계에 관한 자료는 주목받고 있다. 또한 철을 다루는 기술이 얼마나 큰 영향을 끼쳤는지는 정확히 모를 일이지만, 지금으로부터 약 3,200년 전 히타이트 사람들이 발달된 기술과 문화를 갖추고 지금의 터키 지역을 중심으로 커다란 나라를 건설했으며, 지금의 중동 지역과 근동 지역 여러 나라들 사이에서 세력을 떨쳤던 것만은 분명하다.

이렇게 우리가 히타이트 제국에 대해서 지금 같은 애매한 지식밖에 갖고 있지 못한 데에는 나름대로 이유가 있다. 설명하자면 좀 황당한데, 그 이유는 히타이트 제국이 사람들의 기억 속에서 슬며시 잊혀버려서 그런 나라가 있었는지 대부분 잊고 살았기 때문이다.

히타이트 제국 멸망 이후 어느 나라가 히타이트 제국을 계승하거나 그 문화를 이어갔는지는 뚜렷하지 않다. 그 탓에 히타이트 제국이 어디에 어떤 식으로 자리 잡고 있었고 어떻게 운영되던 나라였는가 하는 정보들은 얼마 지나지 않아 사람들 사이에서 점차 잊히고 말았다. 뛰어난 기술과 제도를 뽐내고 거대한 도시와 커다란 요새들을 건설했으며 여러 대에 걸쳐 강력한 권위를 떨치던 임금들이 있었던 이 나라의 이야기들은 얼마 지나지 않아 사라져 흩어지고 말았다. 히타이트 제국의 도시들이 폐허 속에 방치되어 흙먼지 속에 묻혀가는 사이, 제국이 있었다는 이야기 자체조차 희미해지고 말았다.

이런 식으로 3,000년에 가까운 세월 동안, 세계 최고의 선진국을 건설하고 살았던 히타이트 사람들이 있었다는 사실은 세상 사람들의 기억 속에서 빠져 있었다.

히타이트 제국의 유적은 로마 시대 유적을 발견하기 위해 이곳저곳을 발굴하던 유럽 고고학자들의 착각 덕분에 19세기가 되어서야 흙 속에서 다시 모습을 드러냈다. 터키 땅 한가운데에 있던 히타이트 제국의 흔적을 파헤쳐 보니 옛 유물과 함께 다양한 기록들이 모습을 드러냈다.

20세기 들어서 그 내용들이 상세히 연구된 후에야 히타이트 제국이라는 거대한 나라의 중심지가 그 자리에 있었고, 한때 그 나라가 세상에서 가장 발전된 곳이었다는 사실이 다시 밝혀졌다. 그런 사실들이 밝혀지자, 고대 이집트가 히타이트 제국과 전쟁을 치렀던 기록, 다른 나라들이 히타이트 제국과 교류했던 기록 등등, 쉽게 해석할 수 없었던 다른 짤막한 기록들이 하나로 연결될 수 있었다. 그렇게 해서 3,000년 동안 잊힌 채로 지냈던 히타이트 사람들의 이야기가 생생히 되살아날 수 있었고, 마침내 전 세계 세계사 교과서 한쪽에 자리 잡게 된 것이다.

어떻게 이런 일이 있을 수 있을까? 기술도, 문화도, 세력도 세계 최고 수준이었던 나라의 흔적이 이렇게까지 긴 시간 동안, 마치 동영상

편집 프로그램으로 삭제라도 한 것처럼 사람들의 머릿속에서 사라졌다는 게 너무 이상하지 않나?

이 문제의 답을 쉽게 말하기는 당분간은 어려울 듯싶다. 그런데 어쩌면 그 문제와 관련이 있을지도 모르는 색다른 연구 결과가 발표된 적이 있다. 2000년대 초 이후 BBC, 대영박물관 등을 통해 사람들 사이에 널리 알려진 자료에 따르면, 그리스 고전에 등장하는 유명한 도시 트로이가 바로 히타이트 제국의 영향력 아래에 있었던 도시로 보인다고 한다.

트로이는 트로이 전쟁과 트로이 목마로 유명한 바로 그 먼 옛날 신화 속의 도시다. 세계에서 가장 아름다운 사람인 헬레네가 다른 남자와 눈이 맞아서 그리스에 속한 나라의 임금이었던 남편을 버리고 트로이로 떠나자 그리스의 임금과 영웅들은 트로이로 쳐들어간다. 이렇게 해서 트로이 전쟁이 발발하는데, 긴 시간 전쟁을 치렀는데도 결판이 나지 않자 오디세우스가 커다란 목마를 만들어 그 속에 병사들을 숨겨놓자는 꾀를 내놓는다. 트로이 사람들이 커다란 목마를 기념탑 같은 것이라고 생각하고 트로이 성 안에 들여 놓자 그 안에 숨어 있던 병사들이 기습하여 마침내 트로이는 멸망한다.

트로이 전쟁 이야기는 고대 그리스의 전설적인 시인 호메로스 Homeros의 서사시 《일리아스》에 잘 묘사되어 긴 시간 유럽에서 누구나 익히는 최고의 고전으로 널리 읽혔다. 공교롭게도 호메로스가 활동한 시대를 근거로 그 시대보다 앞서서 트로이 전쟁이 발발했던 시기를 대략 추정해 보면, 히타이트 제국의 시대에서 크게 멀지 않다. 《일리아스》 속 트로이가 히타이트 제국의 일부였다고 단정하기는 어렵

베르길리우스 필사본에 실려 있는 트로이의 목마 삽화

티에폴로, 〈트로이 성내로 들어가는 트로이의 목마〉

겠지만, 최소한 《일리아스》에 묘사된 트로이와 비슷한 나라가 실제로 세상에 있었고 그 나라를 히타이트 제국으로부터 영향을 받았거나 히타이트 제국과의 교류 속에서 성장한 나라로 추정하는 것은 근거 있는 판단일 것이다.

그렇게 생각할 경우, 히타이트 제국은 사람들 사이에서 3,000년 동안 완전히 잊혀 있던 것이 아니라 도리어 유럽 세계 전체에서 가장 인기 있는 고전에 그 흔적을 남긴 것이 된다. 지금까지 세계 곳곳에서 수많은 사람에게 감동을 준 이야기에 히타이트 제국이 은근히 배경으로 깔려 있었다고 상상해 볼 수도 있다는 의미다.

《일리아스》는 누구나 전쟁 문학의 걸작으로 평가한다. 어떻게 고대 그리스 시대, 2,500년 전 이상으로 거슬러 올라가는 옛날에 이 정도로 훌륭한 글이 탄생할 수 있었는지 신비로울 뿐이다. 나는 《일리아스》를 처음 읽었을 때 어떻게 이런 글이 있을 수 있는지, 내가 읽은 것을 믿을 수가 없다는 기분마저 들었다. 그 여운도 굉장해서, 몇 날 며칠 동안 트로이와 트로이 전쟁 이야기에 홀려서 그에 관해 다룬 온갖 책들을 닥치는 대로 읽었다.

어린 시절, 나는 서사시라는 형식 자체가 좀 고리타분하기도 하거니와 지나치게 이해하기 힘든 묘사가 많고 이야기도 느릿느릿 진행되어 재미없을 거라는 편견을 갖고 있었다. 실제로 중세 시대의 기사 모험담을 다룬 서사시들을 잠깐 살펴보았을 때 그런 느낌을 그대로 받은 적도 있다. 그래서인지 《일리아스》가 고전이고 명작이라는 말을 수없이 들었으면서도 막연히 별로 재미없을 거라 생각해 읽지 않고 미뤄두고 있었다. 그냥 백과사전에서 트로이 전쟁의 줄거리를 읽거나, 아킬레우스, 헥토르 같은 인물이 누구인지 찾아보는 정도로 《일리아스》의 내용을 대충 파악했다 치고 넘어갔다.

그러다 20대가 되어서 혹시나 해서 앞부분만이라도 좀 읽어볼까 싶어 《일리아스》를 펼쳤다가 그대로 내용에 빠져들어 버렸다. 너무나 재미있었다. 이야기가 재미있을 뿐만 아니라, 표현이 절묘했다. 그러면서도 거창한 단어를 사용하며 고아한 분위기를 자아내는 고전다운 신비로운 느낌도 너무나 풍성하게 느낄 수 있었다. 그야 그럴 수밖에 없다. 《일리아스》는 유럽에서는 고전 중에 고전이라고 할 수 있고, 맨 첫 번째 고전이자 고전 그 자체인 고전이라고 할 수 있는 책이니까. 단숨에 끝까지 읽은 것은 물론이고, 내용을 좀 더 세세히 알고 싶어서 어려운 말, 알 수 없는 표현이 나오면 하나하나 찾아가며 되돌아보기도 했다.

나는 《일리아스》가 트로이 전쟁을 다루는 내용이기 때문에, 막연히 그냥 영웅의 업적을 칭송하고 악당을 저주하는 내용일 거라고 생각했다. 어떤 사람이 잘 싸웠다. 나라를 위해서 희생했다. 그 사람은 얼굴도 잘생겼고 마음도 착하고 싸움도 잘하고 두뇌도 뛰어나고 부모에게도 효성스럽고 너그럽고 뛰어나고 완벽하다. 대단하다. 위대하다. 너무나 훌륭하다. 다 같이 칭송하자. 다들 그 영웅을 떠받들자. 이런 단순한 내용만 줄줄이 이어지는 이야기일 거라 생각했고, 옛날 책이니 으레 그럴 줄 알았다. 심지어 그다지 옛날 책이 아니라고 해도, 전쟁 이야기나 영웅담 속에는 그런 내용이 흔하기 마련이다. 심지어 21세기에 나온 영화나 연속극을 보아도, 감동적인 실화를 보여 주겠다면서 그저 적은 너무나 비열하고 우리 편은 너무나 위대하다, 칭송해라 등등의 단순한 내용으로만 점철된 것을 어렵잖게 찾아볼 수 있다.

그러나 《일리아스》는 전쟁이라는 상황에서 겪을 수 있는 사람들의 다양한 모습과 다양한 감정을 다채롭게 보여준다. 걱정하기도 하고, 갈등하기도 하고, 망설이기도 하고, 그러다가 용기를 내기도 하는 사람다운 모습을 잔뜩 보여준다. 생생하게 와닿는 그런 실감 나는 이야기 속에서 사람이 보여줄 수 있는 진정 좋은 모습은 무엇인지, 어떤 것이 명예로운 행동이고 어떤 것이 인간다운 감정인지 3,000년 후 유럽에서 1만 킬로미터 가까이 떨어져 있는 한반도에 사는 사람도 공감이 될 만큼 드러내 보여준다.

내가 처음 《일리아스》를 보았을 때, 최고의 장면으로 읽고 완전히 압도되었던 장면 한 군데를 살펴보자.

트로이를 방어하는 임무를 맡은 왕자 헥토르는 큰 전투를 벌이기 위해 집을 나서려고 한다. 헥토르는 그리스 군대에게 포위되어 나라가 멸망할 공포에 질려 있는 트로이 사람들에게 든든한 방패처럼 신뢰를 받고 있는 훌륭한 인물이다. 트로이는 성벽이 굳건하고 방어 시설이 잘 갖추어져 있었으므로, 헥토르는 이런 특징을 이용해서 그리스 군대가 트로이 성안으로 들어오지 못하도록 잘 방어하며 그 믿음이 헛되지 않았음을 증명하기도 했다.

그렇지만, 헥토르는 뛰어난 인물인 만큼 이제 곧 지금과 같은 방식의 방어가 한계에 도달했다는 사실도 누구보다 잘 감지했던 것 같다. 그리스 군대가 많은 병력으로 트로이 성을 포위하고 출입구를 차단하고 있는 이상, 아무리 방어를 잘해도 시간이 지나면 고립된 트로이는 점점 힘들어진다. 언제인가 물자와 식량이 바닥나면 트로이는 저절로 멸망하게 된다. 그런 최후를 피하려면, 어느 정도 여력이 있는 지금 정면으로 싸움을 벌여 그리스 군대를 몰아내야 한다.

아마 그런 상황에서 헥토르는 전쟁터로 떠나려 했던 것 같다. 헥토르의 아내 안드로마케는 그런 헥토르를 걱정하며 말린다. 그리스 쪽은 군사 숫자가 많다. 그에 비해 트로이군은 방어에는 익숙하지만 공격에서 딱히 강할 것 같지 않다. 이길 가능성이 크지 않은 위험한 싸움이다. 그렇지만 안드로마케는 남편의 어깨에 나라의 운명이 걸려 있다는 것을 알기에 또 무작정 말릴 수만은 없다.

만약 그저 그런 뻔한 전쟁 무용담이었다면, 용맹한 헥토르가 전투를 하러 떠난다고 했을 때 그저 다들 '멋지다', '용감하다', '잘 싸워라'라고 응원하고 칭찬하는 말만 잔뜩 쏟아냈을 것이다. 하지만《일리아스》는 가장 멋진 영웅이 전쟁터로 떠날 때 그 가족이 눈물을 흘리며 걱정하는 장면을 무엇보다 생동감 있게 보여준다.

헥토르는 마지막으로 귀여운 아기에게 작별 인사를 하려고 하는데, 아기는 헥토르가 쓰고 있는 투구의 무시무시하게 생긴 장식을 보고 울음을 터뜨린다. 마지막이 될지도 모르는 전투의 아침에, 헥토르의 아들과 헥토르는 감동적인 명대사로 치장된 장면을 연출하지 않는다. 아기들이 원래 그러하듯이 이 엄청난 상황을 이해하지 못하고 그냥 투구 모양이 무서워서 울음을 터뜨릴 뿐이다. 역사의 무거운 무게와 현실의 생생한 현장감이 극단적으로 대조를 이루는 장면이다. 먼 옛날 고대의 서사시인데도, 전쟁이 정복자의 업적으로 치장되는 것이 아니라 사람들이 겪는 진짜 사연으로 생생하게 살아 있다.

이 장면을 읽었을 때, 나는 너무 심하게 글을 잘 썼다는 생각이 들

전투 전 마지막으로 가족을 만나는 헥토르

어서 잠시 책장을 덮었다. 마지막으로 아들이 투구를 보고 겁에 질려 하는 모습에 헥토르가 싱긋 웃음을 짓는 장면이 생생하게 떠올랐다. 눈물을 참고 있지만 숨길 수 없는 안드로마케의 모습을 나도 며칠 전에 본 것처럼 상상할 수 있었다. 어떻게 이런 장면을 쓸 수 있었을까? 이런 것은 실화를 직접 목격한 사람이 전해주어야만 남을 수 있는 이야기가 아닐까? 나라가 멸망하고, 목숨을 잃을 수도 있다는 걱정을 하면서도 일상과 현실은 일상과 현실로 계속되는 그 느낌이 아주 가깝게 느껴졌다. 비장한 장면을 만들겠다고 주인공이 울부짖으며 긴긴 명

연설을 하는 것보다 그냥 아기가 울음을 터뜨리고 아버지가 웃음 짓는 장면을 넣는 것이 훨씬 더 감동적이다. 이런 이야기를 무려 2,500년 전에 썼다고?

나중에 알고 보니, 헥토르가 안드로마케를 떠나는 대목은 과연 수천 년에 걸쳐 《일리아스》를 읽은 많은 유럽 사람들이 명장면으로 치는 장면이었다. 최고의 솜씨 앞에서는 다들 비슷하게 감동할 수밖에 없구나 싶었다. 그 외에도 그리스 장군들이 모였을 때, 트로이 편에 와 있던 헬레네가 그 장군들이 누구인지 설명해 주는 장면이라든가, 헥토르가 전사한 후에 그 시체를 찾으러 아킬레우스를 찾아간 헥토르의 아버지가 부탁하는 말 같은 것들은 그 실감 나는 감성이 오랫동안 기억에 남을 만했다.

《일리아스》는 트로이 전쟁 전체를 다루지 않는다. 트로이 전쟁이 어떻게 해서 발발했고 어떻게 긴 시간 이어지게 되었는지는 거의 설명하지 않는다. 트로이 전쟁이 한창 벌어지는 와중의 긴박한 순간에서 이야기가 바로 시작된다. 결말도 트로이의 멸망으로 끝나지 않으며, 헥토르의 최후와 그 뒷이야기를 조금 다루고 수많은 다른 이야기를 남겨둔 채 그대로 끝을 맺는다. 트로이 전쟁에서 사람들에게 가장 널리 알려진 '트로이의 목마' 이야기는 정작 《일리아스》에 나오지도 않는다. 그렇다 보니 이야기에 훨씬 여운이 남고, 읽는 사람 마음에 안타까움이 생기며 감정이 오래가게 되는 것 같다. "이다음에는 트로이가 어떻게 되었을까?"라는 생각이 머릿속에 남아 떠나지 않는다. 그와 동시에 아쉬운 마음에 《일리아스》 속 전쟁통의 여러 사연들을 자꾸만 다시 떠올리게 된다. 그 때문에 감동이 더 깊어지는 것 같기도 하다.

상세한 묘사가 빛나는 명작으로 《일리아스》가 그렇게 긴 세월 여러 사람들에게 읽혔지만, 이 책에 등장하는 전쟁이 실제 역사 속에서 어떤 사건이었는지는 아직도 의견이 분분하다.

가장 쉽게 생각하면, 한때 철의 제국이라고도 했던 히타이트 제국의 변두리에 트로이라는 도시가 있었고, 히타이트 제국의 기술과 세력 덕택에 트로이도 같이 성장했는데, 점점 더 부유하고 발전된 도시로 커가다 보니 바다 건너 그리스의 나라들과 무슨 이유로 갈등을 빚게 되어 한바탕 결전을 벌였을 거라고 상상해 볼 수 있다. 그리고 그 결전이 전설의 소재가 되고 거기에 더 살이 붙어 《일리아스》 이야기가 탄생했다고 말하면 간단하다. 그러나 지금까지의 연구 결과는 그런 간단한 이야기와는 잘 맞아떨어지지 않는 것 같다. 반대로, 도리어 트로이가 그리스 계통의 세력과 동맹이었던 적이 있으며, 히타이트 제국과 트로이가 좋지 않은 관계에 있었던 적도 있는 듯하다는 연구 보고를 본 적도 있다.

과거에 실제로 무슨 일이 벌어졌건, 기술이 발전하고 여러 나라의 국력이 발전해서 커다란 나라들, 강력한 세력들이 빠르게 등장하던 청동기시대 말기를 배경으로 하는 걸작, 《일리아스》가 탄생했다는 점만은 사실이다. 그리고 그 걸작이 다루는 내용은 따지고 보면 사람들이 전쟁 때문에 슬퍼한 이야기이며, 그 절절함이 그대로 많은 사람들의 공감을 받았던 것 또한 사실이다.

그렇다면, 이런 멋진 글을 진작부터 읽고 공부했던 사람들이라면 다들 전쟁이라는 짓거리의 무의미함을 수천 년 전에 깨닫지 않았을까? 이런 명작이 그렇게 널리 읽혔는데도 사람들은 왜 그렇게 많은 전쟁을 치르며 몇천 년을 허비했는가 하는 것은 또 한 가지 알 수 없는 수수께끼다.

지금의 터키에는 헬레네가 트로이로 떠날 때 건넜다는 전설이 서려 있는 바다가 있다. 그래서 예로부터 흔히 '헬레네의 바다'라는 뜻으로 '헬레스폰토스Hellespontos'라고 부르던 곳인데, 지금은 다르다넬스 해협이라는 이름으로도 잘 알려져 있다. 그리스 군대가 헬레네를 추적해 트로이로 쳐들어왔기 때문에 이 바다, 헬레스폰토스는 그리스 군대가 트로이를 침공하기 위해 달려드는 길이라고 볼 수도 있다. 《일리아스》의 이야기가 워낙 유명하기 때문에 터키의 이 좁은 바다는 한 나라, 한 문화권이 다른 나라, 다른 문화권의 지역으로 쳐들어가서 전쟁을 벌이는 경계선을 상징하는 느낌을 갖고 있다는 생각도 해본다.

헬레네의 바다, 곧 다르다넬스 해협은 먼 옛날부터 전쟁으로 원수가 된 두 나라의 경계선이었다. 그런데 2017년 이 바다를 가로지르는 차낙칼레 대교의 건설이 시작되었다. 완성되면 세계에서 가장 긴 현수교가 되는데, 한국의 건설회사가 공사를 맡고 있기 때문에 터키 대통령이 한국 대통령에게 완공되면 보러 오라고 전화를 했다는 소식이 2020년 언론을 통해 전해지기도 했다. 먼 옛날 《일리아스》 시대에는 전쟁의 상징이었던 바다 위에 21세기의 기술로 평화와 경제 발전을 위한 구조물이 드리워지게 되었다.

결국 강철로 된 그 거대한 다리가 완성되고 나면, 철은 무기를 만드는 재료가 아니라 오랫동안 나뉘어 살던 사람들을 이어주는 재료로 쓰는 것이 더 어울린다는 점을 똑똑히 알려주는 교훈이 될 수 있을 것이다. 차낙칼레 대교도 주재료는 철이니 그 역시 거대한 철제품, 철기라고 할 수 있다. 청동기시대의 기술로는 만들 수 없는 다리다. 온 세상에서 쓸데없는 무기는 모두 사라지더라도, 만나기 힘들었던 사람들을 조금이라도 더 빨리 만나게 해줄 그 거대한 철기는 오래오래 남아 있기를 빈다.

—— *chapter 3.* ——

《변신 이야기》와 콘크리트

"구체적인 모습과 쉽게 와닿는 크기로 보여줄 수 있는 실제 물건이 사람의 정신에 미칠 수 있는 힘은 강하다. 로마인들이 사는 로마라는 도시에는 이런 신화와 문화를 표현한 건물들과 미술품들이 가득했다. 로마인들은 그 속에서 살아가면서, 그 돌덩어리들이 뿜어내는 문화의 힘으로 같은 사상을 갖고 서로 뭉치며 또한 자기 나라와 문화에 대한 사랑을 품었을 것이다."

그리스 로마 신화는 세계 여러 나라의 다양한 신화들 중에서도 내용이 가장 다채롭고 극적인 것으로 손꼽힌다. 게다가 유명한 작가들이 쓴 문학작품으로 이미 고대에 아름답게 정리되어 널리 읽힐 수 있었다. 덕분에 그 신비롭고도 생생한 내용이 오랜 옛날부터 풍부히 남아 있게 되었다.

내용이 비교적 간결한 편인 오르페우스의 이야기를 예로 살펴보자. 오르페우스는 음악과 노래에서 놀라운 실력을 보여준 신화 속 인물이다. '세상에서 가장 아름다운 노래를 짓고 부르는 사람'이라는 출발부터가 자주 인용될 만한 재미난 이야깃거리처럼 들린다.

그런 만큼 오르페우스와 관련된 신화의 영향은 곳곳에서 발견할 수 있다.

밤하늘에서 비교적 쉽게 찾을 수 있는 별자리 중에 거문고자리가 있다. 이 별자리가 오르페우스가 연주하던 악기가 천상으로 올라가서 별자리가 된 것이라는 이야기는 유명하다. 거문고자리는 눈에 잘 뜨이는 별들로 이루어져 있어서 현대 천문학에서도 그대로 사용되는 이름이다. 다시 말해서 하늘에 보이는 별에 대해서 이야기할 때 지금의 현대 과학자들도 '거문고자리 몇 번째 별 방향으로 보면 보이는 별' 같은 표현을 쓰고 있다. 예를 들어서, 매년 4월경이 되면 지구가 우주를 떠도는 먼지가 많은 지역을 지나는 일이 발생한다. 그러면 그 먼지가 불타며 지구에 떨어져서 유성으로 보일 수 있다. 이때 그 유성들이 보이는 방향이 거문고자리 방향이라서, 이렇게 유성이 비처럼 떨어지는 현상을 '거문고자리 유성우'라고 부른다.

오르페우스의 이야기를 아름다운 문학작품으로 재구성한 사례도 그 연원을 멀리 거슬러 올라갈 수 있다. 지금도 세계적으로 널리 알려진 고전 명작인 《변신 이야기Metamorphōsēs》에도 오르페우스의 이야기가 실려 있다.

《변신 이야기》는 로마 제국 초기를 대표한다고 할 수 있는 작가인 오비디우스Pūblius Ovidius Nāsō가 서기 8년경 로마 신화 속 이야기들 가운데 변신에 관한 내용을 중심으로 골라 서사시의 형태로 꾸민 책이다. 오비디우스 스스로가 아름다운 시를 쓰는 작가였던 만큼, 신화 세계에서 세상에서 가장 위대한 음유시인이라고 할 수 있는 오르페우스의 이야기에도 많은 관심을 가졌던 것 같다. 그 때문인지 오르페우스와 관련된 이야기는 《변신 이야기》에서도 여러 편의 시에서 제법 많은 분량에 걸쳐 다루어지고 있다.

아마 오르페우스의 여러 이야기 중에서 가장 유명한 것은 그가 저승을 여행하는 이야기일 것이다. 오르페우스는 에우리디케라는 아름다운 아내를 얻는다. 빼어난 노래로 인기가 많았던 오르페우스였던 만큼, 그와 결혼한 아내 역시 대단히 사랑스럽고 매력적이었을 것이다. 그런데 에우리디케는 곡절 끝에 갑작스러운 사고를 당해 젊은 나이에 목숨을 잃고 만다.

오르페우스는 깊이 절망한다. 아내를 향한 그리움과 안타까움에 그는 괴로워한다. 마침내 오르페우스는 잃어버린 아내를 다시 만나고 싶어, 지하 세계인 저승에 가서 아내를 되찾아 오겠다는 마음을 품는다. 오르페우스는 세상 끝까지 돌아다니며 자신의 아름다운 노래로 아내를 다시 만나고 싶다고 이야기한다. 오르페우스의 노래는 대단히 감동적이었다. 원래부터 세상에서 가장 아름다운 노래를 만들 수 있었던 사람이 이제는 자신의 슬픔과 간절함을 진심 그대로 표현하고 있다. 그러니 그 노래에 신들까지 감동하고 말았다.

마침내 저승의 신 플루톤은 오르페우스의 부탁을 들어주기로 한다. 플루톤은 바로 저승을 다스리는 신이었는데, 《변신 이야기》에서는 그를 두고 “기쁨이 없는 왕국을 다스리는 자”라고 표현하고 있다. 플루톤은 오르페우스에게 지하의 저승 세계에 있는 아내를 데리고 지상의 이승 세계로 나가도 된다고 허락한다.

단, 플루톤은 오르페우스에게 한 가지 금기를 명심해야 한다고 말한다. 아내 에우리디케와 함께 지하에서 지상으로 나갈 때, 결코 앞서 가는 오르페우스가 아내 에우리디케를 뒤돌아봐서는 안 된다는 것이 그 금기였다. 저승과 이승을 연결하는 기나긴 통로를 지나는 동안, 초조한 마음으로 앞장서서 나아갈 오르페우스는 자신의 바로 뒤에서 그토록 그리워하던 아내가 뒤따라오고 있어도 절대 뒤돌아봐서는 안

아리 셰페르, 〈에우리디케의 죽음에 슬퍼하는 오르페우스〉

된다.

혹시 손을 잡고 걸어가는 것은 허락됐을까? 아니면 돌아볼 수는 없다고 하더라도 말을 걸어 이야기를 나눌 수는 있었을까? 신화 속의 이야기인지라 자세한 조건은 알 수 없다.

나는 오비디우스의 시를 읽으며, 어둡고 긴 통로를 끝없이 올라가면서 오르페우스가 계속해서 아내에게 말을 거는 장면을 상상해 본다. 오르페우스가 아내에게 말을 할 수 있고 아내가 그 말을 들을 수도 있지만, 다만 아내가 대답은 할 수 없는 것이 규칙이었을 것 같다. 어쩌면 오르페우스는 너무나 보고 싶은 아내에게 그동안 다시 만나면 들려주고자 끝도 없이 만들었던 노래와 시의 구절구절을 나지막이 들려주며 기나긴 길을 걸었을지도 모르겠다. 아내가 정말로 뒤에서 계속 따라오고 있는 것일까? 아무 소리도, 기척도 없기 때문에 확신할 수는 없다. 내 노래와 시를 아내가 듣고 있을까? 무슨 생각을 할까? 뒤돌아볼 수 없으므로, 확인할 수가 없다. 할 수 있는 것은 그저 혼자서 하는 생각뿐이다. 사랑하는 사람을 그리워할 때 할 수 있는 것이 그것뿐이듯이.

오르페우스는 저승의 망자를 이승으로 데려오는 기적을 일으키기 위해 그 정도의 금기는 지킬 수 있다는 생각으로 꾹 참는다. 그리고 볼 수도 없고, 들을 수도 없는 아내가 계속해서 뒤따라오고 있다고 굳게 믿고 길을 오르고 또 오른다.

이윽고 지상의 빛을 발견하고 이승으로 나오는 그 마지막 순간을 맞는다. 이제는 그 모든 것이 끝나간다는 벅찬 마음에, 과연 아내가 저승에서 이승까지 긴 시간 잘 따라오고 있었을까 하는 불안함에, 그리고 무엇보다 아내를 너무나 보고 싶은 안타까움에, 오르페우스는 뒤를 돌아본다. 오르페우스의 눈에는 자신의 뒤를 따라 그 긴 길을 함께 온 아내가 보인다. 그토록 그리워하던 아내에게 손을 뻗어 안으려 하지만, 그 순간 아내는 그대로 곧장 머나먼 저승, 지하의 밑바닥으로 떨어지고 만다.

위대한 예술가가 사랑하는 사람을 되찾기 위해 저승 세계의 밑바닥까지 떠나는 모험을 벌이지만, 결국 마지막 순간에 실패하고 만다는 내용은 후대의 많은 작가들에게도 깊은 인상을 주었다. 그래서 오르페우스의 이야기는 2,000년 전 오비디우스가 《변신 이야기》에서 서사시로 쓴 이후에도 여러 차례 다양한 이야기로 재탄생했다.

예를 들어 이탈리아의 음악가인 몬테베르디Claudio Monteverdi는 오르페우스의 이야기를 줄거리로 1609년 〈오르페오Orfeo〉라는 음악극을 만들었다. 연극과 같은 내용을 공연하면서 그 내용을 노래와 음악으로 표현하는 방식이었는데, 〈오르페오〉는 오페라라고 널리 불린 최초의 작품으로 손꼽힌다. 즉 화려하고 종합적인 예술 공연의 대표라고 할 수 있는 오페라가 처음 탄생할 때, 바로 오르페우스 신화를 소재로 택했다는 이야기다.

이 외에도 프랑스의 오펜바흐Jacques Offenbach가 작곡하여 1858년 첫 공연한 〈지옥의 오르페우스Orphée aux enfers〉 역시 무척 잘 알려진 편이다. 특히 〈지옥의 오르페우스〉 중 저승의 잔치 장면에서 나오는 춤곡은 이른바 캉캉춤 배경음악으로 굉장히 유명하다. 〈지옥의 오르페우스〉를 모르는 사람이나 오르페우스 이야기 자체를 모르는 사람이라고 하더라도 이 음악만큼은 친숙하게 여길 것이다.

오르페우스 이야기는 현대에 들어서도 생명력을 그대로 이어왔다. 1959년에는 브라질에서 〈흑인 오르페Orfeu Negro〉라는 영화가 제작되었는데, 그 내용은 오르페우스 이야기를 브라질 사람들의 이야기로 각색해서 꾸민 것이다. 〈흑인 오르페〉는 내용으로도 훌륭한 평가를 받아 칸 영화제에서 황금종려상을 수상했거니와, 이 영화에서 배경음악으로 사용된 음악들이 덩달아 인기를 얻으면서 브라질의 보사노바라는 음악 장르가 세계적으로 인기를 얻는 하나의 계기가 되기도 했다. 보사노바에 친숙하지 않은 사람이라고 하더라도, 〈흑인 오르페〉에 나왔던 쓸쓸한 음악 〈카니발의 아침Manhã De Carnaval〉은 어디선가 한 번쯤 들어본 기억이 날 것이다.

그렇다면 도대체 오르페우스의 이야기, 나아가 그리스 로마 신화는 왜 이렇게 널리 퍼졌고 왜 이렇게 많은 사람들의 인기를 얻은 것일까? 당연히 로마 제국이라는 커다란 문화권이 형성되었고 그 커다란 문화권 전체에 자신의 글을 유통시킬 수 있었던 훌륭한 작가들이 좋은 글로 신화를 잘 기록해 두었다는 것이 첫 번째 이유일 것이다. 그런데 한편으로 나는 오르페우스와 에우리디케의 슬픈 이야기가 널리 퍼진 까닭과 관련해서, 오비디우스의 아름다운 글 말고도 품질 좋은 시멘트와 콘크리트에 관한 이야기도 한번 해보고 싶다.

어떤 신화가 사람들 사이에 인기를 얻어 널리 퍼지려면 그 신화를 사람들에게 흥미롭게 보이게 해줄 수 있는 예술이 필요하다. 그 예술은 재미있는 이야기를 감동적으로 서술한 글일 수도 있고, 신화의 중요한 장면을 재미있게 표현한 만화나 영화일 수도 있다. 그런데 인쇄술이나 대중문화가 발달하지 않은 과거에는 그런 여러 가지 방식 중에서도 사람들에게 쉽게 보여주어 강한 인상을 남길 수 있는, 눈에 보이는 물체로 신화를 표현하는 것이 더 중요했을 것이다.

아무리 심오한 사상이 있다고 해도, 고대에는 그 사상을 1,000페이지짜리 책으로 인쇄해서 사람들에게 나누어 줄 수 있는 기술이 없었다. 게다가 그런 책을 읽을 수 있을 만큼 지식이 풍부하고 글을 아는 사람들도 많지 않다. 백 마디 말로 이어지는 이야기보다, 신화 속 신을 묘사한 커다란 조각품 하나가 더 영향력이 큰 시대가 있었다는 뜻이다. 길 가던 사람들이 어떤 커다란 조각상을 보고 "저기 돌로 만들어 놓은 노래하는 사람 모습은 뭐야?"라고 물으면 "저 사람이 바로 오르페우스야"라고 대답할 수 있을 때 훨씬 많은 사람들이 훨씬 더 가깝게 신화를 느낄 수 있게 된다.

그러므로 신화를 표현하는 멋진 미술품과 그 미술품을 보여줄 수 있는 화려한 기념물, 건축물은 사람들에게 생각을 불어넣을 수 있는 힘을 갖고 있다고 할 수 있다. 그리고 그 힘은 고대에 더욱 강했던 것 같다.

먼 옛날, 어떤 먼 나라 사람이 부모나 스승에게서 자기 민족에게 이어져 내려오는 전설을 몇 번이고 반복해서 들으며 배웠다고 해보자. 그런데 그 사람이 어느 날 고대 로마를 찾아와 그 중심가에 들어선다면, 거대한 건물들이 늘어서 있는 풍경과 그 건물마다 자리 잡고 있는 로마 신화의 커다란 인물상 및 기괴한 괴물 들의 모습을 보게 될 것이다. 그 모습을 보는 잠깐의 순간 동안 그 사람이 로마 문화에 대해 받는 인상은 부모나 스승에게서 말로만 들어온 자기 문화에 대한 인상

오르페우스

에 버금갈 만큼 강렬할 것이다.

구체적인 모습과 쉽게 와닿는 크기로 보여줄 수 있는 실제 물건이 사람의 정신에 미칠 수 있는 힘은 강하다. 로마인들이 사는 로마라는 도시에는 이런 신화와 문화를 표현한 건물들과 미술품들이 가득했다. 로마인들은 그 속에서 살아가면서, 그 돌덩어리들이 뿜어내는 문화의 힘으로 같은 사상을 갖고 서로 뭉치며 또한 자기 나라와 문화에 대한 사랑을 품었을 것이다.

아마도 로마인들은 이런 생각을 그리스인들에게서 물려받은 듯싶다. 아름다운 조각상과 그 조각상을 놓아둔 멋진 신전을 짓는 기술은 그리스인들이 로마인들보다 앞서서 이미 훌륭하게 보여준 바 있다. 그리고 로마인들은 그리스인들을 정복한 후, 그런 그리스인들의 생각이 대단히 멋지다고 생각했던 것 같다. 어쩌면 로마인에게 그런 느낌을 준 것 또한 그리스인들이 만들어 놓은 건물과 미술품이 가진 힘인지 모른다. 로마인들은 자신들이 그리스인들을 정복했지만 자신들의 사상을 그리스인들에게 주입하는 대신, 거꾸로 그 자신들이 그리스인들의 사상을 받아들였다.

심지어 로마인들은 자신들이 섬기던 신에게도 그리스의 물을 들였다. 로마인들은 자신들이 섬기던 신의 이름만 남겨두고 그리스 신들에게서 내려온 이야기를 자기 신들의 이야기에 합쳐버렸다. 예를 들어 저승을 다스리는 신을 그리스에서는 하데스라고 불렀고 로마에서는 플루톤이라는 다른 이름으로 불렀지만, 사실상 그리스 신화와 로마 신화 속에서 두 신의 역할과 성격은 다르지 않다. 그리스 신화 속 이야기를 로마인들이 베껴 와서 덧씌운 것이다. 말하자면 로마인들은

판테온

그리스인들을 정복했지만, 도리어 그리스의 신을 섬기기로 마음을 바꿔 먹은 것 같다는 느낌이 들 정도다.

로마인들은 그리스인들과 비슷한 방향으로 문화를 성장시키면서 건축 기술을 더욱 발전시킨다. 그러던 끝에 고대 로마 기술의 걸작으로 손꼽히는 판테온Pantheon을 건설하기에 이른다.

흔히 '만신전萬神殿'이라고도 번역되는 판테온은 모든 신을 모셔둔 신전이었다. 어떻게 보면 백화점식 신전이라고 할 수도 있고, 어떻게 보면 신전 중의 신전이라고도 할 수 있는 곳이다. 모든 신을 모실 수 있는 곳이므로, 새로운 신이 생긴다거나 섬길 신이 좀 더 늘어난다고 해도 판테온을 그대로 활용해서 얼마든지 다른 신을 섬기는 의식을 치를 수도 있다. 실제로 로마인들은 한때 다른 민족의 신을 그대로 받아들여 자신들이 섬기는 신들 중 하나로 포함시키는 일들을 곧잘 했다. 그런 면에서 판테온은 개방적인 로마인의 문화를 나타내는 신전이라고 할 수도 있겠다.

지금 로마 시내에 남아 있는 판테온이 처음 건설된 시기는 바로, 로마가 제국으로 성장한 서기 1세기 무렵이다. 《변신 이야기》에서 로마 신화를 노래한 오비디우스가 활동하던 시기에서 그리 머지않다. 사실 지금의 로마에 남아 있는 판테온은 처음 지어진 후 100년 정도가 지나 다시 건설된 것이기는 한데 그조차도 무척 오래되어서 지금으로부터 1,900년쯤 전의 건물이라고 할 수 있다. 이후 내부는 많이 변했고, 2,000년에 가까운 세월이 지나는 동안 여러 번 수리가 이루어지기는 했다. 하지만 그 기본적인 모습은 지난 2,000년간 큰 변화 없이 유지되고 있다.

따라서 지금 우리가 볼 수 있는 판테온은 2,000년 전 로마 건축 기술의 진수를 생생히 보여준다고 할 수 있을 만한 건물이다. 그리고 과연 보고 있으면, 로마 제국의 가장 큰 자랑거리는 건축 기술이 아니었나 싶을 정도로 훌륭하다. 건물 높이만 43미터에 달하므로 요즘 건물로 치면 10층을 훌쩍 넘어가는 높이의 빌딩에 가깝고, 건물 너비도 그와 비슷한 수준이라서 규모에서부터 우선 웅장하고 위풍당당하다. 게다가 원형과 사각형, 삼각형을 멋지게 조합해 전체는 단순하면서도 부분부분은 섬세하고 화려하게 만들어 올린 건물의 모양은 누가 봐도 깨끗하고 훌륭하다는 느낌을 받을 만하다.

그런 판테온에서도 가장 멋진 곳은 대체로 지붕이라고 말한다. 멋진 지붕 없이 단순히 크고 높은 건물을 짓는다고 하면, 사실 판테온보다 훨씬 더 크고 높은 건물을 짓는 것도 기술적으로 크게 어렵지 않다. 그냥 돌무더기를 높이 쌓은 탑이라면 판테온보다 큰 것도 세상에는 무척 많다.

예를 들어, 고대 이집트의 피라미드 가운데 가장 큰 것은 판테온보다 훨씬 거대하고, 만들어진 시기는 판테온보다 오히려 수천 년 이상 더 오래되었다. 쿠푸의 피라미드는 서기전 2560년 무렵에 건설되었다고 하므로, 판테온이 지어진 것보다도 2,400년 가까이 앞서 건설된 건축물이다. 우리는 고대 로마의 판테온을 보고 2,000년 전에 이런 건물을 지었다고 놀라는데, 그 판테온을 짓던 사람들의 시점에서는 피라미드가 그만큼 오래된 건물로 보였을 것이다. 사실 계산해 보면 피라미드는 그보다도 더 오래되었다. 현재와 판테온 건축 시기의 시간 간격보다, 판테온 건축 시기와 쿠푸의 피라미드 건축 시기 사이의 시간 간격이 더 멀다는 뜻이다.

그런데 판테온은 피라미드처럼 그저 돌무더기를 차곡차곡 쌓아 올린 건축물이 아니다. 판테온은 벽이 있고 지붕이 있어서 그 가운데에 사람이 들어가 걸어 다니고 활동할 수 있는 공간을 만들어 놓은 건물이다. 피라미드는 긴 세월 봉인되어 비밀을 숨긴 채 잠들어 있는 무덤이지만, 판테온은 지금도 전 세계 관광객들이 하루에도 수천 명씩 그 건물 안으로 들어가 둘러보는 살아 있는 공간이다. 그렇게 내부 공간을 만들어야 했기 때문에 지나치게 두껍지 않은 두께로 벽을 높이 쌓아 올릴 수 있어야 하고, 무엇보다도 그 벽 위의 높다란 곳에는 지붕을 덮어야 했다.

커다란 건물에 지붕을 덮을 때 생길 수 있는 가장 큰 문제는 건물이 지붕의 무게를 지탱하지 못하고 무너져 내리는 사고다. 판테온처럼 너비 40미터가 넘는 큰 공간을 덮을 수 있는 지붕을 만들 재료를 찾기란 만만치 않다. 만약 40미터 이상 높이로 자란 아주 커다란 나무를 잘라서 기다란 널빤지를 만든다면 그 나무 널빤지로 지붕을 만들 수 있을지는 모르겠다. 하지만 그런 큰 나무을 여럿 구하는 것도 쉬운 일이 아니거니와, 그런 식으로 기다란 나무 널빤지를 억지로 만들어서 지붕을 얹어봐야 분명히 그 무게를 지탱하지 못하고 나무 널빤지 중앙이 휘어질 것이다. 그러면 모양도 좋지 않을 테고, 시간이 흐르는 사이에 휘어진 부분이 점차 약해지면서 결국 무너지게 된다.

이런 문제를 해결하는 한 가지 쉬운 방법은 지붕을 떠받칠 기둥을 몇 개 세워놓는 것이다. 바닥에서 천장에 닿는 기둥을 여럿 세워놓아 지붕을 떠받치게 하면, 지붕 재료가 기둥과 기둥 사이를 연결할 정도만 되어도 차근차근 덮어나갈 수 있다. 그래서 어느 건물이건 지붕이 큰 건물일수록 기둥이 많은 것이 보통이다.

그런데 기둥을 많이 세우는 방식으로 문제를 해결할 경우 또 다른 두 가지 문제가 생긴다.

첫 번째는 천장까지 닿는 기둥을 구하고 세우는 것 자체가 힘들다는 점이다. 판테온은 그 높이 역시 40미터를 넘기 때문에, 기둥을 여럿 세우려면 40미터가 넘는 기둥을 만들 수 있는 재료를 구해 와서 세워야 한다. 그나마 판테온처럼 지상에 세우는 건물이라면 이는 큰 문제가 아니지만, 만약에 기둥을 세우기 어려운 특별한 이유가 있는 곳에 건물을 짓는다면 기둥의 숫자를 늘리는 것은 골치 아픈 문제가 된다.

예를 들어, 다리를 짓는다고 생각해 보자. 사실 다리는 집과 매우 비슷하다. 다리의 교각은 기둥인 셈이고, 사람이나 차가 지나갈 수 있는 부분인 다리의 상판이 지붕 역할을 한다고 보면 보통 집과 크게 다르지 않다. 비슷한 모양을 만들어 놓고 지붕 아래에서 사람이 살면 보통 집이고, 지붕 위를 걸어 다니는 목적으로 활용하면 그것은 다리가 된다. 조선 시대 이전에 가난하고 집 없는 사람들이 다리 밑에서 비를 피하며 살던 것도 따지고 보면 같은 이유다.

그런데 다리를 짓는다고 할 때 기둥 숫자, 즉 교각 숫자를 늘리는 것은 쉬운 일이 아니다. 강을 가로지르는 다리라면 교각을 강바닥에서부터 쌓아 올려야 하며, 완성된 뒤에도 항상 강물이 흐르는 힘을 견디도록 해야 하는데 그렇게 튼튼한 교각을 짓는 것은 쉽지 않다.

기둥을 많이 세워서 커다란 지붕을 받치는 방식의 두 번째 문제는, 기둥을 세우면 건물 내부의 공간이 나뉜다는 것이다. 이 문제는 기둥을 많이 세워서 큰 지붕을 지탱하는 방식이 갖는 피할 수 없는 단점이자 근본적인 한계다.

기둥이 많은 건물은 안에 들어섰을 때 기둥들이 사람의 시야를 가리게 된다. 건물 안에 커다란 물건을 집어넣을 때도 어려움이 생긴다. 만약 건물 안에 거대한 조각상 같은 기념물을 설치하고 싶은데, 건물 안 이곳저곳에 기둥이 많이 서 있다면 한 덩어리의 커다란 조각상을 세워놓기 어려울 수도 있다. 많은 사람이 모여서 행사를 치러야 하는 커다란 공간이 필요할 경우에도 기둥은 사람들이 모이고 한꺼번에 움직이는 데 방해가 된다. 특히 신전이라면, 그 큰 건물 안에 들어섰을 때 거대한 뚫린 공간이 뭔가 대단한 일이 있을 것 같은 신성하고 엄숙한 느낌을 주는 것이 중요할 텐데, 기둥이 많아서 눈앞을 가린다면 이런 느낌을 주는 데도 방해가 된다.

때문에 로마인들은 기둥을 많이 세우지 않고 거대한 건물의 지붕을 지탱하기 위한 방법을 개발하고 또 개량해 나갔다.

가장 먼저 도입된 방법은 아치arch를 사용하는 건축술이었다. 아치는 과거 한국이나 중국에서는 '홍예虹蜺'라고 불렀던 모양으로, 지붕을 무지개처럼 둥그스름한 곡선으로 만드는 방식을 말한다. 이 방법은 여러 문화권에서 다양한 방식으로 활용되었다. 한국의 옛 건물에서는 주로 성문 같은 곳에 활용한 예가 많다. 남대문이나 동대문 같은 성문에서 사람이 통과하는 곳을 보면 문이 단순히 각진 네모가 아니고 윗부분이 둥그스름한 곡선을 띠고 있다. 이런 모양이 바로 아치 구조로, 예로부터 건설된 한국의 성문 유적에서는 아치 구조를 흔히 찾을 수 있다.

낙산사 홍예문

문을 이렇게 만들어 놓으면 그 둥그스름한 부분이 위에서 아래로 가하는 힘을 홀로 견디지 않고 곡선을 따라 옆으로 나누어 주게 된다. 즉 지붕 역할을 하는 부분이 둥그스름하게 옆으로 이어져서, 위에서 아래로 떨어지려는 힘을 옆으로 분산시켜 준다는 얘기다. 때문에 위에서 누르는 무게를 받쳐야 하는 곳을 이렇게 둥근 아치 모양으로 만들면 더 쉽게 그 힘을 견딜 수 있다. 한국 성문을 홍예식 구조, 즉 아치 모양으로 만들어 놓은 것도 그렇게 해야 그 위에 높이 쌓아놓은 성벽이 누르는 힘을 문이 버틸 수 있기 때문이다.

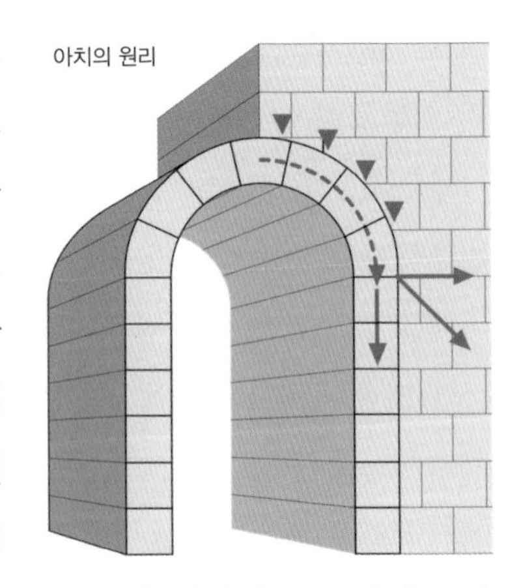
아치의 원리

따라서 아치 구조를 사용하면 기둥을 더 적게 쓰면서도 더 무거운 무게를 견디는 지붕을 만들 수 있다. 로마인들은 아치 구조를 활용하는 솜씨가 대단히 뛰어났다. 어느 정도의 각도로 아치를 만들었을 때 어느 정도의 힘을 견딜 수 있는지에 대한 경험과 기술을 충실히 갖추고 있었던 것 같다.

로마인들이 얼마나 아치를 좋아했는지, 그냥 다른 목적 없이 아치 모양만 덩그러니 만들어 세워 두는 경우도 흔했다. 로마인들은 단순한 아치 모양을 만들어 놓고 그것을 어떤 일을 기념하는 기념비 역할을 하는 문이라고 부르기를 좋아했는데, 지금도 로마에 가면 고대 로마 시대에 건설한 기념비 역할을 하는 문들이 여럿 남아 있다. 로마인들은 승리를 기념하는 문을 보통 개선문이라고 불렀다.

세월이 한참 흐른 뒤 나폴레옹 시대에 그런 전통을 모방하여 프랑스인들이 프랑스 파리에 건설한 건물이 파리의 개선문이고, 다시 그 파리의 개선문을 모방하여 서울 서대문에 조선의 독립을 기원하며 세운 조선인들의 건물이 독립문이다. 즉, 독립문을 지나가는 통로도 바로 로마인들이 좋아하던 곡선 구조인 아치 형태로 되어 있다. 말하자면, 지금 서울에 남아 있는 독립문은 수천 년에 걸쳐 수만 킬로미터 거리를 건너온 고대 로마 문화의 후예다.

판테온의 돔 지붕 형태 역시, 아치 구조가 빙 돌아가면서 서 있는 모양이라고 보면 비슷한 원리를 따르는 구조로 해석할 수 있다. 판테온의 지붕 형태는 여러 가지 돔 형태의 지붕 중에서도 가장 우아하고 멋진 축에 속한다. 단순히 곡선과 원 모양만 반복될 뿐 아니라, 사각형 구조가 반복되며 그 사각형이 다시 곡선을 이루면서 무늬부터가 아름답다. 특히 맨 중앙에는 빛이 들어올 수 있는 뚫린 구멍이 있는데, 그 구멍으로 빛이 내려오는 모습도 신비롭다. 이 구멍을 흔히 '오쿨루스oculus'라고 부르는데, 이 말은 '눈eye'이라는 뜻이다. 오쿨루스를 통해 판테온 신전으로 하늘에서 빛이 들어오는 모습을 고대인들이 보았을 때 마치 천상에서 신의 눈이 내려다보는 느낌을 받지 않았을까?

판테온 때문만이라고 할 수는 없겠지만, 로마 시대 이후 돔 형태로 만든 지붕은 위엄 있고 멋진 건물의 지붕 모양으로 전 세계에서 긴 세월 많은 인기를 끌었다. 중세 이후 수많은 유럽의 건물에 돔 형태의 지붕이 얹혔다.

심지어 한국의 국회의사당 건물 역시 지붕 한가운데 큰 돔이 있다. 원래 한국의 건축가들은 중앙 돔이 없는 좀 더 현대적인 모습의 건물

판테온의 지붕

내부 천장

조반니 파올로 파니니, 〈로마 판테온의 내부〉

을 짓고자 했다. 그런데 당시 국회의원들 중 일부가 "왜 우리나라 국회의사당에 유럽의 멋있는 건물처럼 돔이 없냐?"며 돔을 얹어보라고 끼어들었다고 한다. 들리는 이야기에 따르면, 그러자 건축가들은 국회의원들이 스스로 거절하도록 일부러 안 어울리는 커다란 돔을 얹은 모습을 그려 보여주었다고 하는데 의외로 의원들이 그 괴상한 모습을 좋아했다고 한다. 건축가들은 어쩔 수 없이 구조를 전체적으로 조금 변경하여 그나마 좀 더 어울리는 돔을 얹은 모습을 다시 설계했고, 그것이 지금 한국의 국회의사당이라고 한다.

고대 로마인들은 아치나 돔 말고도 크고 튼튼한 건축물을 만들 수 있는 또 한 가지 중요한 기술을 갖고 있었다. 아치와 달리 이 기술은 무척 긴 세월 동안 로마인들 말고는 다른 나라 사람들이 모방할 수 없었다. 중세 이후 유럽 사람들은 돔 건물을 많이 지었는데, 그에 비해 중세 이후 한동안 로마의 이 기술을 그대로 따라 한 건물은 지어지지 못했다.

그것은 바로 콘크리트를 활용하는 기술이다.

석회석을 갈아서 가루로 만든 뒤 다른 재료와 함께 몇 가지 가공 과정을 거치면 물과 반죽하여 굳힐 수 있는 가루가 된다. 이 가루를 시멘트라고 한다. 시멘트 가루를 물에 넣으면, 시멘트의 성분 중 물에 녹는 성분들이 분해되어 나온다. 그렇게 녹아 나온 성분들 가운데 화학반응을 잘 일으키는 성분들끼리 다시 서로 반응하여 들러붙는다. 이 과정에서 일어나는 여러 화학반응 중에 쉽고 단순한 것 한 가지를 이야기해 보라면, 시멘트에서 녹아 나온 칼슘 성분이 물속에 있는 산소 원자 및 수소 원자의 덩어리 성분과 서로 들러붙어 수산화칼슘을 만들어 내는 반응을 들 수 있다.

칼슘 원자는 (+) 전기를 띠려는 성질이 있고 산소 원자와 수소 원자의 덩어리는 (-) 전기를 띠려는 성질이 있으므로, (+) 전기와 (-) 전기의 당기는 힘으로 둘은 서로 달라붙는다. 한 번 달라붙어 덩어리가 생기면, 그 덩어리 중 (+) 전기를 띠려는 부분에 (-) 전기를 띠려는 것이 또 달라붙는다. 덩어리는 마치 작은 자석을 여러 개 줄줄이 붙여나가는 듯한 모습으로 점점 커진다. 이런 식으로 물속에서 여러 화학반응이 계속되면, 물질들은 점차 규칙적으로 계속 들러붙어 커진다. 이런 것들이 쌓이면, 시멘트는 굳는다.

시멘트나 시멘트 비슷한 제품을 만든 뒤 거기에 물을 타서 굳히는 기술은 여러 나라에서 옛날부터 알려져 있었다. 한국에서도 석회 가루를 건축 재료로 이용하는 기술은 예로부터 활용되고 있었다. 기와집 지붕을 만들 때나 돌담을 쌓을 때 석회로 만든 재료를 접착제처럼 쓴 사례는 어렵지 않게 찾아볼 수 있다.

그런데 그냥 시멘트만 사용해서는 그 양도 충분하지 않거니와 강도도 별로 높지 않다. 이래서는 건물을 짓는 주재료로 활용하기 어렵다. 결국 시멘트만 사용하는 대신, 시멘트에 다른 재료를 섞어서 더 튼튼하고 오래 버틸 수 있는 재료를 만들어야 한다.

그렇게 시멘트에 여러 재료를 섞어 만들어 굳힌 재료를 콘크리트라고 한다. 현대에는 보통 시멘트에 모래, 자갈, 돌 같은 것들을 섞고 물을 타서 콘크리트를 만든다. 그중에서도 미리 섞어두어서 쏟아부으면 바로 돌처럼 굳힐 수 있는 콘크리트를 '배합 준비된 콘크리트'라고 해서 영어로 'ready-mix concrete', '레디 믹스 콘크리트'라고 하는데,

그 말을 줄여서 한국에서는 흔히 레미콘이라고 부르기도 한다. 커다란 둥근 통을 달고 다니는 레미콘 차는 이렇게 시멘트와 여러 재료를 물과 함께 섞어놓은 것이 잘 유지되도록 통에 넣은 채로 빙빙 돌리며 싣고 다니는 차량이다.

콘크리트를 쓰면 물렁한 반죽 상태로 모양을 만든 뒤 굳히는 방법을 이용해, 적은 비용으로 다양한 모양의 건물을 쉽고 튼튼하게 지을 수 있다. 예를 들어, 2017년 개장한 한국에서 가장 높은 빌딩 역시 123층, 555미터의 높다란 몸체를 대부분 콘크리트로 만들었다. 만약 벽돌이나 돌로 이런 건물을 지었다면 비용이 엄청나게 들기도 하겠지만, 무엇보다 100층이 넘는 높이까지 일일이 벽돌을 들고 올라가서 쌓아 올리는 것 자체가 굉장히 수고스러운 작업이었을 것이다.

콘크리트를 이용하면 훨씬 빠르고 간편하게 건물을 지을 수 있다. 높은 층까지 닿는 아주 기다란 쇠파이프를 하나 세워두고, 마치 밀크셰이크나 묽은 죽 같은 물렁한 반죽 상태의 콘트리트를 그 쇠파이프를 통해 초강력 펌프로 밀어 올리면 500미터 이상 높이까지 뿜어 올릴 수 있다고 한다. 그리고 그 콘크리트를 빌딩 꼭대기까지 올라온 쇠파이프 끝에서 뽑아내 필요한 부분에 뿌리고 굳히면 그대로 건물 벽과 기둥이 만들어진다. 말하자면 500미터 높이로 치솟는 자갈과 돌의 분수를 만들고 그것으로 큰 건물을 짓는다는 얘기다. 실제로 한국 최고 높이의 빌딩을 지을 때도 이런 방식을 사용했다.

그러나 이렇게 시멘트를 이용해서 건물을 지을 만큼 쓰기 좋은 콘크리트가 개발되기까지는 오랜 세월이 걸렸다. 그냥 적당히 가공한 석회석을 모래나 돌과 대충 섞는 정도로는 쓸 만한 콘크리트를 만들 수가 없었다. 다양한 물질을 쓰기 좋게 조합해서 적절히 처리하는 과정을 거쳐야만 콘크리트는 쓸 만해진다. 어떻게 보면 그런 기술이 없었기 때문에 현대 콘크리트 사용 기술 이전에는 고층 건물을 짓는 것이 매우 어려웠다고도 말할 수 있다.

베수비오 화산 인근의 포촐라나

그러나 로마인들은 예외였다. 고대 로마 제국 사람들은 이미 수천 년 전 옛날에 상당히 실용적인 콘크리트 기술을 개발해 냈다. 로마인들은 베수비오 화산 인근에서 발견되는 포촐라나pozzolana라는 자갈을 알고 있었다. 화산 때문에 생긴 이 독특한 자갈을 가루로 만들어 석회석 가루와 함께 가공하면 시간이 갈수록 점점 견고해지는 콘크리트 재료가 된다. 바로 이 사실을 발견한 고대 로마인들은 건물에 콘크리트를 활용하는 방법을 발전시켜 나갔고, 차차 여러 가지 다양한 건축물을 지을 때 콘크리트를 널리 활용했다. 판테온을 지을 때에도 고대 로마인들은 바로 포촐라나를 이용하는 고대 로마식 콘크리트로 그토록 거대한 규모의 신전을 튼튼하게 짓는 데 성공했다.

이런 식으로 발전한 로마의 건축 기술은 로마 제국을 떠받치는 중요한 기술로 자리 잡았다.

로마인들은 그 건축 기술을 이용해서 신전과 같은 웅장한 기념물뿐만 아니라 시민들을 위한 위락 시설이나 복지 시설 등을 큰 규모로 튼튼하게 지을 수 있었다. 무엇보다, 로마의 건축 기술은 시민들이 안전하고 편리하게 살 수 있는 크고 튼튼한 집을 짓게 해주었다. 로마 제국은 합리적인 법 제도, 정치 체제, 혹은 강한 군사력에서 뛰어난 나라라는 평가를 받았지만, 그런 요소 못지않게 로마 제국의 힘을 바닥에서 굳건히 떠받치는 것은 시민들이 편안하게 쉬면서 활기차게 살 수 있는 주거지를 공급하는 기술이었다.

로마인들은 누구나 깨끗한 물을 쉽게 마실 수 있도록, 멀리 떨어진 곳에서부터 주거 구역까지 물을 끌어 오는 물길을 만들었다. 그런데 물이 잘 흐르는 길을 만들기 위해 아주 길고 거대한 다리를 세워서 그 다리 위로 물이 흐르도록 하는 경우도 있었다. 이런 다리를 요즘에는 흔히 수도교aqueduct라고 부르는데, 유럽 각지에 로마 시대에 지은 수도교가 남아 있어서 당시의 기술이 어느 정도였는지 짐작할 수 있게 해준다.

수도교는 아치를 연속적으로 이용한 곡선 모양이 아름답기도 하거니와, 그 크기도 상당해서 크고 높은 수도교의 경우에는 현대의 10층 건물 이상의 높다란 다리가 긴긴 거리에 걸쳐 쭉 뻗어 있는 구조도 찾아볼 수 있다. 듣자 하니, 그 모습이 너무 굉장해서 서로마 제국이 멸망하고 시간이 흐른 뒤에는 설마 사람이 그런 것을 건설했을 거라고는 생각하지 못하고 혹시 전설 속의 거인들이나 신들이 만든 것이 아닌가 짐작했다는 얘기도 있었던 것 같다.

지금의 프랑스 남부에 있는 로마 시대의 수도교

그 외에도 로마 시내에는 콜로세움과 같은 거대한 경기장 유적이 아직도 그 모습을 대체로 유지한 채로 남아 있다. 서울의 잠실야구장에 현재 입장할 수 있는 인원 숫자가 2만5,000명이고, 2000년대 이전에는 최대 5만 명까지 입장할 수 있었다고 하는데, 2,000년 전 로마에서 건설한 콜로세움에 입장할 수 있는 관객 숫자는 5만 명이었다고 한다. 현대 서울의 야구장과 2,000년 전 로마 경기장의 규모가 맞먹을 정도다. 플리니우스Gaius Plinius Caecilius Secundus가 쓴 《박물지Historia Naturalis》에 따르면 로마에 있었던 가장 큰 전차 경기장에는 심지어 15만 명까지 입장할 수 있었다고 하는데, 고대의 신기한 기록을 모아 놓은 책인 만큼 과장이 있었을 가능성은 있겠지만 적어도 로마의 건축 기술이 얼마나 발달했는지 짐작할 수 있는 보조 자료는 될 만하다고 본다.

서로마 제국이 멸망한 이후 고대 로마식 콘크리트 기술은 점차 잊혀가고 말았다. 그렇게 사람들은 콘크리트로 튼튼한 집을 쉽게 짓는 기술을 잃어버렸다. 콘크리트가 집을 짓는 재료로 다시 큰 인기를 얻은 것은 그로부터 1,000년 이상의 세월이 지나 19세기가 다 되어서였다. 정확히 말하자면 영국의 아스프딘Joseph Aspdin이라는 건설 기술자가 '포틀랜드 시멘트Portland Cement'라는 현대식 시멘트를 개발해서 그것으로 콘크리트 만드는 기술을 개발한 이후 콘크리트는 다시 건축 재료로 인기를 끌게 되었다.

아스프딘 부자(아버지 조지프 아스프딘과 아들 윌리엄 아스프딘)는 2대에 걸쳐 시멘트의 성질을 개량하기 위해 애썼다. 그들은 모양을 쉽게 바꿀 수 있으면서도 굳히면 돌처럼 변하는 재료를 발명해 내려고 했다. 결국 그들이 개발한 것은 석회석 가루에 몇 가지 재료를 조합하고 두 번에 걸쳐 열을 가해 구워서 시멘트를 만드는 방법이었다.

아스프딘은 처음에 자신의 발명품을 인공적으로 돌을 만드는 방법이라는 식으로 선전했다고 한다. 그는 자기 기술을 이용하면 당시 영국에서 여러 가지 재료로 사용하는 돌 중에 인기 있었던 포틀랜드섬에서 나는 돌에 버금가는 것을 만들 수 있다고 이야기하고 싶었던 듯하다. 아마도 그 때문에 자신이 만든 제품을 '포틀랜드 시멘트'라고 부른 것 같다.

현대에 우리가 사용하는 시멘트는 거의 다 포틀랜드 시멘트 방식으로 만든 제품이거나, 포틀랜드 시멘트를 기준으로 개량한 제품이다. 19세기에 개발된 포틀랜드 시멘트로 콘크리트를 만드는 방법이 삽시간에 세계로 퍼져 나가면서 우리는 크고 높은 건물을 훨씬 쉽게 지을 수 있게 되었다.

요즘 한국인들의 절반쯤은 아파트에 살고 있다고 하는데, 전국 곳곳에 솟은 이 아파트들이 다름 아닌 포틀랜드 시멘트를 이용한 콘크리트 덩어리들이다. 뿐만 아니라 우리가 일하는 일터, 우리가 놀고 먹는 곳, 우리가 길을 지나기 위해 다니는 도로와 다리도 대부분 포틀랜드 시멘트를 이용한 콘크리트로 지어진 것이다. 한국은 1년에 대략 5,000만 톤에 가까운 시멘트를 소비하는 나라이므로, 시멘트에 다른 재료를 섞어 만든 콘크리트는 1년에 1억 톤 이상 사용할지도 모른다. 고대에는 로마 제국 사람들만 알고 있었던 신기한 기술을 이제는 전 세계 사람들이 안전하고 편안하게 사는 집을 만드는 데 넉넉히 활용하고 있는 셈이다.

다시 오비디우스의 이야기로 돌아가 보자.

오비디우스의 시기는 첫 번째 황제 아우구스투스가 등장하여 그 힘을 세상에 과시하던 시기였다. 로마를 가득 채운 신전과 건물과 기념비와 제국 곳곳으로 뻗은 도로와 수로가 제국의 1인자로서 혼자 모든 것을 통치하는 높디높은 황제의 힘을 끝없이 키워주던 시대였다. 그리고 그 황제의 위엄 아래에서 로마 신화와 로마 문화는 세계 각지로 함께 퍼져 나갔다.

그만큼 황제의 힘이 컸기 때문인지, 오비디우스 역시 황제의 눈에 들기 위해 노력했다. 오비디우스 최고의 걸작으로 손꼽히는 《변신 이야기》조차, 사실은 로마 신화 속에 나오는 신들의 변신에 관한 이야기들을 읊으면서 진행되긴 하지만 그 결말에 이르면, 황제의 아버지뻘이 되는 율리우스 카이사르가 너무나 훌륭했기 때문에 사람인데도 나중에는 신으로 변신했다는 내용으로 끝이 난다. 그러니 《변신 이야기》도 따지고 보면 황제의 조상이 신화 속 신들과 비슷하다고 추앙하며 칭송하는 것으로 끝나는 이야기이다.

그러나 그렇게 애썼는데도 오비디우스는 결국 황제의 노여움을 사서 로마에서 추방당하고 만다. 정확한 이유는 알 수 없지만, 많은 사람들이 오비디우스가 지은 사랑의 슬픔과 기쁨을 노래한 시들이 황제의 마음에 들지 않았기 때문이 아니었을까 추정하고 있다.

오비디우스는 원래부터 사랑의 자유로운 감정을 시로 표현하면서 명망을 얻은 작가였다. 그는 아예 사랑의 기술에 대한 글, 어떻게 하면 원하는 사람의 마음에 들 수 있는지, 어떻게 하면 짝사랑을 이룰 수 있는지에 대한 지침서를 쓴 적도 있었다. 아마도 황제의 눈에는 오비디우스의 이런 글들이 로마 젊은이들을 너무 들뜨게 하고 로마 사람들이 바람나도록 부추기는 것처럼 보였을지도 모른다. 당시 황제의 가족 중에 불륜으로 삶이 혼란스러워진 사람이 있었는데, 그 때문에 황제가 오비디우스를 싫어하게 되었다는 이야기도 있다.

이후 오비디우스는 로마의 변방 지역에서 귀양살이 같은 삶을 살면서, 남은 인생 동안 내내 로마를 그리워하다가 세상을 떠났다. 그에게는, 로마의 발달한 기술이 굳건히 받쳐주는 황제의 힘을 꺾고 다시 자유를 얻을 수 있는 방법이 없었다. 오비디우스가 로마로 돌아가고 싶어 하는 마음을 밝히는 글이나 자신의 삶을 한탄하는 편지 같은 것들이 몇 편 전해지고 있기에 현대 사람들도 그가 삶에서 느낀 쓸쓸함과 후회를 같이 느낄 수 있다.

그에게 위로가 될지는 모르겠으나, 나는 지금 돌아보면 오비디우스의 진수는 여전히 그가 노래한 사랑의 희로애락에 있다고 생각한다.

그의 서사시를 따라 퍼져나간 로마 신화의 다양한 이야기 중에서도 나는 황제의 조상을 칭송한 대목보다는 사랑에 대해 이야기한 부분이 훨씬 더 아름답다고 느낀다. 이를테면 《변신 이야기》에는 오르페우스가 저승에서 아내를 구하는 데 실패한 이후 깊은 슬픔에 빠진 이야기가 이어져 있다. 저승에서 이승으로 올라오던 길, 마지막 순간 뒤를 돌아본 자신의 실수 때문에 아내가 되살아나지 못했다는 자책감을 오르페우스는 떨쳐버릴 수 없었을 것이다. 오르페우스는 평생 후회하고 슬퍼하며 지내게 된다.

그렇지만, 위대한 시인 오비디우스는 《변신 이야기》의 마지막을 이렇게 읊는다. 오르페우스는 그러다 어느 날 생명을 다하게 되어 그 자신도 사후 세계의 낙원에 가게 되고 마침내 아내 곁에 간다. 그리고 그곳에서 남편과 아내는 참으로 오래간만에 다시 만난다. 두 사람은 서로 쳐다보고 또 뛰어다니며 논다. 남편이 앞서 갈 때에는 따라오는 아내를 마음껏 뒤돌아보고 아내가 앞서 갈 때에는 따라오는 남편을 얼마든지 뒤돌아보며 사랑 속에서 시간을 보냈다고 한다.

— *chapter 4.* —

《천일야화》와 알고리즘

"아랍인들은 낙타 떼에 짐을 싣고 사막을 건너다니며 장사를 했을 뿐 아니라, 발달된 항해술로 인도양과 지중해를 오가며 아시아와 유럽 곳곳을 연결했다. 장사꾼으로 성공하기 위해, 괴물들이 득실거리는 알 수 없는 나라로 일곱 번이나 항해를 떠나는 신드바드 이야기는 가장 잘 알려진 상징이다."

《조선왕조실록》의 서기 1437년 음력 11월 22일 기록에는 세종 임금이 여진족으로 보이는 거아첩합巨兒帖哈의 아내가 '만인혈석萬人血石'에 대해서 한 이야기를 전해 듣고 호기심을 보이는 일화가 실려 있다. 만인혈석은 여이조汝而鳥라는 거대한 새가 만인사萬人蛇라는 뱀을 잡아먹은 후에 생기는 돌로 원래는 만인사의 몸속에 있다가 나오는 것인데, 이것이 사람에게는 만병통치약 역할을 한다는 말이 있었다. 세종 임금이 도대체 이런 이야기를 믿을 수 있냐고, 지금의 함경도 지역을 다스리던 김종서金宗瑞에게 물어보자 김종서는 만인혈석이라는 것이 가슴이나 배가 아플 때 먹는 약이라는 말이 있기는 하지만 만병통치약은 아니라고 대답한다.

김종서는 흔히 사극에서 수양대군이 조카에게서 임금 자리를 빼앗으려고 난리를 일으킨 계유정난癸酉靖難에서 희생되는 인물로 등장한다. 그런 김종서가 젊어서 한창 활약할 때는 북방의 새로운 영토를 개척하고 다스리며 여러 가지 역할을 많이 했다는 점을 새삼 돌이키게 해주는 기록이다. 한편으로는 김종서가 만약에 수양대군에게 희생되지 않고 편안히 말년까지 잘 살았다면 일평생 보고 들은 것을 기록으로 남겼을 텐데 그중에 얼마나 재미있는 이야기들이 많았을지 안타까운 생각이 들기도 한다.

그런데 또 한편으로 나는 세종과 김종서가 들었다는 이 《조선왕조실록》의 이야기가 신드바드의 모험 이야기와 좀 닮지 않았나 하는 생각을 해본다.

신드바드는 흔히 '아라비안나이트'라고도 하는 《천일야화Alf laylah wa laylah》에 실려서 유명해진 모험담의 주인공이다. 신드바드는 중동 지역에서 매우 화려하고 즐겁게 살고 있는 부자였는데, 그렇게 큰 부자가 되기 전 일곱 번이나 목숨을 걸고 먼 나라들을 돌아다니며 물건을 사고파는 무역을 했다. 《천일야화》에 실린 신드바드 이야기의 핵심은 별별 희한하고 괴상한 것들이 많은 낯선 나라들에서 신드바드가 죽을 고비를 몇 차례나 넘기며 고생한 사연이다.

내가 주목하는 것은 일곱 번에 걸친 신드바드의 항해 중에서도 특히 두 번째 항해다. 두 번째 항해에서 신드바드는 어느 먼 나라의 이상한 섬에 도착했다가 지붕이 둥글게 솟은 거대한 집 같기도 하고 탑 같기도 한 것을 발견한다. 아라비아의 상인들은 로마 제국의 남은 일부인 동로마 제국과도 교류를 했으니, 어쩌면 신드바드는 처음 그 둥근 지붕 모양을 보고 로마인들이 건설한 아치나 돔 모양의 부드러운 곡선 모양 건물을 상상했을지도 모른다. 그런데 자세히 보면 볼수록, 그것은 보통 집이라고는 볼 수 없는 재질이었다. 게다가 출입구나 창문이 없었으므로 그게 과연 집이 맞는지 아닌지도 확신할 수 없었다.

알고 보니, 신드바드가 지붕이 둥근 집 같다고 생각했던 그것은 '로크'라는 어마어마하게 거대한 새의 알이었다. 사람보다 몇 배, 몇십 배는 큰 괴물 새이기 때문에 그 새가 낳은 알은 어지간한 사람보다 컸고 그래서 알이 마치 집이나 탑처럼 보였던 것이다.

보통 새들이 벌레를 잡아서 새끼에게 먹여주듯, 신드바드는 로크에게 벌레처럼 매달려서 그 둥지로 끌려간다. 신드바드는 로크가 워낙 커서 코끼리도 가볍게 붙잡아 먹는 새라는 것을 깨닫게 되고, 나중에는 로크가 거대한 뱀들이 사는 골짜기에서 뱀들을 공격한다는 사실도 알게 된다. 이후 신드바드는 로크를 이용해서 그 거대한 뱀들이 사는 골짜기에 가는데, 그 골짜기에 다이아몬드가 많다는 사실을 알게 되어 큰돈을 번다.

세종 임금과 김종서가 들은 이야기에도 '여이조'라는 거대한 새가 등장하고, 그 여이조가 '만인사'라는 뱀을 잡아먹는다는 내용이 나온다. 만인사는 아주 거대하다고 구체적으로 묘사되진 않았지만 이름이 만인사인 것을 보면 사람 만 명을 잡아먹은 뱀이라는 뜻일 것이고, 거대한 새인 여이조의 먹잇감이었던 것만 보아도 덩치가 꽤 컸으리라고 충분히 짐작해 볼 수 있다. 그렇다면 이 이야기는 신드바드의 두 번째 항해에서 거대한 새 로크가 마찬가지로 거대한 뱀을 공격하는 이야기의 구도와 맞아떨어진다. 게다가 그 뱀이 있는 곳에 아주 귀중한 돌이 있다는 점에서도 세종 임금, 김종서가 들은 이야기와 신드바드의 모험담은 일치한다.

차이가 있다면, 신드바드가 찾은 귀중한 돌은 다이아몬드였고 세종 임금이 관심을 보인 귀중한 돌은 만병통치약이라는 점이다. 여진족 사람들이 당시 조선 사람들에게 귀한 물건을 판매할 때는 어쨌든 그 물건이 몸에 좋다고 해야 사고 싶어 할 거라고 여겼기 때문에 이야기가 그렇게 흘러간 것일까? 그게 아니라 조선 사람들에게 어떤 모험 끝에 아주 귀한 것을 발견한 경우 그 귀한 것이 몸에 좋아야 응당 만족스러운 결말이라고 생각하는 습성이 있었기 때문일까? 이것이 아라비아 상인들의 문화와 조선 사람들의 문화의 특징을 드러내는 차이라고 볼 수 있을까?

그렇게까지 단정하는 것은 무리일 것이다. 게다가 사실 신드바드의 모험 이야기와 《조선왕조실록》에 실린 여이조, 만인사 이야기가 닮은 것은 그저 우연의 일치일 가능성도 다분하다. 그렇지만 혹시 두 이야기가 정말 같은 뿌리를 갖고 있을 가능성은 없을까? 신드바드 이야기가 그대로 여진족이나 조선 사람들에게 전해지지는 않았더라도, 신드바드 이야기의 소재가 된 신비한 전설이 당시 아라비아 상인들 사이에 퍼져 있었는데 그 전설이 아라비아 쪽으로만 알려져 나간 게 아니라 동쪽으로도 퍼져나가 조선에까지 전해졌다면, 같지는 않지만 관계가 있는 엇비슷한 이야기가 탄생했을 가능성도 있지 않았을까?

기회 자체가 아주 없지는 않았다. 우선 신라 시대 때부터 아라비아 사람들과 신라인들이 간접적으로 교류할 기회는 충분했다.

신라인 승려 혜초慧超가 쓴 여행기 《왕오천축국전往五天竺國傳》에는 혜초가 불교가 발달한 인도를 여행하고 돌아오면서 근처 나라들에 대해 보고 들은 것을 쓴 내용이 실려 있는데, '대식국大寔國'이라든가 '대불림국大拂臨國' 같은 나라 이름이 보인다. 현대의 학자들은 이 중에 대식국을 아라비아로 보고, 대불림국을 동로마 제국으로 보고 있다.

《왕오천축국전》에는 아라비아의 풍속을 설명하면서, 사람들이 자기 손으로 직접 짐승을 잡아야 복이 온다고 생각하고, 여성들도 통이 넓은 상의를 입으며, 사람들이 불교를 믿지 않고 하늘을 섬긴다고 되어 있다. 이런 내용은 할랄 관습에 따라 특별히 짐승을 잡는 것을 중시하고, 사막 생활에 적합한 옷을 입고, 불교 대신 유일신을 섬기는 실제 아라비아의 이슬람교 문화와 일치한다. 그러니 혜초가 아라비아까지 가진 않았다고 해도, 최소한 아라비아에서 멀지 않은 곳에 직접 가서 아라비아 문화에 대해 꽤 정확한 정보를 입수할 기회는 있었다는 뜻이다. 신라의 여행자들이 인도나 중앙아시아처럼 아라비아와 가까운 지역에 갔다가 아랍인들을 직접 만날 일이 여러 차례 있었을지도 모른다.

고려 시대가 되면 아예 아라비아 상인들이 고려에 찾아온다. 그와 관련된 기록이 있다. 《고려사》를 보면 고려 초기인 1024년(고려 현종 15년)에 대식국大食國의 "열라자悅羅慈" 등 100여 명이 와서 고려 조정에 선물을 바쳤다는 기록이 있다. 열라자라는 이름은 발음으로 보아, 요즘도 아랍인들 이름에 흔히 보이는 '알라지Al-Rajhi'를 이르는 것일 수도 있다.

술의 핵심 성분은 알코올인데 이 알코올이라는 명칭도 사실은 아라비아에서 유래한 것으로, 알코올을 발견해 널리 알렸던 학자의 이름이 알라지였다(지금의 사우디아라비아에는 '알라지'라는 이름의 은행이 잘 알려져 있기도 하다). 그러니 아마 1024년에 고려를 찾아온 아랍인들도 알라지 내지는 그 비슷한 이름의 인물이 이끄는 상인들이었을 듯하다. 이들이 아무 까닭 없이 머나먼 고려까지 와서 고려 조정에 선물을 바칠 이유는 없었을 테니, 아마 그렇게 해서 호감을 산 뒤에 자신들이 가져온 사치품을 판매하거나 고려의 특산물을 구입하기 위한 행동이었을 것이다.

이런 기록들을 보면, 신라나 고려 사람들에게 신드바드 이야기와 비슷한 전설 또는 신드바드 이야기에 영향을 준 다른 전설이 전해졌을 수도 있다는 생각이 든다. 게다가 고려 사람들은 여진족과도 활발히 교류했다. 그렇다면 그 비슷한 이야기가 아라비아에서 흘러들어와서 여진족 사이에서 이리저리 돌고 돌다가 조선 세종 시대에 김종서가 듣게 되었다고 상상해 보면 어떨까?

아니면 반대로, 원래는 여진족이나 거란족같이 신라나 고려 사람들 주위에 살던 민족의 전설 중에 새와 뱀과 보물에 관한 이야기가 있었는데, 아랍인들이 듣고 그 이야기를 아라비아에 퍼뜨리자 그것이 《천일야화》의 신드바드 이야기에 포함되었으며 조선 근처에서도 그 이야기가 그대로 전해지다가 세종 시대에 입수되었을 가능성도 생각해 볼 수 있다. 《천일야화》에는 인도나 동방 지역을 배경으로 하는 이야기들도 꽤 실려 있으므로, 이 역시 불가능하지는 않을 것이다.

이제 와서 신드바드 모험담의 뿌리를 찾는 것은 그야말로 소설가의 상상에 기대야 할 이야기이기는 하다. 하지만 한 가지 확실한 것은, 아랍인들이 유럽과 아시아 사이의 넓은 지역을 차지하고 중세 시기 동서 교류에서 대단히 활발하게 활동했다는 사실이다.

아랍인들은 낙타 떼에 짐을 싣고 사막을 건너다니며 장사를 했을 뿐 아니라, 발달된 항해술로 인도양과 지중해를 오가며 아시아와 유럽 곳곳을 연결했다. 장사꾼으로 성공하기 위해, 괴물들이 득실거리는 알 수 없는 나라로 일곱 번이나 항해를 떠나는 신드바드 이야기는 가장 잘 알려진 상징이다. 신드바드가 일곱 번이나 모험에 도전했다는 것은 당시 아랍인들에게 국제 무역이 얼마나 매력적인 성공의 기회였는지를 말해주며, 모험할 때마다 마법과 괴물의 세계를 만났다는 것은 아랍인들의 눈에 비친 머나먼 다른 나라들의 모습이 얼마나 다채롭고 기이했는지를 말해준다.

상업에 의한 아랍인들의 활발한 교류를 단적으로 알려주는 증거가 바로 우리가 일상생활에서도 널리 사용하고 있는 아라비아숫자다. 아라비아숫자는 기호가 열 개밖에 되지 않고, 모양이 단순하며, 쓰기에도 편리하다. 아마 한국의 많은 어린이들이 한글을 깨우치기도 전에 아라비아숫자 열 개를 먼저 기억할 것이고, 세계 어디를 가든 글은 읽지 못하더라도 아라비아숫자는 읽을 수 있는 사람들이 많다. 다시 말해서 자기 나라 글을 익히기도 전에, 아라비아 사람들이 퍼뜨린 숫자를 표현하는 기호부터 먼저 배우는 것이다.

흔히 '아라비아숫자'라고 부르지만, 원래 아라비아숫자와 비슷한 체계가 처음 개발된 곳은 인도였다. 그러니까 아라비아숫자는 사실 인도숫자인 셈이다. 그래서 요즘에는 아라비아 숫자를 '인도-아라비아숫자'라든가 '힌두-아라비아숫자'라는 식으로 부르는 사람들도 꽤 많다.

인도에서 개발된 숫자 체계의 가장 큰 특징은 숫자에 '0'을 포함한다는 점이었다. 숫자에 0이 있으면 자릿수를 맞춰서 계산하기가 대단히 편리하다. 요즘은 초등학생들도 204×75 같은 계산을 얼마든지 해내지만, 인도에서 개발된 숫자가 나오기 전에 이런 계산을 해내는 일은 대단히 어려웠다.

204와 75를 로마 제국에서 쓰던 방식으로 표시하면 각각 CCIV와 LXXV가 되는데, CCIV와 LXXV 같은 기호만 이용해서 어떻게 곱하기 계산을 해야 하는지 난감하다. 뿐만 아니라 204나 75라고 쓰면, 일단 눈으로 보기만 해도 204는 세 자리 숫자고 75는 두 자리 숫자이므로 204가 훨씬 큰 수라는 점을 바로 알 수 있고 어느 정도 숫자에 감이 있는 사람이라면 204가 75의 세 배쯤 된다는 사실도 직감적으로 알 수 있지만, CCIV와 LXXV라고 써서는 두 숫자의 크기 차이를 알기도 어렵다.

초등학교에서 곱하기나 나누기를 배워보면 자릿수를 맞춰 숫자를 써서 계산하는 일이 얼마나 중요한지 바로 알 수 있다. 그 때문에 조선 시대 이전 한국인들은 위아래 좌우로 칸이 여러 개 있는 네모난 표를 그려놓고, 그 표에다가 산가지라고 하는 나뭇가지를 일정한 규칙에 따라 늘어놓는 방식으로 자릿수를 맞춰서 계산하는 방식을 이용했다. 그러니까 숫자를 글자로 써서는 자릿수를 맞춰 계산을 할 방법이 없기에, 계산할 때 따로 표를 그리고 거기에 나뭇가지로 숫자를 표현하는 특별하면서도 번거로운 방식을 사용했다는 이야기다.

그래도 이 방식 자체는 아라비아숫자 계산법과 닮은 점이 많아서 정확하고 이해하기 쉬웠다. 산가지를 이용하는 계산 방법은 원래 고대 중국에서 개발되어 한반도에 전래된 것으로 보이는데, 역시 너무 번거로웠기 때문인지 중

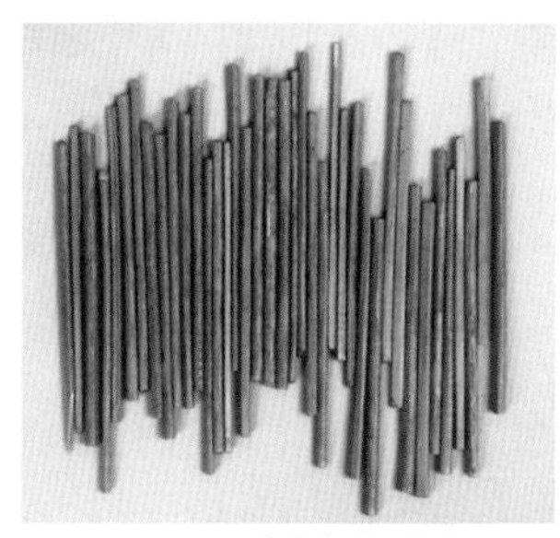
산가지

국에서는 16세기 이후로 거의 잊히고 조선에서만 꾸준히 활용되었다고 한다.

계산이 편리하다는 점 이외에도 0이 숫자에 포함되어 있으면, 수학을 더 깊이 이해하고 더 다양하게 활용하는 계기가 된다는 장점도 있다. 1보다 하나 더 작은 수가 0이라는 점을 생각하다 보면 0보다 하나 더 작은 수가 있을 수도 있지 않겠냐고 궁금해하게 되는데, 그러다 보면 (-), 즉 음수에 대해서 떠올리게 된다. 무슨 숫자에든 0을 곱하면 0이 된다는 사실이나, 어느 숫자든 0으로 나누면 무엇이 될까를 생각하다 보면, 무한소나 무한대와 같은 추상적인 사고를 수학에 도입할 수 있게 된다. 0은 덧셈, 뺄셈, 곱셈, 나눗셈 위주로 상상하던 옛 수학을 한 단계 더 높고 더 신기하고 더 복잡한 세계로 이끄는 열쇠가 된다.

어떤 사람들은 인도 사람들이 0을 개발한 것은 어쩌면 인도 고유의 철학과 관련이 있지 않겠냐고 말하기도 한다. 인도 철학이나 힌두교 문화에서는 세상의 허무함이나 아무것도 없음에 대한 명상을 중시하는 사상들을 자주 접할 수 있다. 불교에서도, 0과 뜻이 같지는 않지만 비슷한 말인 '공空'이라는 것을 굉장히 중시한다. 한국 불교에서도 예로부터 '공'이 무엇인지 이해하는 것이 중요하다고 해서, 공은 아무것도 없는 것이지만 단지 허무한 것만은 아닌 더 깊은 의미임을 깨닫는 일이 중요하다는 등의 주장을 쉽게 접할 수 있었다. 그러고 보면 0이라는 기호가 아무것도 없음을 나타내면서도 계산에서 굉장히 중요한 역할을 하고 수학을 크게 발전시켰다는 점에서, 0과 공은 통하는 것인지도 모른다. 그래서일까, 0을 흔히 '공'이라고 읽기도 한다.

장사에 뛰어나고 계산이 밝았던 아랍인들은 인도에서 개발된 이 숫자가 유용하다는 사실을 곧 깨달았다. 어쩌면 인도 출신으로 아랍인들 사이에 섞여서 장사를 하다가 성공한 사람이 어릴 때 인도에서 배운 숫자를 이용해 남들보다 발 빠르게 물건 값을 정확히 계산해서 이익을 잘 남기는 것을, 경쟁하던 다른 아라비아 상인들이 목격했을지도 모른다. 흥정을 하거나 경매를 할 때에는 재빨리 계산해서 더 좋은 값을 남들보다 조금 더 빨리 부르는 것이 장사의 기회가 되는 수가 많다. 이를테면, '고향으로 돌아가면 100냥에 팔 수 있는 인삼을 배에 85상자 실을 수 있는데, 뱃삯으로 내야 하는 돈이 520냥이라면 인삼을 얼마에 사 와야 손해를 보지 않는가?' 이런 계산을 남들보다 빨리 해야만 거래에 유리하다. 그러니 계산을 빨리 하는 인도 출신 상인의 수법을 아랍인들이 따라 하다가 새로운 숫자 쓰는 기술이 퍼져나가게 된 것일지도 모른다.

물론 쓰기 편리한 숫자를 퍼뜨리려고 노력한 학자들의 공도 무시할 수는 없다. 자주 언급되는 인물은 흔히 알콰리즈미라고 불리는, 9세기 초에 활발하게 활동한 학자 무함마드 이븐 무사 알콰리즈미Muhammad ibn Musa al-Khwarizmi다. 신라인 승려 혜초가 여행을 하며 아라비아에 관한 소식을 듣던 시기가 8세기이므로, 알콰리즈미가 활동한 때는 바로 그다음 시기 즈음이다.

요즘 인터넷에서 컴퓨터가 추천해 주는 동영상을 보다가 재미있는 것을 발견하게 되면 '추천 알고리즘 덕분에 재미난 것을 보았다'는 식의 말을 흔히 사용한다. '알고리즘algorithm'이란, 주로 컴퓨터 프로그램이나 수학의 계산 방식 등에서 어떤 문제를 해결하는 방법을 체계적으로 정리하여 밝혀놓은 것을 말한다. 사실 알고리즘이라는 말도 이 중세 이슬람 학자, 알콰리즈미의 이름에서 따온 것이라고 한다. 알콰리즈미가 알고리즘을 잘 만드는 것으로 유명했기 때문에, 알콰리즈미의 이름에서 따온 말인 '알고리즘'이라고 부르게 된 것이다.

알콰리즈미는 페르시아인이었을 가능성이 높은 것으로 추정되며, 이름에 '콰리즈미'가 들어가는 것으로 보아 콰리즈미 지역에서 태어났을 것으로 추정하는 사람들도 있다. 콰리즈미란 곳은 '콰레즘'이라고 부르기도 하고 국내에서는 흔히 '호라즘Khwarazm'이라고도 하는, 지금의 우즈베키스탄 일부 지역인 것으로 보인다. 그렇게 보면, 인공지능 시대를 지배하고 있는 알고리즘의 고향은 사실 우즈베키스탄인 셈이다. 실제로 2019년에 한국 대통령이 우즈베키스탄 의회를 방문했을 때 연설을 하며 이 사실을 언급하기도 했다. 한국이 우즈베키스탄과 교류가 상당히 많은 나라인 사실을 감안하면 아직까지는 그다지 알려지지 않은 사실인 것 같다.

학자로서 재능을 보인 알콰리즈미는 당시 이슬람 세계의 중심지인 바그다드로 향한다.

본래 이슬람교는 7세기 무렵, 지금의 사우디아라비아 영토에 속하는 메카와 메디나에서 탄생한 종교였다. 이 지역은 천막을 치고 살며 가축을 몰고 이리저리 떠돌아다니는 유목민들이 많은 고장이었다. 이슬람교는 잡다한 미신을 믿지 않고, 여러 신령 또는 귀신을 숭배하는 골치 아픈 풍속들을 모두 부정하며, 세상의 섭리를 주관하는 세상에 오직 단 하나뿐인 신만을 믿는 종교였다.

이슬람교는 그전까지 다양한 신령을 숭배하며 서로 나뉘어 있던 유목민들 사이에 매우 빠르게 퍼져나갔고, 이슬람교로 단결한 아랍인들은 강력한 나라를 건설하기에 이른다. 마침 중동 지역은 서쪽으로는 로마 제국이 무너지고 동쪽으로는 페르시아의 위세가 예전 같지 않은 시기였기에 그 틈을 타고 아라비아의 세력이 급성장했다.

결국 아랍인들은 로마 제국이 차지하고 있던 아프리카 영토와 지중해 인근의 중동 영토를 모두 차지했으며, 동쪽으로는 전통적인 강자였던 페르시아 역시 점령한다. 유럽에서는 페르시아를, 먼 옛날 그리스인들의 시대와 로마 제국 시절부터 끊임없이 유럽을 압박한 동쪽 먼 곳의 굉장한 강대국으로 생각했다. 페르시아의 발달한 문물은 전 세계적으로 유명해서, 수백 년 후 조선에까지도 막연히 '페르시아는 화려하고 발달한 곳'이라는 느낌이 전해져 있을 정도였다. 예를 들어, 조선 중기의 정치인이자 작가인 허균許筠은 〈병한잡술病閑雜述〉이라는 글에서 사람들이 자신의 시를 칭송하기를 "파사波斯의 상인들이 시장에서 보물을 펼쳐놓은 것 같다"고 평했다면서 자랑한다. 여기서 "파사"란 페르시아라는 뜻이다. 이렇게 페르시아를 사치스럽고 화려한 곳의 상징으로 사용한 표현은 다른 조선 시대 작가들의 글에서도 흔히 보인다. 그런데 그런 페르시아조차 이슬람교의 힘 아래 아랍인들의 나라에 점령되고 말았다는 얘기다.

몇 차례의 정치 변동을 거쳐 이슬람교 제국은 그 중심지를 지금의 이라크 땅인 바그다드로 옮기게 된다. 아무래도 척박한 사막이 대부분인 아라비아 지역보다는, 수천 년 전부터 고대 문명이 발달한 바그다드 인근이 드넓은 제국을 다스리는 커다란 도시를 건설하기에 유리했을 것이다. 이후 바그다드는 이슬람 세계의 중심으로 긴 세월 명성을 누리게 되며, 《천일야화》에서는 온갖 신비로운 이야기의 주 무대로 등장해 그 멋진 흥취를 전 세계에 떨친다.

조선 태종 때인 1402년에 나온 조선의 세계지도인 〈혼일강리역대국도지도混一疆理歷代國都之圖〉는 현존하는 15세기 초의 세계지도 중에서는 내용이 방대하고 정확한 편이라 높은 평가를 받는 자료인데, 이 지도에도 바그다드는 '팔합타八合打'라는 이름으로 표시되어 있다. 그러니까 이성계李成桂, 이방원李芳遠, 세종 임금, 황희黃喜 정승 같은 당시의 인물들이 그 지도를 보면서 바그다드라는 곳이 저쯤에 있구나, 짐작했을 수 있다는 얘기다.

그 바그다드에 '지혜의 집'이라는 별명으로 불렸던 시설이 있었다. 여러 학자들이 상당히 자유롭게 학문을 연구하고 교류하며 발전시킬 수 있는 곳이었다. 학문의 천국이자, 연구를 위한 궁전이라고 할 수 있는 곳이기도 했다. 여러 지역에서 온 학자들이 이곳에 모여 다양한 학문을 발전시켰다.

당시 유럽에서는 기독교가 발전하면서 그리스, 로마 인들의 학문에 대한 관심이 상대적으로 사그라든 시기였다. 그리스, 로마 인들은 기독교가 아니라 제우스, 헤라, 주피터, 주노 같은 그리스, 로마의 신들을 믿는 사람들이었기 때문이다. 그에 비해 바그다드에 있는 '지혜의 집'에서는 이런 그리스, 로마 시대의 지식들도 상당히 깊이 연구되고 번역되었다.

예를 들어, 조선 세종 시기에 정밀한 달력을 만들기 위해 달과 해, 행성들의 움직임에 관한 책《칠정산七政算》을 펴냈는데 이 책에는 이슬람교의 천문학 연구 결과인《회회력回回曆》이 반영된 부분이 있다. 그런데 이 내용은 사실 프톨레마이오스 같은 고대 그리스 천문학자들

혼일강리역대국도지도

의 연구를 계승한 것이다. 즉, 고대 그리스 천문학이 아랍인들을 통해 조선의 세종에게까지 전달된 셈이다. 이런 식이다 보니, 몇몇 고대 그리스 시절의 책들 중에는 정작 유럽에서는 잊혀버렸는데, 오히려 아랍인들에 의해 보존되었다가 나중에 유럽으로 다시 전해진 사례도 있었다.

아라비아숫자의 주인공인 알콰리즈미 역시 바그다드에 있는 지혜의 집으로 향했다. 만약 알콰리즈미의 고향이 정말로 우즈베키스탄이었다면, 바그다드까지는 꽤 먼 길이다. 아마도 그 길을 가는 데에도, 먼 길을 다니며 장사를 했던 신드바드 같은 상인들의 도움을 받았을지 모르겠다.

알콰리즈미는 일생에 걸쳐 수학은 물론 천문학, 지리학 등에서 멋진 업적을 일구어 냈다. 애초에 별의 방향과 움직임을 예측하는 천문학이나, 산과 강의 방향 및 거리를 계산하는 지리학은 더 계산을 잘하고 수학 실력이 뛰어나면 그만큼 좋은 결과를 낼 수밖에 없는 학문이다. 상인들의 활발한 교류와 함께 전해진 전 세계의 천문, 지리에 관한 지식에 인도에서 개발된 아라비아숫자까지 알고 있었던 알콰리즈미의 연구 업적은 훌륭했다.

알콰리즈미가 아라비아숫자를 이용해서 계산하는 방법을 설명한 책은 나중에 유럽에 번역되어 아라비아숫자가 세계로 퍼지는 데 큰 몫을 했다. 숫자를 다루는 수학 분야인 대수학을 영어로 '알제브라algebra'라고 하는데, 이 말 자체가 아예 알콰리즈미가 숫자 계산에 관해 쓴 책의 아랍어 제목에서 '알자브르al-jabr'라는 단어를 따온 것이라는 말이 있을 정도다.

계산에 관해 설명한 알콰리즈미의 책 내용을 살펴보다 보면, 왜 아랍인들 사이에서 수학과 계산이 발달했는지를 어느 정도 짐작할 수 있다. 알콰리즈미의 책에서 가장 인상적인 대목들은 재산이나 돈을 분배하는 법을 둘러싼 문제를 풀이하는 방법에 관한 것이다. 이를테면 부자가 세상을 떠났을 때 그 유산을 유족들에게 나누어 주는 방식이 있는데, 친족들이 많고 복잡할 경우 과연 어떻게 돈을 계산해서 나누어 주는 것이 공정한가 하는 문제에 대한 풀이가 수학책의 중요한 주제로 등장한다.

지금은 중학교 때 배우는 2차방정식의 풀이 방법도 이런 부류의 문제들을 해결하기 위한 기법으로 알콰리즈미의 책에 등장한다. 상업이 발달하면서 늘어난 재산을 관리하는 것이 당시 아랍인들 사이에 중요한 문제로 떠올랐을 것이다. 또한 그런 상황에서 돈 계산을 명확히 하겠다는 의식이 꽤 퍼져 있었던 것 같기도 하다. 아마도 그런 아라비아의 상업 문화 속에서 아라비아숫자의 인기와 아랍 수학의 성장이 이루어지지 않았을까 싶다.

한 가지 재미있는 사실은, 정작 지금 아라비아 지역에서 사용하고 있는 숫자는 그 외의 지역에서 사용하고 있는 아라비아숫자와 다르다는 점이다. 우리가 흔히 아라비아숫자라고 부르는 숫자는 알콰리즈미 같은 아랍인들이 인도에서 받아들여 퍼뜨린 아라비아숫자를 좀 더 쓰고 읽기 편하게 개량한 것이다. 주로 유럽 학자들이 아라비아숫자들을 애용하면서 더욱 큰 인기를 얻었다는 점을 감안하면, 지금 우리가 사용하는 아라비아숫자는 인도에서 개발된 숫자가 아라비아를 통해서 퍼진 것을 유럽인들이 다시 개량한 것이라고 보는 게 맞다. 그렇기 때문에 옛 아라비아 지역에서는 개량되기 이전 옛날 방식의 아라비아 숫자를 쓰고 있다.

다시 말해서 전 세계가 아라비아숫자를 쓰고 있지만 오히려 아라비아 지역에서는 우리가 잘 아는 아라비아숫자가 아니라, 다른 모양의 예스러운 숫자를 쓴다. 이렇게 보면 우리가 쓰는 아라비아숫자는 아라비아에서 개발된 것도 아니고 지금 아라비아 사람들이 쓰고 있는 숫자도 아니지만 그 외의 모든 지역에서 아라비아숫자라고 부르는 괴상한 이름을 갖고 있는 셈이다. 아라비아숫자에 얽힌 이런 복잡한 사연조차도 한편으로는, 무역과 장사를 위해서 서로 다른 문화권 사이의 활발한 교류를 이끌었던 전성기 시절 아랍인들의 역사가 묻어 있는 흔적이라 할 수 있을지도 모른다.

신드바드 이야기가 실려 있는 《천일야화》 역시 전성기 이슬람 국가가 이끈 활발한 교류와 다채로운 변화를 보여주는 좋은 자료다. 신드바드 이야기처럼 먼 나라 모험담이 많이 실려 있기 때문이기도 하지만, 그뿐만 아니라 이야기의 형식과 내용에서도 서로 다른 문화의 사연들이 섞이면서 이루어 내는 다채로운 느낌이 제 몫을 하기 때문이다.

우선 《천일야화》는 구성부터가, 이야기를 하는 사람이 '이야기란 도대체 무엇인가' 하는 고민을 십분 파고들어 답을 구하고자 하는 재미난 형식을 택하고 있다.

《천일야화》는 셰에라자드라는 사람이 자신의 목숨을 구하기 위해 사산 제국 시대 페르시아의 임금에게 이야기를 들려주는 사연으로 시작하는 이야기다. 그리고 셰에라자드가 임금에게 들려주는 이야기들이 《천일야화》의 본론이다. 셰에라자드는 1,001일에 걸쳐 매일 밤마

페르디난드 켈러, 〈셰에라자드와 술탄 샤리야르〉

다 조금씩 이어나가면서 250편이 훌쩍 넘는 수많은 이야기를 풀어놓는다. 그 모든 이야기를 합쳐놓은 전체 내용이 '1,001일 밤의 이야기'라는 뜻으로 《천일야화》라고 부르게 된 것이다. 즉 신드바드 이야기도 셰에라자드가 1,001일 동안 들려주는 여러 가지 이야기의 일부인 셈이다. 판본마다 조금씩 다르기는 하지만, 대체로 신드바드가 일곱 번에 걸쳐 항해를 하면서 모험한 이야기는 세에라자드가 536일째 밤부터 566일째 밤까지 들려준 이야기에 해당하다.

이렇게만 설명하면 셰에라자드는 단지 이야기를 들려주는 전달자 역할만 할 뿐, 중요한 인물은 아닌 것처럼 들릴 수도 있다. 그러나 막상 《천일야화》를 읽어보면 전혀 그렇지 않다. 셰에라자드는 자기 스스로도 《천일야화》에 포함된 이야기들의 어지간한 주인공 못지않게 굉장한 모험을 하고 있는 인물이다. 셰에라자드가 밤마다 이야기를 하는 까닭은 무서운 임금이 그저 셰에라자드가 들려주는 이야기가 재미있다는 이유로 셰에라자드를 처형하지 않고 살려두고 있기 때문이다. 따라서 셰에라자드는 '이야기가 재미없으면 목숨을 잃는다'는 엄청난 위기 속에서 매일 밤 한 토막, 한 토막씩 다음 이야기, 그다음 이야기로 나아간다.

《천일야화》는 신드바드 같은 사람들의 모험담을 들려주는 와중에도, 이것이 셰에라자드가 목숨을 걸고 들려주는 이야기라는 점을 중간중간 독자에게 상기시킨다. 이야기를 진행하다 말고 갑자기 "그러다가 아침이 밝아왔으므로 이야기를 중단했습니다"라는 말이 나오면서 셰에라자드가 이야기를 멈추었다는 사실을 밝히고, 그러다 다시 "○○번째 밤의 이야기를 계속했습니다"라는 문장으로 셰에라자드가 그다음 날 밤 이야기를 이어가고 있다는 사실을 알려준다.

독자가 책을 한 페이지 한 페이지 넘겨감에 따라, 셰에라자드는 목숨을 걸고 진행하는 자신의 이야기 모험을 한 페이지, 한 페이지씩 펼쳐나간다. 독자가 책장을 넘기며 이야기를 받아들이는 행위는, 셰에라자드가 목숨을 걸고 이야기를 들려주는 모험과 그대로 맞아떨어진다. 마치 독자를 모험에 동참하게 하여, 그 수많은 환상적인 이야기 속으로 끌어들이는 느낌이다.

《천일야화》의 본론에서 펼쳐지는 이야기 중에도 이런 스토리 구조의 특이함을 살리는 내용이 자주 등장한다. 전체 형식을 보면 《천일야화》는 왜 셰에라자드가 이야기를 하게 되었는가 하는 사연이 나오고 그 사연 탓에 셰에라자드가 들려주게 되는 본편이 있다. 그러므로 본편은 이야기 속의 이야기인 셈이다. 요즘 흔히 쓰는 용어로 액자 구조를 갖추고 있다고 말할 수도 있겠다.

그런데 《천일야화》는 그저 단순한 액자 구조에서 멈추지 않는다. 셰에라자드가 들려주는 이야기 속 등장인물 중에는 이야기 속에서 다시 다른 사람들에게 이야기를 들려주는 역할을 하는 사람들이 있다. 그러니까 이야기 속의 이야기 속의 이야기가 나온다는 이야기다. 어느 날 밤 셰에라자드는 한 벼슬아치의 이야기를 들려주는데, 그 이야기 속에서 벼슬아치가 임금을 만나 자기가 아는 재미난 이야기가 있다면서 어느 어부의 이야기를 들려준다는 식으로 펼쳐진다. 그러다가 다시 어부의 이야기 속에서 그 어부가 지나가다가 다른 사람에게서 "내가 신기한 이야기를 들었다"면서 또 다른 시대, 또 다른 장소의 이야기를 듣는 장면도 나온다. 이야기 속의 이야기 속의 이야기 속의 이야기가 펼쳐진다는 이야기다. 그렇게 겹겹이 겹친 구조의 이야기가 펼쳐지다가도 문득 "그러다가 아침이 밝아왔으므로 이야기를 중단했습니다"라는 문장이 나오면서 이야기가 잠깐 끊기고, 이 모든 것이 셰에라자드의 이야기 모험의 일부라는 사실을 밝힌다.

《천일야화》에는 이런 식으로 복잡하게 꼬인 구조의 이야기들이 제법 많다. 한 사람의 꿈속에 나온 이야기가 다른 사람의 현실로 연결되기도 하고, 한 이야기 속의 등장인물이 소문으로 전해 들은 먼 나라 사람의 이야기를 언급하다가도 나중에 그 사람이 다른 이야기의 주인공으로 등장하는 경우도 있다. 어지러운 구조의 이야기 속에서, 책을 읽는 독자는 현대 소설에서 실험적으로 시도되는 메타 픽션의 여러 가지 기법을 찾아볼 수도 있고, 가상과 현실이 교차하는 사이에서 모든 것이 모호해지는 가운데 신비로운 이야기 속 환상이 더욱 강렬해지는 느낌을 맛볼 수도 있다. 그 속에서 우리가 사는 세상, 인생 자체가 하나의 거대한 이야기 같다는 생각에 빠져들게 될지도 모른다.

이런 요소는 가상현실이나 평행우주에 익숙한, 현대적이고 어쩌면 미래적인 이야기처럼 보일지도 모르지만, 《천일야화》의 이런 이야기들에서는 오히려 1,000년 이슬람 고전으로부터 쌓여온 느낌을 맛볼 수 있다. 이 자체가 어쩌면 시공간을 초월하는 환상적인 느낌을 더욱 잘 살려주는 것 같기도 하다.

《천일야화》의 판본 중에는 영국의 리처드 버턴Richard F. Burton이 영어로 편집, 번역한 판본이나 앙투안 갈랑Antoine Galland이 프랑스어로 편집, 번역한 것이 구하기 쉽다. 시중에서 구할 수 있는 한국어로 번역된 《천일야화》는 대체로 이 두 판본 중 하나의 《천일야화》를 다시 한국어로 번역한 것이라고 보면 된다.

그런데 어린이용 발췌본이나 축약본 《천일야화》 대신 이렇게 전체를 담은 긴 판본을 읽어보면, 《천일야화》에 가지각색의 온갖 이상한 이야기들이 모두 모여 있다는 사실을 알 수 있다. 신드바드 이야기 같은 신기한 모험담도 있지만, 그저 짧은 농담 같은 간략한 이야기도 있고, 동물들이 나오는 우화 같은 것도 있다. 추리소설 같은 이야기가 있는가 하면, 정작 이야기 속 사연보다도 그 주인공들이 부르는 노래 가사의 내용이 강조되어서 시집이나 다름없이 노래 가사가 내용의 거의 전부인 이야기도 있다. 그러는 한편 자극적이고 관능적인 내용을 거침없이 다루고 있는 이야기들도 가끔 등장해서 깜짝 놀랄 정도다. 그야말로 옛 이슬람 사람들이 세계 각지에서 모아온, 나누고 싶은 온갖 이야기가 다 모여 있다고 할 수 있다.

그런 만큼 《천일야화》가 이야기 자체의 재미와 멋에 초점을 맞춘 책이라는 점도 짚어볼 만하다. 물론 중세 이슬람 문화의 색채가 완연한 책이다 보니 이슬람교를 찬양하는 말이 굉장히 자주 나온다. 그렇지만 이 긴긴 이야기의 전체 목표는 어디까지나 재미다. 어떤 교훈을 준다거나 선대로부터 내려온 영웅담 또는 신령의 위대한 이야기를 전해주는 것이 아니라, 전체 이야기의 주인공인 셰에라자드가 이야기의 재미에 초점을 맞추고 말 그대로 거기에 목숨을 걸고 있다. 이 역시 《천일야화》가 시대를 초월해서 현대의 문학과 더 가깝게 와닿는 까닭이다.

셰에라자드는 역사상 가장 훌륭한 이야기꾼이며, 1,001일이나 계속되는 이야기 속에서 영원히 이어지는 끝없는 환상을 만들어 내는 작가다. 그래서 환상적이고 재미있는 이야기를 추구하는 예술가들은 긴 시간 셰에라자드를 사랑했다. 많은 작가들이 셰에라자드를 옛 이야기 속 신비한 세상으로 우리를 이끄는 위대한 안내자로 여겼고, 셰에라자드를 문학, 나아가 예술의 상징처럼 여기며 애정을 나타낸 경우도 많았다. 림스키코르사코프Nikolai A. Rimskii-Korsakov가 작곡한 〈셰에라자드〉라는 음악은 잘 알려진 사례다. 이 음악은 김연아 선수가 2008~2009년에 피겨스케이팅 경기 음악으로 활용하면서 더욱 많은 사람들에게 알려져 친숙한 곡이기도 하다.

끝으로 이야깃거리 한 가지를 덧붙여 보자면, 《천일야화》에는 온갖 이야기가 실려 있는 만큼 어찌 보면 SF로 보아야 할 만한 것도 제법 보인다. 물론 이야기 소재 중에 미래의 신기술을 내다보는 것 같은 신기한 내용이 있기는 하다. 하지만 앞뒤 상황을 따져보면 뭔가 이상한 느낌을 주기도 한다.

《천일야화》를 처음부터 읽어보면, 이야기를 들려주는 인물인 셰에라자드는 사산 제국 시대 페르시아의 인물로 되어 있다. '사산조 페르시아'라고도 하는 사산 제국은 대략 3세기에서 7세기에 걸쳐 지금의 이란 땅인 페르시아를 중심으로 번성했던 나라다. 즉 셰에라자드가 들려주는《천일야화》 내용 속의 현재라는 시대도 바로 3세기에서 7세기 사이이다. 이때는 이슬람교와 아랍인들의 시대보다 앞선 시대다. 이슬람교는 7세기에 탄생하여 그 이후에 전성기가 이어진다.《천일야화》를 '아라비안나이트'라고도 하지만 엉뚱하게도《천일야화》의 셰에라자드가 이야기를 하고 있는 장소는 아라비아가 아니라 페르시아이며, 그 시대도 아랍인들의 전성시대가 아니라 그보다 앞선 페르시아인들의 시대라는 얘기다.

그러므로《천일야화》에 등장하는 이야기의 상당수는 셰에라자드 시점에서 보면 미래의 이야기들이라 할 수 있다. 예를 들어, 신드바드 이야기는 하룬 알 라시드라는 사람이 이슬람교 세계를 지배하던 시대를 배경으로 하고 있는데, 그는 8세기 말의 인물이다. 셰에라자드의 시대보다 100년은 지난 후의 인물로 보아야 마땅하다. 그러니 만약 셰에라자드가 21세기의 인물이라 치면, 셰에라자드가《천일야화》에서 들려주는 신드바드 이야기는 22세기를 배경으로 한 미래의 이야기가 되는 셈이다. 19세기 미국의 작가 에드거 앨런 포Edgar Allan Poe는 이런 특징을 활용하는 풍자 소설을 쓴 적도 있다.

이는 사실《천일야화》에 등장하는 이야기들이 원래 사산 제국 페르시아 시대 무렵부터 하나둘 《천일야화》에 포함되기 시작해서, 나중에 아랍인들의 시대가 온 이후에도 계속해서 수백 년간 쌓여왔기 때문이다. 그러다가 이야기들의 배경에서부터 한참 떨어진 15세기 이후 시점에서 전체 내용이 편집되어 지금 우리가 접하고 있는 《천일야화》로 정리되었으므로, 지금 보면 시대 배경이 오락가락하는 모습이 눈에 띄는 것이다.

그냥 오류라고 넘길 수도 있는 특징이다. 하지만 세계 곳곳의 신기한 것들을 찾아다니며 그 모든 것을 융합하던 아라비아 상인들을 통해 모인 온갖 환상적인 이야기가 어지럽게 엮인 《천일야화》의 배경을 생각하면, 이런 특징조차도 셰에라자드가 우리에게 보여주는 시공간을 초월한 환상의 일부처럼 느껴진다.

chapter 5.

《수호전》과 시계

"송나라 사람들은 급속히 발달한 기술을 이용해 정밀한 시계와 자동 장치를 만들어서 체계적으로 별을 추적하고 꽤 복잡한 계산으로 그 움직임을 분석할 수 있었다. 그러나 그러면서도, 그 별들이 마법적인 힘을 품고 있는 천상의 성스러운 것들이라는 사상에서는 벗어나지 못했다."

《수호전水滸傳》은 1,000년 전을 배경으로 하는 고전치고는 무척 이상한 책이다. 일단 주인공이 한 명이 아니다. 송강이 가장 주인공 같은 역할을 하면서 많은 인물의 존경을 받는 모습으로 나오기는 한다. 그러나 처음부터 등장하는 것도 아니고, 분량이 다른 인물에 비해 압도적으로 많다고 할 수도 없다. 《수호전》은 보통 '양산박'이라는 곳에 모여서 살던 108명의 호걸에 대한 이야기라고들 하는데, 대체로 이 108명 중에 36명 정도가 주인공 역할을 하고 있다고 보아야 한다. 그러므로 《수호전》은 주인공 한 사람의 모험담이 아니라, 36명이나 되는 무리가 각자 어떤 모험을 겪으며 서로 사연이 얽히고설켜 한 무리의 동료들이 되었는지를 설명하는 내용이다.

여기까지는 그럴 법하다. 역사 소설 중에는 자연스럽게 이런 구성으로 진행되는 것들이 많다. 아무리 옛날 사람들이 위대한 영웅이 세상을 바꾸는 이야기를 좋아해서 영웅 한 사람이 활약하는 내용을 중

《수호전》의 삽화(15세기경)

심으로 역사를 보았다 하더라도, 막상 실제 역사의 디양한 사연을 다루다 보면 여러 사람이 서로 영향을 주고받는 이야기가 나올 수밖에 없다. 고려 태조 왕건王建이 후삼국을 통일한 화려한 무용담을 이야기하다 보면, 왕건뿐만 아니라 그 부하들도 언급해야 하고, 왕건이 결국 배신한 궁예弓裔에 대한 이야기도 해야 한다. 왕건이 긴 세월 맞서 싸운 적수인 견훤甄萱에 대해서도 이야기해야 하고, 그러다 보면 견훤의 부하나 친척 들에 대해서도 이야기해야 한다.

그러니 역사적 사건을 배경으로 한 역사 소설이라면, 단 한 명의 주인공에만 집중하지 않고 여러 인물의 이야기가 같이 나오는 것이 자연스럽고 사실에 가까운 구성이라고 할 수 있다.

그런데 《수호전》은 그냥 여러 영웅의 이야기를 같이 다루지 않는다. 아무리 봐도 이 이야기의 등장인물들을 영웅이라고 부르기는 어렵다. 《수호전》의 주인공들은 대체로 도둑, 강도, 사기꾼, 살인자 등이다. 직업을 보면 영웅이라기보다는 범죄자이자 악당에 훨씬 가까운 사람들이다. 《수호전》의 무대인 중국 송나라의 관리들은 이 악당들을 퇴치하려고 했다. 즉 주인공들은 송나라 황제가 적이라고 정해놓은 사람들이었다. 《수호전》의 주인공들은 그 출발을 보면 충신이라기보다는 오히려 역적에 가깝다.

《수호전》은 착한 주인공들이 악한 마왕을 무찌르고 마을에 평화를 가져온다는 전형적인 옛날이야기가 아니다. 그런 중세 기사 무용담 같은 이야기들이 유행하던 시기에 나온 고전인데도 오히려 주인공들은 도적이고, 도둑을 잡으려는 관리, 병졸 들과 싸우며, 그렇다 보니 나라에 충성하기는커녕 나라의 관리를 두들겨 패는 내용이 끊임없이 이어진다.

물론 《수호전》이 주인공들이 무턱대고 악행을 저지르는 내용으로만 채워져 있는 것은 아니다. 주인공들 중에는 의로운 목적을 갖고, 더 나쁜 악당을 혼내주는 것을 목표로 내세우고 있는 사람들이 꽤 된다. 송나라 관리들과 싸우는 이유도 하나하나 밝혀 보면 결국 임금을 속이고 있는 간신배들이 많기 때문에 그 간신배들을 물리치기 위해서라는 설명도 자주 나온다. 그러니까 《수호전》의 주인공들이 송나라를 무너뜨리고 자기들이 임금이 되고 싶어 하는 나쁜 사람들이라서 관리들과 싸우는 게 아니라, 지금 송나라 임금을 나쁜 길로 이끄는 간신배들이 너무 많기 때문에 오히려 임금에게 충성하는 마음으로 관리들을 두들겨 팬다는 식으로 이야기를 꾸며놓았다는 뜻이다.

하지만 그렇다고 해서 주인공들이 악당이라는 특징이 완전히 사라질 정도로 이야기가 산뜻해지는 것은 아니다. 막상 《수호전》을 찬찬히 읽어 내려가 보면 이런 설명은 그저 전통적인 이야기를 좋아하는 옛 독자들을 위해서 덧붙여 놓은 장식이 아닌가 싶은 느낌이 계속 든다. 《수호전》의 주인공들, 특히 주인공들을 돕는 동료 중에는 그냥 별 이유도 없이 그저 범죄로 먹고사는 것이 삶인 인물들도 심심찮게 나온다.

《수호전》을 정직하게 바라보면, 대놓고 범죄자인 인물들의 이야기가 더 부드럽게 이어지고 내용에 자연스럽게 맞아드는 느낌이 들 때가 있다. 어찌 보면, 후대 작가들이 《수호전》을 어떻게든 의로운 도적의 이야기로 꾸며보려고 애쓰면서 이것저것 고치고 사연을 덧붙여 보았는데 그러다가 도저히 안 되겠다 싶어서 어느 선에서 포기해 버린

게 아닌가 싶을 정도다.

나 역시 이런 특징 때문에 처음 《수호전》을 읽었을 때 무척 혼란스러웠다. 선량한 주인공들이 나와서 악당들을 물리치는 이야기를 기대하고 읽었는데, 그런 척하는 설명이 종종 나오기는 하지만, 아무리 봐도 주인공 편이 그렇게 선해 보이지 않았다. 게다가 가장 멋진 주인공 한 명의 활약을 기대하면서 읽기 시작했는데 그러다 보면 이야기의 초점이 슬며시 다른 사람으로 바뀌어 버린다. 결국 《수호전》은 원래 이런 식의 특이한 이야기라는 사실을 받아들인 후에야 제대로 즐길 수 있었다.

특히 소설의 주인공이 꼭 선한 인물일 필요는 없다는 점을 알게 된 후에는 《수호전》이 달리 보였다. 세상일이란 것이 옛 전설과는 달라서, 한 명의 영웅이 아니라 여러 사람이 함께 주고받는 관계 속에서 이루어진다는 점을 알게 되고 나서는 《수호전》의 독특한 맛을 더 깊게 느낄 수 있었다.

그러나 이러한 독특한 소재 덕분에 《수호전》은 예로부터 해괴한 이야기 취급을 받기도 했다.

예를 들어 조선 후기의 학자 이식李植은 자신의 글 〈산록散錄〉에서 "《수호전》의 작가는 그 후손들이 3대에 걸쳐서 말을 하지 못하는 몸을 갖게 되는 저주를 받았다"고 언급하고 있다. 그러면서 덧붙이기를, 조선의 작가인 허균도 《수호전》과 비슷하게 도적이 주인공인 《홍길동전洪吉童傳》을 썼는데, 아마도 그런 소설을 썼기 때문에 하늘이 저주를 내려 허균이 망하고 반란죄를 받아 죽게 되었다고 했다(《택당선생 별집》 제15권, 〈잡저〉).

조선 시대 학자들에게 책이란 대체로 과거 위대한 사람의 본받을 만한 행적을 배우기 위해 읽는 것이라는 생각이 먼저였을 것이다. 그러니 책 속 이야기에 착한 일을 하는 사람은 잘되고 악한 일을 하면 망한다는 교훈이 있는 것이 당연하다고 보았을 것이다. 그런데 《수호전》은 온통 범죄자들의 이야기로 가득 차 있으며, 착한 일을 하면 잘된다는 교훈도 딱히 분명하지 않다. 그러니 《수호전》을 모두가 쉽게 받아들이기 어려웠던 게 아닌가 싶다.

그래도 여러 정황을 보면 조선에서도 《수호전》이 상당히 인기가 있었던 듯하다. 하지만 대표적인 실학자 이익李瀷 역시 자신의 책 《성호사설星湖僿說》에서 《수호전》을 비평하며 "훌륭한 속임수들이 많이 들어 있어서 군사 작전을 꾸미는 사람들에게 참고 자료가 될 수 있을 것"이라고 하면서도, 그 저자로 알려진 시내암施耐庵에 대해서는 "반드시 음흉한 도적의 뜻을 품고 있는 자일 것이다"라고 인품을 폄하했다.

두 번째로 《수호전》의 내용이 놀라웠던 것은 그 결말이 대단히 특이하다는 점이었다. 어찌 보면 이야기가 시작되자마자 끝나는 형식을 취하고 있다고 할 수도 있다. 이런 구성은 현대 소설에서도 결코 사례를 찾아보기 쉽지 않은 놀라운 특색이다.

요즘 재미있는 이야기를 쓰는 방법을 알려주는 강좌라든가 캐릭터를 살리는 멋진 이야기를 짜는 방법을 알려준다는 강의 같은 것을 보면, 흔히 캐릭터를 보여주고 놀라운 사건을 던지고 그 사건을 절정으로 끌어올려 뒤집은 뒤 결말을 지어가는 식의 가장 애용되는 이야기 흐름을 알려준다. 그런데 옛 중국 소설 가운데 다채로운 인물상으로 보자면 단연 압도한다고 할 만한 고전인 《수호전》은 정작 이런 전형적이고 인기 있는 구성을 따르지 않는다. 오히려 정면으로 거부한다고 할 수 있을 정도다.

《수호전》을 소개하는 광고 문구 등에서 '양산박 백팔 두령들의 모험담'이라는 말을 흔히 볼 수 있다. 그 말대로 이 이야기의 주요 인물들은 양산박에 모여 사는 거물급 범죄자들이다. 그러니 얼핏 보면, 양산박에 모여 한 무리를 형성한 인물들이 서로 도와가면서 이런저런 문제를 해결하고 이곳저곳을 돌아다니는 이야기가 펼쳐져야 할 것 같다. 소설 《삼총사Les Trois Mousquetaires》에서 삼총사와 달타냥이 만난 뒤에 이곳저곳을 돌아다니면서 소동을 벌이는 것이나, 《레 미제라블Les Misérables》에서 장발장이 코제트를 만난 뒤에 이곳저곳을 다니며 모험을 벌이는 이야기와 비슷하게, 《수호전》도 백팔 두령들이 한데 뭉쳐 이런저런 일을 하는 이야기라야 자연스러울 것 같다. 제목인 '수호水滸'만 해도 '강물과 호수'라는 뜻이니 물가에 있는 요새인 양산박과 그곳 사람들의 모험담에도 어울린다.

그런데 《수호전》의 핵심 내용은 그런 것과 거리가 멀다.

《수호전》은 백팔 두령, 특히 그중에서도 주요 36명이 차례로 소개되고, 그 36명이 서로 만나 무리를 이루는 것이 중심 내용이자 가장 재미있는 부분이다. 심지어 청나라의 김성탄金聖嘆은 《수호전》을 재편집하고 각색하면서, 백팔 두령이 모두 양산박에 모이는 그다음 부분을 다 잘라내 버렸다. 그러니까 등장인물이 어떻게 하다 양산박에 오게 되었는지, 그 인물 소개만을 내용으로 남겨두었다는 말이다. 좀 과장해서 이야기하면, 36명의 주요 인물들이 어떤 사람인지, 어쩌다가 거물 범죄자가 되었는지 그 배경을 차례로 알려주고, 등장인물 소개가 모두 끝나면 그대로 소설 전체가 막을 내리는 것이 《수호전》이다. 소설은 흔히 발단-전개-절정-결말 구조로 이야기가 진행된다고들 하는데, 《수호전》은 발단에서 주인공 36명에 걸쳐 기나긴 이야기를 풀어내고 그것이 끝나자 '그냥 끝'이라는 황당한 구성이다.

원래 《수호전》의 내용이 이 정도로 특이했던 것은 아니다. 《수호전》의 초기 판본 중 하나인 100회본 《수호전》의 경우 전체 내용이 100개의 작은 토막으로 나뉘어 있는데, 뒷부분에서 양산박에 모인 주인공들이 합심해서 전투를 펼치고, 나중에는 나라를 위해서 싸우는 내용이 꽤 많이 나온다. 그것이 더욱 발전된 120회본 《수호전》에는 108명이 힘을 합쳐 전투를 벌이는 내용이 더 길게 펼쳐져 있다. 주인공들이 송나라 바깥의 북방 이민족과 맞서 싸우고 나라를 지키며 외국을 정복하는 애국적인 행적을 펼치는 내용이 한참 이어진다.

물론 이런 내용도 재미가 없지는 않다. 그렇지만 나는 처음 《수호전》을 읽었을 때부터 이런 내용이 뭔가 어색하다고 생각했다. 옛사람들 입장에서는 인기 있는 주인공들이 그저 도적 떼가 아니라 나라를 위해 싸우는 장면이 있어야 좋은 이야기라고 여겨서 이런 내용을 애써 덧붙인 듯하지만, 아무래도 무시무시한 범죄와 분통 터지는 사기꾼 같은 작자들의 이야기가 계속 이어지는 중반부까지와 이후 나라를 지키는 이야기가 잘 맞아드는 느낌은 아니었다. 그런 면에서 김성탄이 뒷부분의 나라에 충성하는 이야기들을 과감하게 쳐내고 그냥 주인공들이 모이는 대목까지만 남겨둔 것은 《수호전》이 갖고 있는 재미의 정수를 제대로 본 것이라고 생각한다.

그래서 나는 가장 나중에 나온 김성탄의 70회본 《수호전》이 가장 정통파 《수호전》이라고 생각한다. 성격도 다르고 살아온 행적도 다른 여러 훌륭한 인물들이 혼탁한 세상을 사는 가운데 각자 이러저러한 사연으로 저마다 죄를 짓고 몰락하여 결국은 범죄자로 이름이 알려지고 그러다 양산박으로 모이게 되는 이야기가 계속해서 이어지는 것이야말로 《수호전》의 진수다.

그런 사연들 속에서, 지금으로부터 900년 전 세상을 배경으로, 사회에 무슨 문제가 생기면 그게 어떻게 사람의 인생을 꼬이게 만드는지, 그 속에서 사람들은 어떤 악행을 저지르는지, 범죄자가 도망치고 숨어 다니는 과정에서 무슨 일을 겪는지를 여러 주인공의 서로 다른 처지에 따라 다양하게 들추어 보여주는 것이 《수호전》이 담고 있는 감동이라고 본다.

나는 《수호전》에서 가장 재미있는 부분이 이렇게 꾸며진 이유는, 아마도 《수호전》의 적지 않은 내용들이 당시 사람들 사이에 떠돌았던 유명한 범죄에 관한 소문들에서 비롯되었기 때문이 아니었을까 짐작해 본다.

본시 범죄자에 관한 소문이나 범죄에 대한 무서운 이야기들은 그 배경이나 발단의 내용이 잘 알려져 있기 마련이지만, 그래서 그것이 어떻게 해결되었으며 결국 어떤 결말을 맞았는가에 대한 사연은 불분명한 것들이 많다.

예를 들어 21세기 한국에는, 으슥한 곳에서 건어물을 판매하는 행상에게 다가가 냄새를 맡았더니 거기에 무슨 약물이 포함되어 있어서 정신을 잃고 쓰러졌고 그러자 숨어 있던 범죄자들이 나와서 납치해 갔다는 헛소문이 잠시 퍼진 적이 있었다. 사람을 납치하려고 희생자를 물색하던 범죄자들이 건어물 장사꾼으로 변장하고 도시의 거리 한 구석 어두운 곳에 숨어 있었다는 이야기다.

이런 이야기는 보통 그게 전부다. 그 범죄자들이 사람을 납치해서 구체적으로 어떤 조직과 거래를 하고 돈을 버는지, 그런 범죄를 몇 건이나 저질렀는지, 그렇게 돈을 얼마나 벌고 언제 결국 체포가 되었는지, 그 조직이 얼마 만에 해체됐는지 등의 이야기가 따라붙는 경우는 드물다. 범죄와 관련한 이런 자극적인 뜬소문에서는, 무서운 범죄자가 있다는 소문 자체가 중요하지 구체적으로 그 범죄자가 지금 어떻게 추적당하고 있으며 어떻게 조사받고 있는가 하는 뒷이야기는, 설령 실질적으로는 의미가 있다고 해도 별로 중요하지 않기 때문이다.

아마도 지금으로부터 900년 전 중국 송나라에서도 이와 비슷한 식으로 무섭고 해괴한 도적들에 대한 이야기들이 이리저리 돌았을 것이다. '이러저러해서 도적이 된 사람이 있다더라', '어떤 도적은 뭐뭐 출신이라서 어떤 재주가 뛰어나다더라', '어느 지방 도적은 이렇게 무서운 수법을 쓴다더라' 하는 도적 이야기의 발단과 시초만이 소문으로 무성했을 것이다. 그런 내용을 수집해서 하나의 이야기로 엮다 보니, 소설에서 생생하게 생명력이 넘치는 대목은 도적들의 등장 배경을 알려주는 소개 부분이 된 것 아닐까?

만약 그렇다면, 아예 이야기를 엮는 김에 과감하게 인물들의 소개와 등장 그 자체에만 집중하여 이야기를 꾸며낼 수도 있을 것이다. 도적들에 대한 소개가 끝나고 그들이 하나의 무리를 이루었다고 한 뒤 거기서 과감하게 사실상 소설을 끝내버리는 파격적인 형식을 취하게 될 만도 하다고, 적어도 나는 그렇게 생각한다.

확실한 것은 도적에 대한 소문들이 수집되어 이야기로 꾸며졌다는 점, 그 뿌리부터가 《수호전》이 독특한 모습을 갖게 된 이유라는 사실이다. 그렇다면 뒤잇는 질문은 《수호전》의 시대에 왜 하필 도적에 관한 소문들이 가치 있는 이야기로 주목받기 시작했을까, 하는 것이다. 그리고 이 질문에 대한 답이야말로 《수호전》의 개성을 설명하는 핵심이라고 할 수 있을지도 모른다.

많은 사람들이 송나라 시대에 중국의 문화가 크게 변화했던 큰 이

유로 이 시기 중국의 경제 발전을 꼽는다. 경제가 발달하면, 재물이 많은 왕족이나 일부 귀족뿐만 아니라 평범한 보통 사람들도 노래, 춤, 이야기를 즐기며 놀 수 있는 여유가 생긴다. 19세기까지는 유럽에서 오케스트라가 격식을 갖춰 연주하는 고전음악이 주류였지만, 20세기에는 누구나 쉽게 듣고 즐길 수 있는 로큰롤이 유행한 것과 같은 방향의 변화라고 할 수도 있다.

바로 이런 변화 속에서 송나라 사람들은 평범한 농민들과 상인들의

삶 가까이 있는 이야기들을 더 많이 지어내고 더 많이 퍼뜨리게 되었을 것이다. 나라를 세운 영웅들의 이야기나 고상한 학자 또는 높은 벼슬아치들에 대한 이야기 못지않게, 옆 동네에서 악명을 떨친 강도라든가 억울하게 누명 쓴 사람 이야기, 요즘 유행하는 무서운 이야기에 등장하는 범죄 사건에 관한 소문 등이 인기를 얻었을 것이다.

살펴보면, 송나라 시대에 일어난 거의 모든 변화가 경제 발전 덕분이라고 할 수 있을 만큼 그 시기의 경제 발전은 극적이었다. 경제가

장택단, 〈청명상하도〉 일부

발전해서 물자가 풍족해지다 보니 먹고살기가 넉넉해져서 중국에 사는 사람의 숫자부터가 크게 늘었다. 현대처럼 정확한 인구 조사가 실시되던 시기가 아니므로 정확하게는 알 수 없지만, 대체로 많은 학자들이 송나라 시기 중국 인구가 1억 명을 돌파했을 거라는 데에는 동의한다.

1억의 인구가 생산해 내는 수많은 곡식, 옷감, 책, 도구 등등이 활발히 유통되면서 상업도 빠르게 발전했다. 어찌나 발전했는지, 돈 받

을 권리를 증빙하는 종잇조각인 '교자交子'라는 표가 여러 사람들 사이에 활발히 유통되어, 나중에는 아예 지폐 돈처럼 사용될 정도였다. 유럽 국가들이 지폐를 활발히 사용한 것은 그로부터 수백 년 후였다는 점을 생각해 보면, 이 정도로 경제가 융성한 것은 놀랍다. 송나라 상인들은 해외로도 진출하여 한반도에도 자주 왔으므로, 고려 시대 기록 중에도 송나라 상인과 배가 찾아온 이야기가 여럿 남아 있다.

도대체 송나라는 어떻게 이렇게 빠른 경제 발전을 이룰 수 있었을까?

여러 가지 이유가 제기되지만, 농사가 잘되는 넓은 땅인 중국 남부의 양쯔강 이남 지역, 즉 강남 지역이 이 시기에 개발된 것은 빼놓을 수 없는 중요한 원인이다. 중국의 중심지는 예로부터 황허에서 멀지 않은 북부 지방이었다고 할 수 있는데, 그와는 멀리 떨어진 남쪽 지역에 사는 사람들의 숫자도 수백 년에 걸쳐 점차 늘어났다.

당나라, 송나라 시기에 이르면 강남에서 생산되는 곡식과 물자의 양이 북쪽을 조금씩 능가해 나가는 수준에 이른다. 이런 경향은 후대에도 어느 정도 이어져서, 지금도 중국 경제의 중심지인 상하이, 선전, 홍콩 같은 도시들은 중국 남부에 위치해 있다. 한국 속담 중에 "친구 따라 강남 간다"는 말이 있는데, 하다못해 여기에 나오는 '강남'도 중국 강남 지역을 뜻하는 말이다. 옛 한국인들의 눈에 중국 강남 지역은 뭔가 화려하고 부유하면서도 멀리 떨어져 있는 곳의 상징이었던 것 같다.

중국 대륙의 강남 지역에서 경제가 발달한 까닭을 따져보자면 역시 농업의 발전을 반드시 언급해야 한다. 물을 대기 위한 물레방아 같은 장치가 발달한 것이나, 그 밖에 여러 가지 농사 기술의 발전도 빼놓을 수 없는 중요한 변화다.

벼의 한 품종인 '점성도占城稻'의 '도稻'는 벼라는 뜻이고, '점성占城'은 과거 베트남 지역에 있었던 '참파'라는 나라를 송나라에서 부르던 이름이다. 참파는 지금은 멸망하여 베트남에 흡수된 상태지만, 당시만 해도 세력을 유지하고 있었다. 그러므로 점성도라는 말은 바로 이 참파에서 가져온 참파 벼라는 뜻이다.

점성도는 가뭄에 잘 견디며 빠르게 자라는 특징이 있다. 때문에 이 품종은 당시 중국 남부 지역 각지에 널리 퍼졌다. 송나라 관리들이 점성도를 심으면 좋다고 일부러 권해서 퍼뜨리기도 했던 것 같다. 만약 점성도가 없었다면 송나라 백성들은 훨씬 더 잦은 흉년을 겪었을 것이고, 그러면 인구가 늘어나지도 경제가 발전하지도 못했을 것이다.

그러므로 따지고 보면, 송나라의 경제 발전과 문화 변화도 어쩌면 이 새로운 벼 품종 덕분이라고 해야 할지도 모른다. 송나라 시기, 정확하게는 남송 시기 학자인 주희朱熹는 바로 그런 경제와 문화가 발전하는 분위기에서 성리학性理學이라는, 심오하고 어려운 학문이면서 중국 전통을 잘 살리는 철학을 개발했다. 그리고 성리학은 고려 시대에 한반도로 넘어와서 조선 시대에는 아예 학문의 주류로 자리 잡아 크게 발전하게 된다. 사실 지금도 한국인들이 무심코 무언가 한국적인 것, 전통적인 것이라고 하면 대체로 성리학 전통에 따르는 것들이 굉장히 많다. 이렇게 보면, 만약 베트남에서 건너온 점성도라는 벼 품종이 없었다면, 지금 한국인들이 전통이라고 생각하는 성리학 문화도 생겨날 수 없었을 것이다.

송나라의 경제 발전은 동시에 기술 발전으로도 이어졌다.

이 시기 송나라에서는 나침반이 항해에 사용되었고, 화약을 개발하여 전투에 사용하는 사례가 나타나기도 했다. 흙을 빚어 그릇을 만들고 그 그릇을 아름답게 가공해서 구워내는 도자기 제작 기술도 크게 발전해서 아름다운 송나라 도자기가 탄생하기도 했다. 송나라 도자기는 겉면이 고운 빛깔로 반짝거리고 매끄러워서 보기에 아름다울 뿐만 아니라, 생산량도 많았다. 때문에 송나라 도자기는 세계 각지에서 보물처럼 취급받는 훌륭한 물건으로 명망을 얻고 있다.

송나라의 도자기들(11~12세기)

심지어 이 시기에 송나라 사람들은 자동으로 옷감을 짜는 방직기를 개발하기도 했다. 기계를 이용해 물건을 대량생산하는 시대는 18세기 영국에서 산업혁명과 함께 본격적으로 시작되었는데, 이때 정교한 방직기가 큰 역할을 한 것으로 보고 있다. 그러니 어떤 SF 작가들은 혹시 송나라의 기술이 조금만 더 발전했다면 중국에서 산업혁명이 일어날 수도 있지 않았을까 상상해 보기도 했다.

그런 만큼 송나라 시대에는 명성을 떨친 과학자도 등장했다. 대표적으로 소송蘇頌이라는 사람을 꼽아볼 수 있다. 소송은 송나라 정부의 관리이면서 다양한 분야에서 활약한 과학자였다. 그의 업적 중에서 단연 눈에 띌 만한 것을 하나만 골라본다면, 거대한 기계 장치인 '수운의상대水運儀象臺'일 것이다.

수운의상대는 그 이름에 물이라는 뜻의 '수水'가 들어가는 것을 보면 알 수 있듯이 물과 관련 있는 장치다. 그렇다고 해서 물을 퍼 담거나 혹은 정화하는 장치는 아니다. 수운의상대는 물을 에너지원으로 활용한다. 이렇게만 이야기하면 맹물로 가는 자동차라든가, 물만 넣으면 저절로 움직이는 마법의 장치 같은 것을 떠올릴지 모르겠는데, 사실 수운의상대가 물을 이용하는 방법은 간단하고 현실적이다. 흐르는 물을 맞으면 돌아가는 물레방아 장치나, 흐르는 물이 통 속에 점점 고이면 물에 넣어 둔 나무판이 물 위로 떠오르려는 힘 등을 이용해서 기계를 움직인다.

그와 비슷한 힘을 이용한 기계 장치는 그보다 과거에도 여럿 제작되었던 것 같다. 예를 들어 《삼국유사》에는 신라 사람들이 '만불산萬佛山'이라는 교묘한 기계 장치를 만들었다는 기록이 있다(〈탑상〉 제4, '사불산, 굴불산, 만불산'조). 이 장치는 작동이 시작되면 조그마한 사람 모양 장난감들이 움직이면서 모형으로 만들어 둔 산에서 실제 사람이 돌아다니며 하는 행동을 흉내 내도록 하는 것이다. 정확한 작동 원리는 나와 있지 않지만, 당시의 기술 유행이나 기술 수준을 고려하면 그 모형들은 아마도 물레방아나 바람개비가 물이 흐르는 힘이나 바람이 부는 힘을 받아 돌아가는 원리를 이용해서 움직이도록 되어 있었을 것이다.

그런데 소송이 송나라 시대 당시의 최신 기술로 만든 수운의상대는 단순히 저절로 움직이는 모습이 재미있는 장난감은 아니었다. 소송은 물의 힘으로 움직이는 세밀한 부품들을 톱니바퀴, 연결 끈, 교묘하게 만든 나무 부품 등등으로 복잡하게 연결하여 자동으로 움직이는 시계를 만들었다. 소송의 장치는 크기가 사람 키의 몇 배 정도는 되었으므로, 말하자면 일종의 시계탑을 만들었다고 볼 수도 있겠다. 요즘 시계는 시곗바늘로 시각을 알려주고, 가끔은 종소리가 들리거나 뻐꾸기가 튀어나오는 것들도 있는데, 소송이 만든 수운의상대는 나무 인형이 자동으로 매 시간 북을 치는 동작을 해서 시각을 알리게 되어 있었다.

여기서 한발 더 나아가, 소송은 시계 장치 꼭대기에 하늘의 별을 표시하는 장치를 붙여놓았다. 동그란 공처럼 생긴 나무 장치에 이런저런 별의 위치를 새겨놓은 것인데, 시계가 움직이는 데 따라서 저절로 조금씩 돌아가면서 방향이 바뀌게 되어 있었다. 그래서 그 장치를 살펴보면, 지금 시각 밤하늘에 보이는 별 가운데 어느 방향에 보이는 것이 무슨 별인지 알아볼 수 있었다. 밤하늘 별 보는 것을 좋아하는 사람들을 위해서 요즘 스마트폰 프로그램 중에도 지금 밤하늘에 보이는 별이 무엇인지 표시해 주는 것이 있는데, 소송의 수운의상대는 바로 그런 스마트폰 프로그램의 기능을 물의 힘으로 움직이는 시계탑의 형태로 만들어 낸 것이라고 볼 수 있다.

소송의 책에 실린 수운의상대 그림

고대 중국에서는 하늘의 별을 관찰하는 것을 '의상儀象'이라고 불렀다. 그리고 이런 일은 시계, 특히 물시계를 관리하는 일과 관련이 깊었다. 예를 들어, 과거 신라에도 궁중에 누각전漏刻典이라는 물시계 담당 부서가 있었고, 그 물시계를 개발하고 관리하는 사람을 누각박사漏刻博士라고 불렀다.

이런 장치를 궁중에 설치해 둔 이유는, 밤에 시각을 정확하게 측정하는 시계가 있어야만 하늘의 별을 관찰하면서 정확히 언제 무엇을 보았는지 세밀히 기록할 수 있기 때문이다. 낮이라면 태양의 그림자를 보고 시각을 아는 해시계를 이용해서 시간을 확인할 수 있지만, 밤에는 그런 것이 없기 때문에 물시계가 매우 유용하다. 송나라 시대 소송이 만든 장치의 이름이 '수운의상대'인 것은 이 기계가 바로 물의 힘으로 동작하면서 밤하늘 별을 관찰할 수 있는 장치이기 때문이다. 어차피 밤에 별을 관찰할 때 물시계를 보고 시간을 파악해야 하니, 별을 관찰하는 데 도움이 되는 기능과 물시계 기능을 하나로 합해서 그 모든 것이 자동으로 움직이도록 편리하게 해놓은 셈이다. 이 정도로 정밀하고 편리한 기계 장치는 이 시기 다른 나라에는 극히 찾아보기 드물었다.

사실 신라, 고려, 송나라 같은 옛 나라의 궁중에서 하늘의 별을 관찰하는 일을 중요하게 여긴 데는 따로 이유가 있다. 옛사람들은 하늘의 별이 지상의 물건과는 다른 어떤 천상의 신령스러운 것이라고 생각했다. 그래서 하늘의 별을 면밀히 살펴보면 하늘의 뜻을 알 수 있을 거라고 여겼다. 나아가 그렇게 하늘의 뜻을 알면 미래에 일어날 일의 징조를 알거나 운명을 내다볼 수 있다고 믿기도 했다. 그랬기 때문에, 나라를 다스리는 임금들은 하늘의 별들을 면밀히 조사하고 살펴보면서 나라에 무슨 큰일은 일어나지 않을지, 이 나라에서 제일 높은 사람인 자신의 운명이 어떻게 바뀌지는 않을지 예언해 보려고 했던 것이다.

이런 생각은 한국이나 중국뿐만 아니라 전 세계에 걸쳐 널리 퍼져 있었던 것 같다. 하늘 위의 세상을 사람이 닿을 수 없는 성스러운 곳으로 여겼던 사고방식은 세계 곳곳에서 발견된다. 한국어로 '천상의 것'이라고 하면 현실의 한계를 초월할 정도로 대단하거나 완벽한 것이라는 뜻이 되는데, 대개 어느 나라에서건 위대한 인물 또는 대단한 신령들이 '하늘에서 내려왔다'고 설명하는 경우가 굉장히 많다. 그러니 바로 그 하늘에 떠서 수없이 반짝거리는 별들도 분명 하늘 위의 또 다른 세계와 관련이 있고 하늘의 뜻과 상관이 있다고 생각하기 쉬웠을 것이다.

옛사람들은 하늘의 별들 사이에서 갑작스럽게 유성이 보이거나 별들의 위치가 특별해지는 상황이 무언가 큰일이 일어날 징조라는 식으로 생각하곤 했다. 예를 들어, 유럽에서는 사람이 태어날 때 특정 방향에 있는 어떤 별들이 그 사람의 운명을 주관한다는 믿음이 인기를 끌었다. 그중에서도 황도12궁이라고 해서 총 열두 가지 별자리로 구분되는 별들이 있고 그 별자리의 특징이 그 사람의 성격이나 기질과 관련된다는 식의 생각이 아주 널리 퍼졌다. 유럽식 황도12궁 별자리로 사람의 성격을 판단한다는 생각은 이미 오래전에 인도를 통해 한반도에까지 전해져서, 조선 시대 유물인 국보 제228호 '천상열차분야지도각석天象列次分野之圖刻石'에까지 기록되어 있을 정도다. 이런 생각은 심지어 지금까지도 남아 있다. 가끔 잡지를 보다 보면 '무슨 별자리인 사람은 이번 달에 무슨 일이 생길 가능성이 있다' 같은 기사가 짤막하게 실려 있는 것이 눈에 뜨인다.

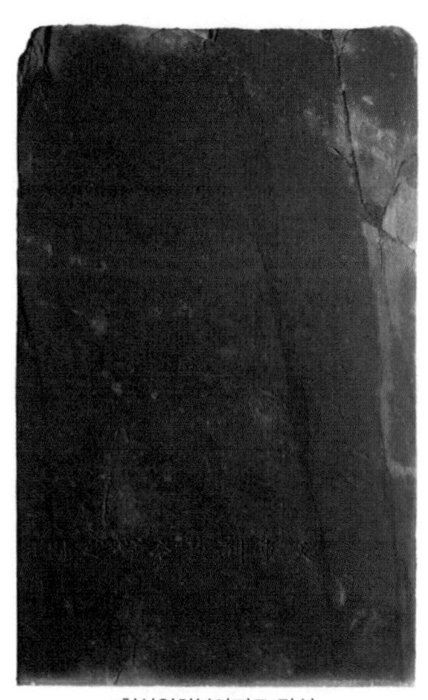
천상열차분야지도 각석

별의 움직임이 사람의 삶에 영향을 미친다는 생각에 의심을 품는 사람들도 있기는 했다. 예를 들어 조선시대 학자들이 남긴 기록을 보면, 이런 식으로 별을 보고 점을 치는 것은 부질없는 짓이고 근거가 없는 허망한 일이라고 여기는 사람들의 수가 그 무렵에는 꽤 되었던 것 같다. 그렇지만 별들은 천상의 신비로운 것이고, 분명 별의 모습이 어떤 식으로든 운명을 다스리는 신령스러운 뜻과 연결되어 있을 거라는 생각을 사람들은 오래도록 포기하지 못했다. 《삼국사기》를 보면 고려 태조 왕건은 진성鎭星, 즉 토성의 신이 그가 후삼국을 통일할 운명이라고 알려주었다고 믿었던 것으로 보이며(〈열전〉 제10, '궁예'조), 《조선왕조실록》의 〈정조실록〉을 보면 조선 태조 이성계는 태백성太白星, 즉 금성의 신을 중요하게 여겨서 임금이 되기 전부터 태백성을 향해 열심히 제사를 지냈다고 되어 있다('정조 19년 4월 28일'조).

이런 생각이 무너지기 시작한 것은 17세기에 들어와서 요하네스 케플러Johannes Kepler와 아이작 뉴턴Isaac Newton 같은 학자들이 과학적인 방법으로 제대로 별들을 분석하면서부터였다.

케플러는 행성이 움직이는 모양이 완벽한 원형이 아니고 아주 살짝 찌그러진 타원형이라는 사실을 알아냈다. 이는 당시 사람들에게는 놀라운 사실이었다. 행성은 특정한 규칙에 따라 움직이는 별이기는 하지만 당연히 신성한 천상에 속하고 신령스러운 것이므로 그런 것답게 완벽한 원 모양으로 움직일 거라고 다들 짐작했다.

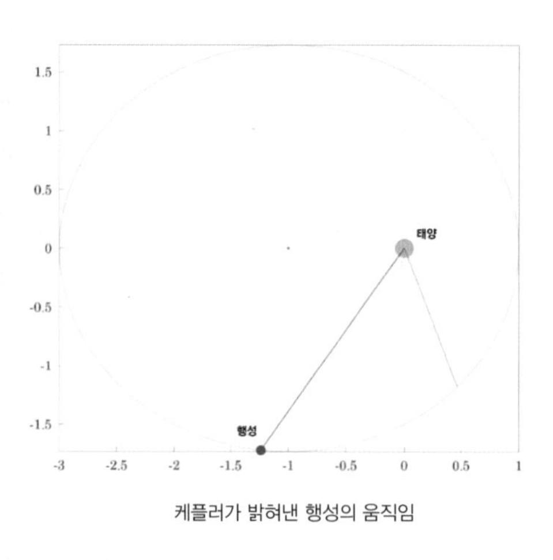

케플러가 밝혀낸 행성의 움직임

그런데 케플러가 정밀하게 따져보니, 행성이 움직이는 모양은 그렇게 '천상의 원'이라고 할 만한 완벽한 원이 아니었다. 차라리 확실하게 찌그러진 타원 모양이었다면 그렇게 찌그러진 이유가 있을 거라고 상상해 보기라도 할 텐데, 그런 게 아니라 원에 가깝기는 하지만 아주 살짝 찌그러져 있는 모습으로 행성들이 움직이고 있었던 것이다. 하늘에 있는 별이라고 해서 무엇인가 신비롭고 절대적이고 신성한 것이 아니라 그저 여느 물체처럼 불완전하고 오차가 있다는 느낌을 주는 발견이었다.

그러다 아이작 뉴턴이 중력이론과 미적분학 계산 방법을 이용해 행성들의 움직임을 계산해 내면서 하늘을 보는 시각은 완전히 바뀌기 시작했다. 사실 뉴턴이 개발한 중력이론이나 미적분학 계산은 사람이 던진 공이 포물선을 그리며 날아가다가 떨어질 때, 그것이 얼마나 날아가서 떨어지느냐를 계산하는 데 쓰는 방법이다. 혹은 대포를 몇 도각도로 쏘면 대포알이 얼마나 날아가서 떨어지느냐 하는 것을 계산하는 데 쓰는 방법이라고도 할 수 있다. 뉴턴은 바로 그 방법으로 밤하늘 행성들이 어떻게 움직이는지를 정확하게 계산해 내는 데 성공했다. 행성의 움직임을 정확히 아는 데에, 천상의 신령들과 통하는 신성한 혈통을 갖는다든가 순수하고 경건한 태도로 기도하는 일 따위는 전혀 중요하지 않았다. 오히려 천상의 행성 또한 지상의 무생물과 같다고 보고 계산을 정밀하게 하기만 하면 옛날 어느 뛰어난 주술사보다도 더 정확하게 그 움직임을 예측할 수 있었다.

이는 아무 생각 없이 던지는 하잘것없는 돌멩이에 적용되는 규칙과 천상의 행성들에 적용되는 규칙이 같다는 의미였다. 실제로 행성들의 움직임을 계산할 때는, 행성들이 아주 커다란 돌덩이와 다를 바 없다 치고 계산한다. 단지 금성과 토성이 천상의 신령일 리가 없다고 의심하는 정도가 아니라, 금성과 토성이 그저 돌덩어리일 뿐이라고 보고 계산해야 더 정확한 결과가 나온다는 뜻이다. 현대에 밝혀진 바에 따르면, 고려 태조 왕건이 믿었던 토성은 우주에서 가장 흔한 물질인 수소와 헬륨의 덩어리일 뿐이고, 조선 태조 이성계가 믿었던 금성은 길바닥의 흙부스러기나 매한가지인 성분으로 된 거대한 바윗덩어리일 뿐이다. 그렇지만 몇백 년 앞선 송나라, 소송의 시대에는 전 세계 대부분의 사람들이 이런 생각을 하지 못하고 있었다.

송나라 사람들은 급속히 발달한 기술을 이용해 정밀한 시계와 자동장치를 만들어서 체계적으로 별을 추적하고 꽤 복잡한 계산으로 그 움직임을 분석할 수 있었다. 그러나 그러면서도, 그 별들이 마법적인 힘을 품고 있는 천상의 성스러운 것들이라는 사상에서는 벗어나지 못했다. 따라서 별들을 관찰하는 기술이 발전하는 만큼, 별의 움직임에서 미래를 예측하거나 도리어 천상의 신령들이 품고 있는 신비로운 힘을 이용해서 무언가 놀라운 주술을 펼칠 수 있다는 생각도 같이 유행했다.

이러한 생각은 이 시대를 배경으로 하고 있는 《수호전》에도 고스란히 드러나 있다. 《수호전》은 그 시작부터, 하늘에 있는 별 가운데 108개의 별이 사실은 어떤 무서운 힘을 가진 신령이라는 설정에서 출발한다. 그 무서운 신령이 풀려나서 지상을 돌아다니지 못하도록 누군가가 주술적인 방법으로 잘 막아두었는데, 우연히 그 주술이 풀려서 108개 별들의 기운이 지상에서 사람의 형태로 태어나 돌아다니게 되었다는 것이다.

바로 이렇게 나타난 사람들이 《수호전》의 등장인물인 범죄자들이다. 108개의 별들은 크게 천강성天罡星이라는 36개의 별과 지살성地煞星이라는 72개의 별로 나뉘는데, 대체로 천강성에 해당하는 사람들이 주인공 역할에 해당하고 지살성에 해당하는 사람들이 조역에 해당한다고 말할 수 있다. 즉 《수호전》의 인물들은 단순히 사람들의 세상 속에서 출현한 범죄자이기만 한 것이 아니라, 천상에 별의 형태로 맺혀 있던 무서운 신령이 세상의 변화에 신비롭게 영향을 미쳐서 나타난 결과라는 생각이 소설의 배경에 깔려 있다. 《수호전》의 주인공인 송강, 임충, 시진, 노지심, 무송 등에게는 각각의 인물이 상징하는 천괴성, 천웅성, 천귀성, 천고성, 천상성 등 별의 이름이 붙어 있다.

천상의 별들이 신비로운 힘을 갖고 있다는 사고방식은 하늘의 태양과 달의 움직임을 참조하여 만드는 달력이나, 날짜가 운명에서 중요하다는 생각과도 쉽게 이어진다. 그렇다 보니 누군가의 생일이 달력에서 며칠로 나타나는지, 어떤 날짜가 달력에서 몇 번째에 표시되면 그 날짜는 어떤 의미인지 따지는 방법도 점차 같이 심화되었다. 이런 여러 가지 신비로운 생각들은 당시 중국인들 사이에 널리 퍼져 있던 도교 계통의 종교적인 발상과도 이어졌는데, 하늘을 다스리는 임금이나 선녀의 힘을 빌릴 수 있다거나 별을 보며 신선의 뜻을 헤아린다는 식의 생각이 그러하다.

《수호전》에도 이렇게 신비로운 힘을 이용해서 마치 초능력을 갖고 있는 것처럼 행동하는 인물들이 몇 나온다. 가장 대표적인 인물은 공손승이고, 대종이나 공손승의 스승 역할을 하는 나진인도 초능력을 부리는 것 같은 모습을 종종 보여준다. 특히 공손승의 이야기 중에는, 주인공 중 한 명인 조개의 집에 하늘의 별인 북두칠성의 기운이 내려앉는 것을 보고 이것이 천상의 운명에 따르는 중대한 일이라고 생각해 본격적으로 모험에 뛰어든다는 내용이 있다. 이런 줄거리는 옛날 중국 사람들이 갖고 있었던 하늘, 별, 도술 등에 대한 전형적인 생각을 보여준다. 이후 공손승은 여러 가지 도술을 부리면서 활약하는데, 이런 내용 역시 환상적이고 신기한 이야기를 즐기고자 하는 당시 농민들과 상인들의 구미에 잘 맞았을 것이다.

단, 현실은 어디까지나 이런 신비로운 이야기와는 달랐다. 악명 높은 사건으로 1126년 '육갑신병六甲神兵' 이야기가 있다.

당시 송나라는 북방 이민족의 나라인 금나라의 침입으로 위기를 겪고 있었다. 송나라의 전체 군사 숫자는 금나라 군사에 비해 도리어 많으면 많았지 부족하지 않았지만, 군사의 사기가 떨어져 있었고 훈련이 덜 된 겁먹은 병사들이 너무 많았다. 결정적으로 금나라 군사를 막기 위한 전략과 전술이 제대로 서 있지 않아서, 송나라 군사들은 금나라에게 패배할 것을 무척 걱정하며 겁에 질려 있는 상황이었다.

이때 곽경이란 이름의 괴상한 도사 한 사람이 나타났다. 그는 육갑六甲이라는 운명을 내다보고 신비한 주술을 부리는 일에 정통한 사람이라고 해서 큰 명성을 얻은 인물이었다. 곽경은 자신의 뜻대로 제사를 지내고 부하들을 부릴 수 있게 해주면 신비로운 도술의 힘을 이용하여 운명적으로 금나라 군사들을 물리칠 수 있다고 주장했다. 겁에 질린 송나라 임금은 곽경의 방법을 사용해도 나쁠 것은 없다고 생각하고 그에게 막대한 재물을 내려주었다.

곽경은 도술로 나라를 구할 신비의 인물로 추앙받고 성대하게 제사 의식을 치르며 대단히 위대한 인물로 몇 날 며칠 숭배받았다. 그는 훈련된 군사가 아니라 도술과 운명을 따져서 선발한 7,777명을 자신의 부하로 선발했는데 이들에게 성스러운 흰옷을 입히며 도술의 힘으로 나라를 구할 육갑신병이라고 불렀다.

육갑신병을 선발할 때 이들의 생일을 따졌다는 점과 곽경이 육갑에 정통했다는 점으로 미루어 보면, 그는 일종의 사주팔자를 따져서 이번에는 절대 죽지 않을 운명을 가진 병사들만을 뽑은 것 아닌가 싶다. 죽을 팔자가 아닌 사람들만 모아서 전쟁터에서 적들과 싸우게 하면 절대 죽지 않을 테니, 결국 반드시 이길 것이라는 주장이다. 하늘의 해와 달, 별들이 지닌 신비로운 힘과 달력의 날짜로 운명을 정하는 것을 믿고 거기에 대해 많은 연구가 이루어지고 있었던 당시 사람들에게 그런 이야기는 꽤나 그럴듯하게 들렸을 것이다.

이 장면은 송나라의 빠른 경제 발전과 놀라운 기술 발전 이면에 있는, 옛 시대 사상의 한계를 동시에 드러내는 순간으로 보인다. 마치 《수호전》이 아주 현실적인 데다 일반인들의 실생활에 밀접한 범죄 이야기로 가득 차 있으면서도 한편에서는 별과 도술을 둘러싼 신비한 이야기를 뒤섞어 펼쳐나가는 것과 비슷한 느낌이다.

송나라에서 있었던 이 비슷한 부류의 사건들은 같은 시대 한반도의 고려 사람들에게도 곧 알려졌다. 본래 송나라 사람이었다가 고려로 귀화한 임완林完 같은 인물은 이 시기 송나라 임금이 도술을 지나치게 믿었던 것을 예로 들어 설명하며, 고려 인종에게 임금이 이상한 주술을 믿으면 추한 꼴을 보이게 되므로 경계해야 한다고 강하게 주장하기도 했다.

곽경의 육갑신병은 결국 어떻게 되었을까? 금나라 군사가 쳐들어오자 곽경은 자신 있게 성문을 열고 흰옷을 정갈하게 차려 입은 육갑신병을 적 앞에 내보낸다. 그러자 금나라 군사는 거칠 것 없이 이들을 빠르게 섬멸한다. 결국 그해에 송나라의 수도는 금나라 군대에 의해 완전히 무너지고 말았다.

— chapter 6. —

〈망처숙부인김씨행장〉과 화약

"화약과 대포를 주 무기로 사용하면, 평범한 사람들을 동원하여 전투를 벌이기에 좋다. 유럽에서는 이러한 변화 때문에 유럽 중세의 상징이었던 기사들이 사라져 버렸다. 기사들은 평생 칼을 연마했고 훌륭한 갑옷을 갖추는 것을 중요하게 여겼지만, 대포 앞에서 갑옷은 무의미할 수밖에 없다."

조선 중기에 활동했던 인물인 허균은 재미있는 글을 멋지게 쓴 작가다. 그가 쓴 여러 글 중에 내가 가장 좋아하는 것은《도문대작屠門大嚼》이라고 하는 글이다.《도문대작》은 당시 조선 각지의 음식 중 맛있고 훌륭한 것을 골라서 이것저것 소개하는 내용이다. 현대에 이 글을 깊이 연구하는 사람들은 400년 전 무렵 글 속에 묘사된 조선 시대의 요리가 어떤 모습이었는지 살펴보는 자료로 그 내용을 살펴본다.

과연 본문을 보면 요리를 연구하는 사람들의 눈길을 끌 만한 문장들이 제법 보인다. 예를 들어, '백산자白散子'라는 과자에 대해 언급하며 그 과자를 '박산'이라고 부르는 사람이 많다고 설명하면서, 전주에서 만드는 것을 좋은 제품으로 꼽았다. 이것은 현대에 흔히 산자散子라고 부르는 과자를 말한다. 하얗고 납작하게 생긴 한과로, 가운데의 끈끈한 부분은 사르르 녹으며 달콤한 맛이고 겉에는 하얀 뻥튀기 가루

같은 것을 묻혀놓아 바삭한 느낌이다. 지금도 전주의 몇몇 한과 가게는 산자를 잘 만드는 것으로 유명하다. 400년 동안 꾸준히 산자를 만들어 온 집을 찾기는 어렵겠지만, 마침 지금의 전주 한과인 산자와 《도문대작》에 실려 있는 백산자 이야기가 일치하는 것을 보면 재미있다.

허균은 관리로 제법 출세한 사람이고, 출세 이후 그는 평균 조선 사람들보다는 확실히 부유한 편이었다. 분명히 이런저런 유명하다는 음식, 맛있다는 음식은 많이 맛보았을 것이다. 그 때문에 그가 맛있다, 훌륭하다고 평한 음식들은 정말로 맛있고 당시 조선을 대표한다고 할 만한 특산물이었을 가능성이 높다.

글을 읽다 보면 저 음식이 도대체 무슨 맛이었을지 상상하게 만드는 것들도 있다. 몇몇 음식은 지금은 정확히 뭘 말하는지 알기 어렵고 명확히 전해져 내려오지도 않기 때문에 그저 상상하고 추정만 해볼 수 있을 뿐이다. 그래서 더 궁금하고 더 호기심을 일으키는 것들도 있다.

예를 들어 허균은 과일 중에 훌륭한 것을 들면서 홍리紅梨, 즉 붉은 배라는 것이 있는데 함경도에 있는 절 석왕사釋王寺에서 나는 것이 유명하다면서 열매가 크고 맛이 산뜻하다고 이야기하고 있다. 도대체 석왕사의 홍리라는 배 품종이 무엇인지, 그것이 어떤 맛이었는지는 알 수 없다. 이런저런 자료를 찾아보면 20세기까지도 석왕사 배, 석왕배[釋王梨] 같은 이름으로 사람들이 구할 수 있는 품종이었던 것 같기는 한데, 나는 지금까지 먹어본 적도 없고 어떻게 재배하는 것인지도 모른다.

나는 대학을 졸업한 지 얼마 안 되었을 무렵에 처음 《도문대작》을 재미있게 읽었다. 그때 거기에 나오는 각 지역의 특산물을 선물 상자처럼 보기 좋게 꾸며서 전국 각지의 버스 터미널이나 기차역에서 팔면 좋겠다는 상상을 해본 적도 있다. 일 때문에 전국 이곳저곳에 출장을 다녀보면 오늘은 어디에 출장 다녀왔다면서 집에 오는 길에 간단한 선물이라도 사서 보여주고 싶을 때가 있는데, 그때만 해도 마땅히 살 만한 것이 흔치 않았다. 지금이야 대전에 가면 유명한 빵집에서 빵을 사 오고, 부산에서는 유명한 어묵 가게에서 어묵을 사 오는 식으로 몇 가지 상품이 무척 잘 알려져 있다. 하지만 그때만 해도 기껏해야 천안 호두과자 정도나 사람들이 알아볼까, 간편하게 선물로 사 가기 좋도록 개발된 상품이 거의 없었다.

그래서 《도문대작》에 나오는 음식을 전국 도별로 하나씩 특산품처럼 골라보기도 했다. 강원도 떡은 금강산 석용병, 전라북도 과자는 전주 백산자, 전라남도 차는 순천 작설차, 충청남도 새우는 서해 대하, 충청북도 과일은 보은 대추, 경상북도 과자는 안동 다식, 경상남도 과자는 밀양 율다식, 경기도 음식은 북한산 두부 등등이 그때 골라본 것들이다.

예를 들어, 충청북도의 기차역이나 버스 터미널에서는 대추로 만든 군것질거리 같은 것을 선물로 사 가기 간편하고 보기 좋은 포장에 담아 팔면, 그 지역으로 출장 갈 때마다 하나씩 사 와서 가족들과 나눠 먹으면 좋겠다는 생각도 해보았다. 이런 기념품 과자 시리즈를 철도와 함께 영업하는 홍익회 같은 곳에서 개발하고 각 지역 업체들과 협력해서 만들어 팔면 어떨까? 《도문대작》 시리즈 상품으로 만들어도 되지 않을까? 그때 어디인가 아이디어 공모전 같은 곳에 이런 이야기를 올리기도 했다. 꼭 《도문대작》에 나오는 음식에만 한정될 필요는 없지만, 전국의 기차역이나 버스 터미널에서 선물용으로 그럴싸하게 꾸민 지역 특산 과자 같은 것을 팔면 무척 좋을 거라는 생각은 지금도 변함이 없다.

요컨대 《도문대작》은 400년 전 조선 사람들의 '맛집 찾아다니기' 유행을 상상해 볼 수 있는 좋은 자료다. 조선 시대 음식에 대해 소개한 자료는 《도문대작》 말고도 여러 가지가 있고, 그중에는 상세한 조리법을 소개한 것들도 적지 않다. 그렇지만 《도문대작》은 그중에서도 비교적 시대가 앞선 기록이다. 뿐만 아니라 다른 요리책 자료처럼 만드는 방법에 초점을 맞추는 것이 아니라 그저 맛있는 것, 즐기기 좋은 것, 이름난 것을 언급하면서 그에 대한 품평을 위주로 하고 있다는 점에도 내용의 독특함이 있다.

그러나 내가 《도문대작》을 좋아하는 이유는 그저 그 글이 특색 있는 자료이기 때문은 아니다. 이 글의 진짜 재미는 자료 역할을 하는 본론뿐만 아니라, '작가의 말'이자 '서문' 역할을 하는 '인引' 부분과 함께 전체 내용을 모두 한 번에 살펴볼 때 제대로 느낄 수 있다.

사실 《도문대작》은 허균이 벼슬살이를 하다가 쫓겨나 귀양을 간 후에 그 처지를 생각하며 쓴 글이다. 관청이나 궁궐을 드나들며 출세한 사람으로 주위의 부러움을 받으면서 살았을 텐데 잘못을 저질러 한 순간에 벼슬을 잃었을 뿐만 아니라, 살고 있던 집에서도 더 이상 살지 못하고 먼 마을로 가서 갇혀 살게 되었던 것이다. 그런 처지로 지낸다면 몸이 고단하고 마음이 외로우며 항상 과거를 그리워하고 또 후회하게 되기 마련이다. 아마 허균도 그런 생각에 끝없이 빠져들었을 것이다.

그런 와중에 허균은 자신의 심정을 달래주면서도 무엇인가 유용하고 재미있는 글을 쓰기로 마음먹는다. 처음에는 그냥 '지금 뭐 먹고 싶은지 한번 써보자' 또는 '내가 언제인가 여기서 풀려나게 된다면 사 먹고 싶은 음식을 적어두자'는 생각으로 붓을 잡지 않았을까 싶다. 형벌을 받고 있는 고달픈 생활 속에서는 먹고 싶은 것, 맛있는 것 생각이 많이 나기 마련이다. 사람이라면 누구나 공감할 수 있는 그 심정이 《도문대작》의 바탕을 이루고 있다. 《도문대작》이라는 제목도 '정육점을 지나가다가 괜히 입을 한번 열었다 닫는다'는 것으로, 말하자면 먹을 수 없지만 입맛을 다신다는 뜻이다. 제목부터가 귀양살이 하던 허균의 마음 그대로다.

본론의 대부분은 간단히 무슨 음식이 맛있다면서 이름을 소개하는 정도다. 그러나 이런 배경을 생각하며 읽어보면, 전국 방방곡곡의 여러 가지 음식을 다양하게 언급하는 이야기 속에서 허균의 마음을 상상하게 된다.

어린 시절 고향 마을에서 먹었던 음식 중에 맛있었던 것을 이야기할 때에는 철모르고 즐겁게 지냈던 옛 추억에 잠기는 것 같고, 의주 같은 먼 고장에서 맛본 훌륭한 음식을 이야기할 때는 멀리 출장을 갔을 때 있었던 일을 떠올리며 여행의 기억을 돌아보는 느낌이 들기도 한다. 훌륭한 술이나 정교한 과자에 대해 언급할 때는 성대한 잔치를 벌이던 화려한 과거가 허망하다고 생각하는 것 같고, 서울에서 여름에는 전을 부쳐 먹고 겨울에는 떡국을 먹는다는 내용을 언급할 때에는 집에서 평범하게 살던 일상을 간절히 그리워하고 있다는 느낌도 든다.

허균은 귀양살이 중에 맛없는 음식만 먹고 있는데 그나마도 먹지 못하고 굶을 때가 많아, 밤새 배고픈 마음으로 예전에 맛있는 음식을 지겹도록 먹던 때를 떠올리기만 했다고 쓰기도 한다. 그러면서 덧붙이기를 "다시 한번 먹어보고 싶지만, 하늘나라 선녀들이 키운다는 복숭아처럼이나 까마득하구나"라고 그 답답한 심정을 전하고 있다. 글 끝에는 자신의 신세를 한탄하며 "먹는 것에 너무 사치하고 절약할 줄 모르는 사람들에게 부귀영화는 이토록 무상할 뿐이라는 것을 경계하고자 한다"고 덧붙이고 있다.

이런 내용은 그냥 "부귀영화를 너무 탐하지 말라", "사치스럽게 살지 말라"고 강조하는 것보다 훨씬 강하게 느껴진다. 잘살다가 몰락한 사람의 생생한 심경이 그대로 드러나 있기 때문이기도 하고, 반대로 비참한 심경 속에서 현란한 삶을 동경하는 너무나 인간적인 욕망이 느껴지기 때문이기도 하다. 그런 삶의 곡절이, 전국 각지 다채로운 음식을 묘사하는 구체적이고 화려한 설명을 따라 계속해서 펼쳐지는 듯하다. 죄와 벌에 대한 고뇌나 인생을 한탄하는 절망과 슬픔이 길게 이어지는 것도 아니다. 오히려 "아, 입맛 다시게 하네"라면서 웃고 넘어가는 흥취가 글 전체 분위기의 중심을 잡고 있다.

나는 바로 그 점 때문에 허균의 글 중에 《도문대작》을 가장 좋아한다.

그런데 만약 가장 좋아하는 글을 고르는 것이 아니라 가장 잘 쓴 글을 선정해 보라면, 답은 달라진다.

많은 사람에게 허균은 《홍길동전》 저자로 알려져 있다. 그렇지만 현재 남아 있는 한글판 《홍길동전》은 허균이 활동하던 시기로부터 족히 수백 년 이후에 등장한 것이다. 조선 후기에 활동한 학자 이식이 허균이 《홍길동전》을 썼다고 밝혀두기는 했지만, 현재 우리가 보고 있는 《홍길동전》이 허균이 쓴 판본을 얼마나 잘 반영하고 있는지는 모를 일이다. 지금 남아 있는 《홍길동전》조차 판본마다 그 내용과 서술이 조금씩 다르니, 16세기 말 17세기 초에 허균이 쓴 《홍길동전》과 우리가 잘 아는 《홍길동전》의 내용은 꽤 차이가 날 수도 있다. 국문학자 이윤석 교수는 아예 현재 남아 있는 《홍길동전》을 쓴 사람은 허균이 아닐 가능성이 높다고 주장하기도 한다.

이런저런 이유로, 《홍길동전》을 보고 허균의 글 솜씨를 가늠하기는 어렵지 않나 싶다. 게다가 《홍길동전》의 이야기 방식과 세부 묘사 솜씨를 보면, 허균의 다른 재미있는 글들에 비해서 오히려 부족한 게 아닌가 싶을 때도 있었다.

허균의 저술 중에 내가 가장 뛰어나다고 느낀 것은 〈망처숙부인김씨행장亡妻淑夫人金氏行狀〉이라는 글이다.

'행장行狀'이란 실제로 있었던 일, 사람의 행적을 보고하는 내용의 글을 말한다. 이렇게만 보면 딱딱한 보고서 형태의 글이 아닐까 싶지만, 맨 앞의 '망처亡妻'는 '떠나간 부인'이라는 뜻이다. 즉 이 글에서 다루고 있는 대상은 먼저 세상을 떠난 허균의 부인이다. 정리해 보면, 이 글은 현대로 치면 '부인의 행적 보고서' 정도 되는 제목을 달고 있다. 글의 내용도 제목 그대로 허균이 자신의 부인에 대해 서술한 내용이다.

조선 시대의 글 중에는 이런 '행장', '행장기行狀記' 부류의 글이 꽤 많다. 특히 임진왜란이나 병자호란과 같은 전쟁이 끝난 뒤에 이런 행장

尙饗。
行狀
亡妻淑夫人金氏行狀
夫人姓金氏。上洛大姓也。前朝大相方慶之玄孫。陽
若齋九容有盛名於麗季。官至三司左使。其四代孫
瀧宗。武舉官節度。而其子震紀。庚子司馬。筮仕別提。
寔生諱大涉。亦司馬癸酉。而筮仕都事。娶觀察使靑
松沈公銓之女。夫人卽其第二女也。生隆慶辛未年。
十五歸吾家。性謹愿樸而無飾。勤於織紝組紃無少
怠。言若不出口。事母大夫人甚恭。晨夕必親省。食必
嘗進。遇節則饋時食甚豐。待婢僕嚴而恕。罔詈以惡
語。母大夫人稱之曰。我賢婦也。余方少年好狎遊無
儀。徵見於顏面。若或少縱則輒曰。君子處己當嚴。古
人有不入酒肆茶房者。況甚於此乎。余聞而心愧。少
戢焉。常勸余勤學曰。丈夫生世。取科第躋膴仕。可
以爲親榮。而私於己者亦多。君家貧姑且老。勿恃才
而悠泛度日。光陰迅速。後悔曷追乎。及壬辰避賊之
日。方娠困頓至端川。七月初七日。生子。越二日。賊猝
至。巡邊使李瑛退守磨天嶺。余侍母挈君。達夜踰嶺。
至臨溟驛。氣乏不能語。時同姓人許珩。邀與俱避海

惺所覆瓿藁　卷十五

〈망처숙부인김씨행장〉

을 쓴 사람들이 무척 많았다. '내가 선배나 스승으로 모시고 있는 누가 전쟁 중에 이렇게 잘 싸웠다'라든가 '이렇게 용감하게 공을 세웠다고 주변에 자랑하라'고 후세에 알리기 위해 그런 글을 쓴 사람들이 여럿 있었기 때문이다. 그 내용은 옛 전쟁에서 무슨 일이 있었는지 연구하는 사람들에게 유용한 보조 자료가 될 때도 있다. 한편으로는 높은 벼슬을 얻은 인물이나, 가문 또는 학벌로 세력을 이룬 사람이 있으면 그 사람의 삶을 칭송하기 위해 행장을 쓰는 사람들도 있었다.

허균이 쓴 〈망처숙부인김씨행장〉이라는 글 제목에서 '숙부인淑夫人'은 조선 시대 여성에게 수여하던 고귀한 칭호다. 그러니까 형식만 보면 높은 벼슬에 이른 사람의 삶을 칭송하는 다른 여러 행장과 비슷한 모습을 취했다는 느낌은 든다. 또한 허균과 그의 가족은 젊은 시절 임진왜란 와중에 갖가지 고생을 겪은 사람들이기도 하다. 그러니, 임진왜란 후에 쏟아져 나온 여러 장군, 의병장, 영웅 들에 대한 행장들과 〈망처숙부인김씨행장〉은 일단 글이 작성된 취지는 비슷하다. 제목만 본다면 유행에 따르는 글이라고 볼 수 있을지도 모른다.

그렇지만 막상 내용을 읽어보았을 때 드는 감정은, 전쟁터의 장군과 영웅을 기리는 그 많은 행장들을 읽었을 때와 전혀 다르다.

우선 이 글의 주인공은 장군이 아니다. 주인공은 허균의 부인으로, 당시 양반집에서 살림을 살았던 평범한 주부다. 글을 읽어보면, 김대성이라는 사람과 심씨 부인이라는 사람 사이에 태어난 자식들 중 둘째 딸이 바로 글의 주인공인 김씨 부인이다. 당시 풍속에 따라 15세에 허균과 결혼했다고 되어 있는데, 나이는 허균보다 두 살 정도 어렸던 것으로 보인다. 허균에게는 말하자면 첫사랑의 연인과 같은 사람이었을 것이다.

그러나 이야기는 그렇게 요즘 영화처럼 달콤하게만 이어지지 않는다. 허균은 김씨 부인이 좋은 사람이었다고 설명하면서 "길쌈하기에 부지런하여 조금도 게으름이 없었고勤於織任組紃無少怠", "말소리를 입으로 내지 못하는 듯이 행동하였다言若不出口"라고 했다. 김씨 부인은 벼슬을 하는 양반 가문의 자손으로 어린 시절에는 꽤나 부유하게 지냈던 것으로 보이는데, 그래도 결혼한 후에는 시집에서 부지런히 땀 흘려 일해야 했다는 뜻이다. 한편으로는 '말이 없다'는 것을 여성의 미덕으로 칭송하던 갑갑한 당시의 시대 풍속도 드러난다. 김씨 부인이 성실하고 착한 사람이라는 것을 알 수 있는 내용이면서도, 한편으로는 성차별이 당연하던 시대의 삶이 얼마나 고달팠을지 짐작할 수 있는 대목이기도 하다.

그러면서도 김씨 부인은 집안 노비들을 잘 용서해 주고 노비들에게 욕을 하지 않아 시어머니가 "어질다我賢婦也"고 칭찬했다는 표현도 보인다. 신분제 사회에서 노비들에게 욕을 하며 엄하게 다스리는 것을 당연하게 여겼다는 사실이 드러나는 내용이기도 하고, 한편으로는 그런 시대에도 김씨 부인이라는 사람은 성품이 모질지 않고 성격도 따뜻했다는 뜻이기도 하다.

그에 비해 남편인 허균은 딱히 존경할 만한 성품을 갖고 살지는 않았던 것 같다. 이 글에서 허균은 자신이 한창 젊은 나이였기 때문에 싸돌아다니면서 놀기를 좋아했다고 스스로 고백하고 있다. 그러다가 "소총少縱"하면, 김씨 부인이 한마디씩 따졌다고 썼다. '소총했다'는 것은 지금 말로 번역하면 까불었다는 뜻과 비슷한데, 아마도 허균이 젊어서 먹고 마시며 놀러 다니는 모습이 방탕하여 꼴불견으로 보였거나, 그러면서도 괜히 쓸데없이 아내에게 호통을 친다거나 할 때가 간혹 있었던 것 같다.

그러면 보통 때는 별말을 안 하던 김씨 부인이 문득 말하기를,

> "군자의 처신은 마땅히 엄해야 합니다. 옛날 훌륭한 사람들은 술 파는 다방에도 들어가지 않았다는데, 하물며 그보다 더한 짓이야 말할 게 있겠습니까?君子處己當嚴 古人有不入酒肆茶房者 況甚於此乎"

라고 했다고 한다. 말하자면 부부 싸움을 하면서 김씨 부인이 따지기를 "너는 네가 선비고 무슨 옛 성현의 도리를 배우는 공부를 한다고

폼 잡고 있는데, 행동이 방탕하게 이게 뭐냐? 이게 옛 성현의 가르침이냐? 정신 좀 차려라"라고 했다는 얘기다.

허균은 김씨 부인이 그에게 했다는 잔소리도 기억해서 써놓고 있다. 김씨 부인은 가끔 이런 얘기를 남편에게 했다고 한다.

> "장부로 태어나 과거 공부에 성공해서 높은 벼슬에 올라서 부모님을 영화롭게 모시고 자신도 잘사는 사람들이 세상에는 많습니다. 당신은 집안이 부유하지 않고 어머님은 늙어가시니, 재주만 믿고 세월을 헛되이 보내서는 안 됩니다. 세월은 빠르니 나중에 후회한들 되돌릴 수 있겠습니까?丈夫生世 取科第躋膴仕 可以爲親榮 而私於己者亦多 君家貧姑且老 勿恃才而悠泛度日 光陰迅速 後悔曷追乎"

짧게 요약하자면 "공부 좀 하라"는 말이다. 그렇지만 "재주만 믿고 세월을 헛되이 보내지 말라"는 짧은 말에서, 그래도 허균의 글재주만은 부인조차 인정하고 있다는 사실이 드러난다. 허균과 김씨 부인의 감정적 연결이 엿보이는 서술이다. 한편으로 집안 만사가 언제까지나 이렇게 쉽게 풀릴 것 같으냐, 그렇게 살다가 나중에 후회한다고, 먼저 철든 부인으로서 남편에게 충고하는 느낌이 생생히 전해지는 말이기도 하다. 허균은 "세월이 빠르니 나중에 후회한들 되돌릴 수 있나"라는 아내의 말을 글로 쓰면서 "광음신속 후회갈추光陰迅速 後悔曷追"라고 표현했는데, 흔히 사람들 사이에서 쓰이는 상투적인 말이지만 그만큼 설득력 있는 말이기도 해서 다시 보게 된다.

아내의 말대로 허균이 생각 없이 놀며 보내는 젊은 시절은 별로 오래 이어지지 못했다. 결혼해서 같이 산 지 8년차에 접어들 무렵, 임진왜란이라는 전쟁이 발발한다. 일본인들이 조선에 쳐들어온 것이다.

예로부터 한반도의 국가들은 바다 건너 일본인들이 공격해 올까 봐 경계해 왔다. 삼국시대에는 왜국 사람들이 가야나 백제 사람들과 함께 여러 차례 한반도로 건너오는 경우도 있었고, 그 후에도 흔히 '왜구'라고 하여 일본에 근거지를 둔 해적들이 한반도까지 진출하는 일은 심심찮게 벌어졌다.

왜구의 해적질 때문에 발생하는 피해는 고려 시대 말 무렵이 되면 매우 심각해진다. 전국의 바다 근처 지역에서 사람이 살 수가 없을 정도로 괴로움을 겪었고, 나중에는 왜구가 육지 안쪽까지 깊숙이 습격해 오면서 피난을 떠나야 하는 사람들이 대량으로 발생할 지경이 되었다.

이 시기 왜구를 물리치는 일에서 공을 세워 사람들 사이에서 큰 인기를 얻은 인물이 조선을 건국한 이성계다. 뒤집어 생각해 보면, 왜구를 물리치는 일을 잘하는 장군을 본 당시 사람들이 '저 장군이 아예 나라를 다스려도 좋겠다'고 생각하는 것이 말이 될 정도로 이 시기 왜구의 침략은 심각한 문제였다. 그런 만큼 고려 말의 왜구 퇴치에 이성계, 최영崔瑩 같은 당시의 유명한 장군들이 크게 활약했다.

그런데 이 시기 왜구를 물리칠 수 있었던 원인으로 빼놓아서는 안 되는 것이 바로, 최무선崔茂宣을 비롯한 고려 기술자들이 화약의 대량생산에 성공했다는 사실이다.

화약은 불을 붙이면 빠르게 화학반응을 일으키면서 강한 열, 빛, 압력을 생기게 하는 물질이다. 빛을 아름답게 내뿜으며 터지게 만들어

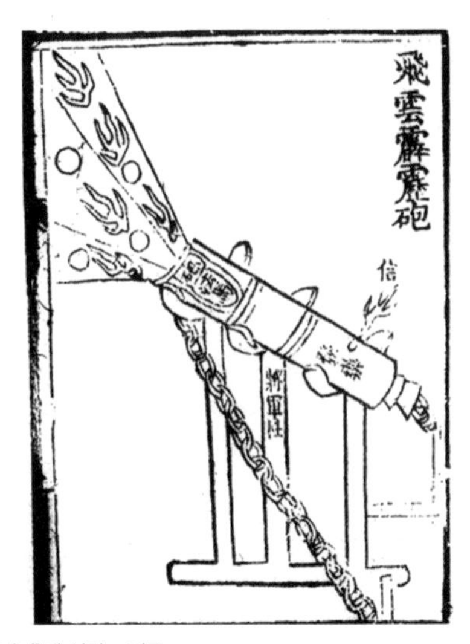

명나라의 병법서 《무비지》에 실린 그림들

서 불꽃놀이 같은 행사에 쓰기도 하고, 한꺼번에 터뜨려 커다란 바위나 돌 더미를 부수는 등 공사를 위한 목적으로 쓸 수도 있다. 무엇보다 화약은 무기로 사용하기에 요긴한데, 그 자체를 터뜨려서 부수고 불을 지르는 목적으로도 쓸 수 있고, 폭발하는 압력을 잘 이용해서 돌덩이나 쇳덩이를 멀리 날려 보내 적을 공격할 수도 있다. 이런 방식의 장치를 크게 만들면 보통 화포나 대포라고 부르고, 작게 만들면 총이라고 부른다. 한편, 화약의 터지는 힘을 꾸준히 발생시켜서 그 힘으로 무기 자체가 멀리 날아가게 할 수도 있는데 이런 장치는 원시적인 로켓이라고 볼 수 있다.

최무선이 개발한 화약은 질산포타슘(질산칼륨)을 원료로 가공해서 만든 것이다. 그렇지만 꼭 질산포타슘을 원료로 만든 물질이 아니라 하더라도 무엇이든 충분히 빠르고 활발하게 화학반응을 일으키는 물질만 있다면 그것을 무기로 사용할 수 있다. 최근에 개발된 대한민국의 누리호 로켓은 주 연료로 케로신을 이용한다. 케로신은 질산포타슘과 별 상관이 없다. 케로신은 석유를 정제하고 가공해서 빠르게 불타는 화학반응을 일으킬 수 있는 물질을 뽑아낸 것이다. 이런 정도의 물질만 해도, 불을 지르고 로켓을 날리기에 훌륭한 재료다.

다른 예로, 백린탄이라는 폭탄은 주재료로 인 성분을 이용해 만든 덩어리다. 역시 질산포타슘과는 관계가 없다. 그렇지만 이 역시 현대에 개발된 것으로 효과적인 공격 무기인데, 오히려 너무나 혹독한 피해를 주어서 아무리 전쟁 무기라고 하지만 쓰지 말아야 한다는 주장이 자주 나오는 폭탄이기도 하다.

고려 시대에 석유를 뽑아 올려서 정제할 기술을 갖고 있지는 않았을 것이다. 그렇다고 인을 모아서 만든 물질을 무기로 쓸 수 있을 만큼 대량생산하는 것도 고려 시대에는 어려운 일이었다. 그래서 그보다 구하기 쉬운 원료로 만들기 쉬운 물질을 개발한 것이 질산포타슘을 이용하는 당시의 화약이라고 볼 수 있다.

질소 원소가 포함된 물질 중 상당수는 활발한 화학반응을 일으키는 경우가 많다. 동물 몸속에도 있어서 친숙한 물질인 암모니아만 해도 화학반응을 무척 잘 일으키는 물질이다. 암모니아는 질소가 핵심인 물질로 냄새가 지독한 것으로 잘 알려져 있다. 냄새가 강하다는 것부터가 우선 사람의 콧속에 들어와서 코가 감지할 수 있는 화학반응을 잘 일으킨다는 뜻이다. 게다가 암모니아는 일정한 농도 이상이 되면 불이 잘 붙어서 폭발하기도 한다. 그래서 요즘에도 암모니아를 이용하는 설비에서는 화재를 특별히 조심하도록 대비하고 있다.

따라서 질소 원소가 포함된 물질을 구해서 그것으로 빠른 화학반응을 일으켜 무기로 사용한다는 생각은 말이 되는 발상이다. 게다가 질소 원소는 질소 기체의 형태로 공기 중에 널려 있는 물질이기도 하다. 지구의 허공에 얼마든지 널려 있는 공기의 주성분이 바로 질소 기체이며 대략 70퍼센트를 차지할 정도다.

그렇다면, 공기 중에서 질소를 구해서 그것을 적당히 가공하면 화약처럼 빠르게 화학반응을 일으키는 물질을 쉽게 만들 수 있을까? 그런 작업은 결코 쉽지 않다. 질소 원소가 들어 있는 많은 물질이 화학반응을 잘 일으키는 편이라고는 했는데, 하필 공기 중의 질소 기체는 그와는 정반대로 화학반응을 매우 안 일으키는 쪽에 속한다. 과자 포장을 할 때 질소 기체를 주입하는 이유도, 그것을 집어넣어도 내용물을 변질시키는 화학반응이 일어나지 않기 때문이다. 화학반응을 잘 일으키는 만큼 질소가 자기들끼리 너무 끈끈하게 반응을 하기 때문에 다른 물질과는 화학반응을 일으킬 새가 없다고 생각하면 얼추 맞다.

질소 원소가 들어 있으면서도, 공기 중에 있는 질소 기체 그대로가 아닌 화학반응을 잘 하는 다른 질소 계열 물질을 찾아야만 화약을 만들 수 있다. 그런 물질을 찾는 기술이 필요했기 때문에 화약은 아무나 쉽게 만들 수가 없었다. 고려의 최무선 역시 당시 몽골인, 중국인 뱃사람, 상인 들을 통해 외국의 기술을 부지런히 배운 뒤에야 자신의 기술을 완성할 수 있었다.

최무선과 그 후예인 고려, 조선 시대 사람들은 흙 속에 녹아 있는 질소계 물질을 뽑아내서 질산포타슘을 만들어 화약의 원료로 사용했다. 생물의 몸을 이루는 단백질에는 항상 질소 원소가 들어 있기 마련이다. 생물, 특히 세균은 공기 중의 질소 기체에서 질소 성분을 뽑아 내어 화학반응을 잘 하는 형태로 바꾸는 놀라운 능력을 갖고 있다. 따라서 생물의 흔적이 썩거나 변질된 흙 속에도 질소계 물질이 들어 있기 마련이다. 하다못해 냄새 나는 썩은 흙에는 암모니아라도 들어 있을 것이다.

최무선은 그런 성분 중에 그나마 당시 기술로 쉽게 뽑아내서 가공할 수 있는 물질을 충분한 양으로 골라내는 기술을 완성했다. 나중의 조선 시대 기록을 보면, 옛 기술자들은 땅에서 질산포타슘의 재료가 될 수 있는 흙을 고르기 위해 흙의 맛을 보고 다녔다는데 조금 짠맛이 나는 흙과 조금 매운맛이 나는 흙을 퍼서 원료로 활용하면 질산포타슘을 꽤 많이 얻을 수 있었다고 되어 있다. 참고로 현대에는 화약을 만드는 데 필요한 화학반응을 잘 일으키는 질소 성분을 공기 중의 질소 기체에서 바로 뽑아내는 방법이 개발되어 있다. 따라서 요즘에는 무기 만드는 사람들이 굳이 흙 맛을 보고 다닐 필요가 없다.

최무선이 화약 개발에 성공하자, 약간의 곡절을 거쳐 고려군은 화약을 무기로 채택했다. 화포라고 하여 단순한 형태의 대포도 개발되었던 것으로 보이며, '주화走火'라는 이름의 무기가 개발되기도 했다. 주화는 '달리는 불'이라는 이름의 뜻으로 보건대 아마도 간단한 로켓 무기가 아니었나 싶다.

최무선은 이런 무기들을 이용해서 바다를 건너오는 왜구 해적선들을 파괴하는 데 큰 공을 세웠다. 창과 칼로 싸우는 전투에 비해, 총과 대포를 이용해서 싸우기 시작하면 적이 다가오기 훨씬 전에 멀리서부터 적을 공격할 수 있기 때문에 유리하다. 바다 위에서는 물을 두고 배들끼리 멀리 떨어져 있을 수밖에 없는데, 그 때문에 멀리 공격할 수 있는 무기의 효과는 컸을 것이다.

게다가 화약을 태워 불을 지르거나 커다란 포탄을 날려 보낼 수 있는 대포 형태의 무기는 창칼을 휘둘러 싸우는 것에 비해 상대에게 입힐 수 있는 피해의 크기도 어마어마하다. 현재까지도 여러 나라의 군대에서는 주 무기로 화약을 이용해 발사하는 총을 쏘는 방법을 가르치는데, 그러고 보면 사람들끼리 서로 싸우는 전투의 방식은 바로 최무선 시대에 마련된 기술이 지금까지도 이어지고 있는 것이라고 말할 수 있다.

왜구의 피해가 줄어든 이후에도 조선 조정에서는 꾸준히 화약을 이용한 무기를 개량해 나갔다. 승자총통勝字銃筒과 같이 병사 한 사람이 들고 다니면서 총처럼 사용하는 작은 화약 무기를 개발해서 북방 이민족들과 싸울 때 유용하게 활용하기도 했고, 나중에는 별승자총통別勝字銃筒이라고 하여 지금의 총과 비슷하게 가늠쇠가 달린 모습으로 개량한 일도 있었다. 대포와 같은 형태의 다양한 무기들이 개발 배치되었고, 그런 무기들을 배 위에서 활용해 적의 배와 싸우는 방법도 어느 정도 연구되었던 것 같다.

만력기묘명 승자총통, 보물 제648호, 국립중앙박물관 소장

이런 기술 수준이 주변의 적들에 비해 확연히 앞서 있다면, 그리고 그 결과로 개발된 무기가 충분하고 무기를 다룰 수 있는 병사들이 확보되어 있다면, 나라를 지키는 일에 어느 정도 자신을 가질 만도 했을 것이다.

바로 그런 목표 때문이었는지, 《동국여지승람東國輿地勝覽》에 따르면 조선 초기인 태종 임금 시기 전국에 사용할 수 있는 화통火㷁의 숫자가 무려 13,500문이었다고 되어 있다. 당시 조선보다 훨씬 많은 인구가 살고 있는 현재 대한민국의 국군이 보유한 야포野砲의 숫자가 6,000문에서 7,000문가량인데, 그보다 조선 초기의 화통 숫자가 훨씬 많았다는 뜻이다.

물론 현대의 병사들이라면 누구나 갖고 있는 소총이나 권총 정도의 무기만 해도 조선 초기의 화통 한 대 정도 위력의 무기일 테니, 실제로 조선군의 화력은 훨씬 약했다고 보는 편이 정확하기는 하다. 그렇지만 화약 무기가 개발되어 보급된 지 얼마 지나지 않은 시기이고, 군사력을 따질 때에는 여전히 활 솜씨나, 창칼을 사용하는 것이 더 중요하다고 보는 사람들이 많았던 시대라는 점을 고려하면 조선 초기의 화력은 상당한 수준이라 할 수 있다.

고려 시대 말을 지내온 조선 초기의 사람들은 왜구와 대결해 봤을 뿐만 아니라, 북방에서 공격해 온 홍건적과 전투를 치러본 일도 있고, 압록강 건너 요동 지역에서 중국계 군대와 전투를 해본 경험도 있었다. 그런 여러 전투 경험이 생생히 남아 있는 상황에서 화약 무기의 장점을 깊게 체감했을지도 모른다. 조선 초기 사람들은 그런 이유로 충분한 화약과 대포를 갖추고자 했던 것 아닐까?

본시 옛날 군대에서 적을 막는 최고의 방법은 돌이나 벽돌로 성을 쌓아 요새를 만드는 것이었다. 튼튼한 성벽에 의지해서 적을 막아내면, 적은 숫자의 군사밖에 없다고 하더라도 물과 식량이 허락하는 한 긴 시간 버틸 수 있었다. 이런 생각은 전 세계에 걸쳐 비슷하게 퍼져 있었다. 중세 독일과 프랑스의 성주들은 아름다운 성을 높다랗게 쌓았고, 삼국시대와 고려의 한국인들은 산등성이마다 벽을 쌓아 오르기 힘든 산성을 만들어 요새로 자주 이용했다. 그러나 화약 무기를 이용해서 강한 폭발을 일으키거나 커다란 대포알을 쏘아서 성벽을 공격하면, 높고 험한 성벽이라 할지라도 충분히 무너뜨릴 수 있었다.

더 큰 변화는 공격 방법의 차이였다. 고려 시대 중반까지만 해도, 전투에서는 창칼과 화살을 이용하는 것이 중요했다. 그러므로 칼싸움이나 창 쓰는 법을 잘 익힌, 무예가 뛰어난 인재가 특별히 중요했다. 장군쯤 되는 인물이 앞장서서 병사들을 이끌며 용맹하게 창칼을 휘둘러 적을 무찔러 사기를 높이고 뛰어난 솜씨를 자랑하는 일이 꼭 필요했다. 화살을 쏘는 것 역시, 활을 관리하고 팔 힘을 길러서 활시위를 당겨 조준하는 데는 많은 연습이 필요했으므로, 활을 잘 쏘는 전문적인 군인, 장수의 역할이 중요했다.

그러나 화약, 대포, 총을 이용하게 되면서 상황은 완전히 바뀌었다.

대포와 총으로 전쟁을 할 경우 더 이상 칼싸움을 잘하거나 팔 힘이 센 것은 별로 중요하지 않은 문제가 된다. 더 성능이 좋은 대포를 만들고 대포알과 화약을 더 많이 쌓아둘 수 있는 기술과 경제력이 더욱 결정적인 힘의 차이를 낳는다.

장전한 뒤 방아쇠만 당기면 발사되는 요즘 총에 비해 조선 초기의 총은 점화선을 끼우고 화약을 넣고 불을 붙이는 등 꽤 복잡하고 번거로운 과정을 거쳐야만 발사할 수 있었다. 그렇지만, 그래도 활로 화살을 쏘는 것만큼 긴 시간 단련할 필요는 없었다. 뿐만 아니라 쏘는 사람의 재능에 따라 결과가 크게 달라지는 것도 아니었다. 힘이 세고 덩치가 큰 장군이 대포를 쏘든, 평범한 농민들이 군인으로 훈련받고 대포를 쏘든, 같은 방식으로 장전해서 쏘면 위력은 같다.

그렇기 때문에 화약과 대포를 주 무기로 사용하면, 평범한 사람들을 동원하여 전투를 벌이기에 좋다. 유럽에서는 이러한 변화 때문에 유럽 중세의 상징이었던 기사들이 사라져 버렸다. 기사들은 평생 칼을 연마했고 훌륭한 갑옷을 갖추는 것을 중요하게 여겼지만, 대포 앞에서 갑옷은 무의미할 수밖에 없다. 칼싸움에 아무리 천부적인 재능이 있는 영웅이라도 며칠 훈련받은 농민 몇 사람이 쏘는 대포를 이길 수는 없다. 이러한 발전은 유럽의 정치와 사회를 완전히 뒤집어 버렸다. 질산포타슘이라는 물질은 유럽에서 중세를 끝내고 성탑에 갇힌 공주와 기사의 무용담 시대에 막을 내리게 하는 결정적인 원인 중 하나로 결코 빼놓을 수 없다.

비슷한 이유로 조선 사람들도 화약과 대포를 전투에 결정적인 기술로 취급해서 특별히 공을 들였던 것 같다. 아닌 게 아니라 《조선왕조실록》을 보면, 조선에서 화약 관련 기술이 이웃 나라에 퍼지는 것을 경계하기도 했다는 사실을 알 수 있다. 세종 시기인 1426년 기록을 보면, 강원도의 관리가 해안 지역에서는 화약의 주요 원료인 질산포타슘 채취 작업을 하지 말자고 건의했다는 이야기가 실려 있다('세종 8년 12월 13일'조). 그의 주장인즉, 이런 해안 지역 사람들이 무슨 문제가 생겨서 배를 타고 대마도 등지로 갔다가 왜인(일본인)들에게 화약 만드는 비법의 일부를 유출시키면 낭패가 아니냐는 것이었다. "노비들이 주인을 배반하고 왜국으로 도주할 수도 있다"는 언급도 있는데, 이런 기록에서는 신분제 사회인 조선의 특성이 비쳐 보이기도 한다.

강원도에서 온 건의는 조정에서 곧 정식 채택된다. 이러한 정황을 보면, 조선 초기까지만 해도 조정에서는 화약 제조법을 조선의 군사력을 지탱하는 소중한 기술로 여겼고, 아직 일본인들은 그 정도 수준의 기술을 접하지 못했을 것이라는 자신감도 갖고 있었다는 사실을 짐작해 볼 수 있다.

그런데 조선 중기 무렵이 되면 일본에도 점차 화약 기술이 보급되어 화약 무기가 널리 퍼지게 된다. 당시 일본인들은 유럽 사람들이 개발한 화승총을 전달받아 그것을 비슷하게 흉내 낸 총을 널리 사용했는데, 이는 조선에서 흔히 '조총鳥銃'이라고 부르던 무기였다. 일본에서 조총을 제조하고 사용하는 방법은 '전국시대戰國時代'라고 불리는, 일본 내부에서 벌어진 치열한 전쟁 와중에 빠르게 확산되고 발전했다. 그렇다 보니 일본인들이 조선을 침공하는 1592년 임진왜란 무렵에는 조총 기술이 충분히 갖추어진 상태였다.

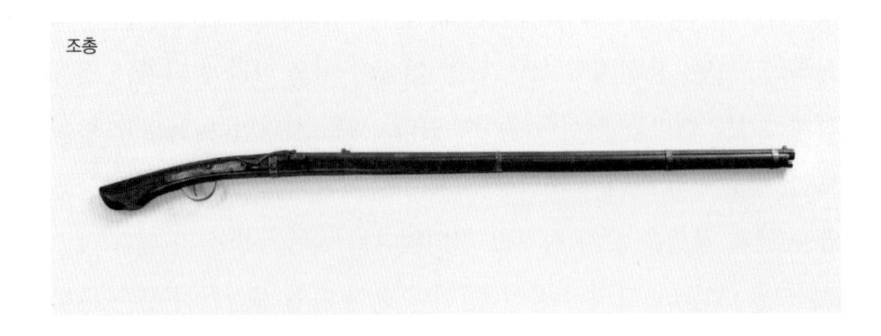
조총

조총은 대형 화포 정도의 위력은 없었지만 사용하기가 비교적 간편하고, 정확하게 조준해서 사격하기에 유리하다는 장점이 있었다. 그 때문에 임진왜란 때 일본인들이 조총으로 조선 군대를 공격하자, 적지 않은 조선 병사들이 공포에 사로잡혔다. 화약 무기는 더 이상 조선 군대만 갖고 있는 신기술이 아니었다. 게다가 당시 일본인들 중에는 일본 내부의 전투를 거치며 싸움 경험을 쌓은 노련한 병졸들과 장수들이 많았으므로, 전쟁 초기에는 일본인들이 조선 군대를 압도할 정도의 위력을 갖고 있었다.

화약의 등장으로 세상이 바뀌었다고 했는데, 결국 그 변화의 와중에 조선과 일본의 관계도 엉망으로 꼬이며 파국으로 치달은 셈이다. 나중에 벌어진 일들을 살펴보면, 심지어 몇백 년이나 되는 긴 세월이 더 흐른 후 조선이 멸망할 때까지도 과거와 같은 시절은 다시 돌아오지 않았다. 조선이 기술에서 앞서기 때문에 일본의 침공으로부터 안전하다고 믿을 수 있었던 시절은 잘해야 조선 초기까지뿐이지 않았나 싶다.

임진왜란 초기에 조선군이 무기력하게 패배하면서, 허균 가족도 피난을 떠나게 되었다. 당시 허균의 나이는 20대 중반이었다. 이리저리 놀러 다니다가 가끔 부부 싸움을 하고 그러다 부인에게 "공부 좀 하라"는 말을 들으면 잠깐 정신 차리고 책 좀 읽는 것이 일상이던 그의 삶은 하루아침에 뒤집혀 버렸다.

허균 일가족은 북부 지역인 함경남도 단천까지 피난을 갔는데, 마침 김씨 부인은 임신 중이어서 단천에 도착해서는 출산을 해야 했다. 그나마도 출산 이틀 뒤에 그 인근에서 일본군과 전투가 벌어진다는 소식이 들려와서 다시 더 먼 곳으로 떠나야 했다. 허균이 〈망처숙부인김씨행장〉을 쓴 것은 그날로부터 18년가량이 지난 후의 시점으로 보인다. 그런데도 그때의 그 기억만은 선명했던 것 같다. 워낙 급한 길이라 밤을 새워 고갯길을 넘어갔는데 아내를 보니 기운이 빠져 말도 못할 정도였다고 기록하고 있다.

허균 일가는 다시 어느 바닷가의 섬으로 숨었다가 여의치 않아 박논억이라는 사람 집에 잠시 머물렀다. 박논억이라는 이름을 분명히 기억하고 있는 것은 역시 그날의 기억이 너무 깊게 마음에 남아 있기 때문일 것이다. 그리고 그 사람 집에 머물던 어느 날 저녁 무렵 김씨 부인은 결국 세상을 떠났다. 그때 부인의 나이는 스물두 살이었다고 한다.

피난 중에 물자가 없고 장례도 치를 수가 없어서, 소를 팔아서 적당한 관을 사고 옷을 찢어서 염을 했다. 그리고 적당한 묫자리를 찾아서 매장을 하려고 하는데, 묻으려고 보니 아직도 아내의 체온이 따뜻해서 살아 있을 때와 별다를 바가 없는 것 같았다고 허균은 기억한다. 그래서 차마 묻지를 못하고 망설이고 있는데, 일본군이 근처까지 온다는 소문이 또 들려와서 황급히 그저 뒷산에 아내를 묻고 말았다고 한다.

이후 글의 시점은 글을 쓰는 현재로 바뀐다. 그때는 1609년 무렵이다.

전쟁은 끝이 났고, 허균은 과거에 급제한 후 벼슬길에서 꾸준히 성공을 거두어 당상관 형조참의 자리에 이르게 되었다. 이 정도면 누구든 높은 벼슬이라고 할 만한 자리였다. 당시 조선 시대의 예법에 따라, 이 정도 높은 벼슬에 오르면 그 사람의 아내에게도 고귀한 칭호를 내려주게 되어 있었다. 아마 김씨 부인도 거기에 해당되었던 모양으로, 세상을 떠난 지 거의 18년 만에 '숙부인'이라는 칭호를 받게 되었다고 허균은 설명하고 있다. 이런 영예를 얻게 되면 벼슬 사는 사람의 부인에게 그 증표로 '부인첩夫人帖'이라는 문서를 내려주는데, 허균은 부인첩을 받은 것을 기념해서 이 글을 쓰게 되었다고 설명한다. 그래서 글의 제목이 〈망처숙부인김씨행장〉이 된 것이다.

허균은 글의 말미에서 다시 세월을 거슬러 돌아보며 다음과 같은 우스운 옛 기억을 소개한다.

> "옛날 우리가 어리고 아직 성공하지 못했을 때, 내가 그대와 등잔불을 켜놓고 마주 앉아 밤을 지새워 책을 읽으며 공부하고 있다가 혹시 내가 조금 싫증을 내면 그대는 항상 농담하기를, '당신은 게으름 부리지 마십시오. 그러면 내가 부인첩 받는 날이 늦어집니다'라고 했는데. 方其窮時 對君挑短檠 熒熒夜艾 展書讀之 稍倦則君必戲曰 毋怠慢遲我夫人帖也"

그러면서 이제는 18년 만에 정말로 부인첩을 받았는데, 받고 보니 막상 그 부인첩을 줄 곳이 없다며 슬퍼하고 있다는 이야기다. 조선 시대 행장인 만큼 글의 끝은 김씨 부인의 무덤이 어디 있는지 설명하는 형식을 취하고 있는데, 그 직전의 마지막 문장에서는 "그대도 만약 안다면 나와 같이 슬퍼하리라. 아, 슬프다君若有知 亦必嗟悼 嗚呼哀夫"라고 그저 슬픔을 토로하고 있다.

역사의 기록을 냉정하게 살펴보면 허균이 많은 사람들의 존경을 받은 인물이라고 할 수는 없다. 허균이 글을 잘 쓴다는 점은 다들 인정했지만 허균의 방탕한 생활을 지적하며 싫어하는 사람도 많았고, 그가 쓴 글에서 지나치게 과격한 이야기가 나올 때가 있다는 점을 들어 그의 사상에 문제가 있다고 보는 사람들도 있었다. 후대에 이식이 《홍길동전》에 대해 언급한 것도, 도적이 주인공인 이야기를 쓴 것을 보면 그 저자가 사회에 불만이 많은 위험한 사람이라고 지적하기 위해서였다.

뿐만 아니라 허균은 정치적으로도 그다지 평탄한 삶을 살지 못해서 여러 차례 귀양을 가야 했다. 여러 가지 음모에 연루되거나 반대로 그 자신이 음모를 꾸미는 일에 가담했다고 의심받는 일도 있었다. 결국 그의 삶에는 여러 불행이 겹치게 된다. 허균의 복잡한 행적을 살펴보면, 〈망처숙부인김씨행장〉에 보이는 것과 같은 잃어버린 가족에 대한 애틋한 마음에 썩 어울리는 삶을 산 것처럼 보이진 않는다.

그렇지만 적어도 〈망처숙부인김씨행장〉이라는 한 편의 글에서는, 아내의 생생한 모습을 그리면서 떠난 아내를 사랑하고 좋은 옛 추억을 안타깝게 여기는 한 사람의 모습이 생생히 드러난다.

전쟁으로 온 세상 사람이 비참한 신세에 빠지는 시대의 상황이 개인의 기억 속에서 잘 드러나고 있을 뿐만 아니라, 그런 이야기를 하면서도 아내에 대해 설명하고 아내의 모습을 밝혀 남겨두려는 뜻도 뚜렷이 드러난다. 당시 같은 시대를 살았던 사람이라면 쉽게 공감할 수 있는 평범한 가정의 모습을 묘사하면서 글을 시작하고, 갑작스러운 몰락과 비참함을 그리다가 다시 젊은 시절 한 장면의 즐거운 순간을 돌아보는 구성에서 사람의 삶에 기쁨과 슬픔이 어떤 식으로 교차하는

지가 나타난다. 무엇보다 그 모든 이야기에 걸쳐, 착하고 성실하고 또 유쾌하고 재미있는 사람이었던 아내를 이제는 볼 수 없다는 데 대한 안타까움이 생생하다.

조선 시대, 허균을 싫어하는 사람들은 그가 허황된 생각을 좋아하고, 그러면서도 자신의 이익과 즐거움만 좇는다는 점을 지적하곤 했다. 그러나 기술의 변화가 사회의 변화를 가져오고 그 때문에 생긴 난리에 고통받는 사람들의 모습이 그의 길지 않은 글 속에 솔직히 드러나 있다. 즐거움을 좋아하는 성격 때문에 고통의 묘사는 오히려 더욱 선명하다. 그리고 허황된 생각을 좋아하는 성격 때문인지는 모르겠으나, 이제는 더 이상 만날 수 없는 사랑하는 사람을 보고 싶어 하는 마음도 그만큼 와닿게 묘사되지 않았나 싶다.

— chapter 7. —

《걸리버 여행기》와 항해술

"현대의 독자들에게 우주 공간을 가로질러 다른 행성으로 가는 우주선이 첨단 기술이라면, 스위프트 시대의 독자들에게는 먼 바다를 지나 다른 대륙으로 떠나는 배가 첨단 기술처럼 느껴졌을 것이다. 그런 면에서, 걸리버가 배를 타고 가다가 만나는 릴리퍼트나 라퓨타는 현대 SF물에서 우주선을 타고 가다가 도착하는 알 수 없는 신비로운 행성이라고 할 수 있다."

《조선왕조실록》 1503년 음력 5월 18일 기록에는 어쩌면 세계사를 바꾸었다고 평가해야 할지 모를 조선의 화학자 두 사람이 소개되어 있다. 기록은 짤막하다. 김감불金甘佛과 김검동金儉同이라는 평민과 노비가 납에서 은을 뽑아내는 방법을 알고 있다고 하기에 임금이 시험해 보라고 했다는 이야기다. 화학자라고는 했지만 특별히 높은 직위의 고고한 학자가 아니었기 때문인지 그 외의 별다른 기록은 없다. 그렇지만 무소식이 희소식이라고, 당시 옥좌를 차지하고 있던 인물이 악명 높은 연산군이었던 것을 감안하면 두 사람의 기술은 어느 정도 성공을 거둔 것 같다.

납을 금으로 바꾼다는 것은 언뜻 들으면 중세 유럽의 연금술처럼 들리는 이야기다.

중세 유럽의 연금술사들은 여러 가지 물질을 섞으면 황금을 만들어 낼 수 있을 거라고 믿었다. 신비로운 마력이라든가 '현자의 돌' 같은 신비의 물질을 이용하면 값싼 재료로 황금을 만드는 일도 가능할 거라고 생각하는 사람들이 중세 유럽에는 적지 않았다. 그렇지만 다른 쇳덩어리가 금으로 변하는 화학반응이 일어나는 건 불가능하다. 화학반응으로는 원소들끼리의 분리와 조합이 가능할 뿐, 완전히 새로운 화학 원소를 만들어 내지 못한다. 이 점은 금이 아니라 은도 마찬가지다.

그렇다면 김감불과 김검동 두 사람이 개발한 기술도 사실은 속임수였을까? 그렇지는 않다. 김감불과 김검동의 성과에 대한 기록을 세밀히 읽어보면, 납을 은으로 바꾼 것이 아니라 우리나라에 많이 나는 연철鉛鐵에서 은을 추출했다고 되어 있다. 납 속에 섞여 있는 소량의 은을 뽑아내는 화학 기술을 이용했다는 뜻이다.

실제로 납과 은은 섞인 채로 돌 속에 들어 있는 경우가 많다. 보통은 납의 양이 많기 때문에, 돌 속에 있는 금속을 뽑아내면 그저 납덩이를 추출했다고 생각했다. 그런데 김감불과 김검동은 은이 조금 섞인 그 납덩이를 잘라서 재가공하여 그 속에 섞여 있는 은만을 골라 빼내는 방법을 개발한 것이다.

이런 기술에 도전한 사람들은 그전에도 조선에 여럿 있었던 것 같다. 《조선왕조실록》의 이전 기록을 보면, 광산을 개발하는 관리들도 돌 속에 납과 은이 함께 섞여 있다는 사실을 알고 납과 은을 각각 얼마씩 얻어냈는지 보고한 사례가 몇 차례 보인다. 그러니 납과 은을 분리하는 방법을 중요하게 생각하는 사람들도 많았을 것이다.

실록의 1413년(태종 13년) 음력 8월 26일 기록에는 이런 내용이 실려 있다. 시장통에서 물건을 거래하는 일을 하는 장유신張有信이라는 사람이 약품을 이용해 납에서 은을 뽑아내는 방법을 알고 있다고 해서 하륜河崙의 추천으로 풍해도豊海道(지금의 황해도) 채방사採訪使라는 벼슬을 살게 되었다는 이야기도 보인다. 단 실록에는 그의 기술이 효과가 없었다고 되어 있는데, 꽤 그럴듯하게 들리는 기술이었지만 막상 시험해 보니 실용성은 떨어지지 않았나 싶다. 말하자면 장유신은 김감불, 김검동보다 90년 앞서서 비슷한 기술에 도전했지만 큰 성과를 거두지는 못한 조선 화학자였던 셈이다.

그에 비해 김감불, 김검동은 성공을 거둔 것으로 보인다. 실록에 실험 방법이 상당히 구체적으로 기록되어 있는 점을 보아도 그렇고, 이후에 조선에서 은만 뽑아내는 제련 기술이 소중한 비밀 기술처럼 언급되는 것을 보아도 순도 높은 은만을 뽑아내는 기술이 16세기 초에 거의 완성 단계에 이른 것으로 볼 수 있다. 이때 개발된 기술을 납과 은을 분리하는 기술이라고 해서 흔히 연은분리법鉛銀分離法이라고 부르기도 하고, 함경도 단천의 광산에서 많은 소득을 얻었으므로 단천연은법端川鍊銀法이라고 부르기도 한다.

연은분리법은 생각만큼 조선에서 크게 활용되진 못한다. 그렇다고 아예 아무런 영향을 미치지 않았던 것은 아니다. 단천 지역의 광산이 개발되고, 곳곳에서 광산 개발과 은 거래를 통해 돈을 벌려는 업자들이 출현할 만큼 조선의 은 생산이 늘어나기도 했다. 그렇지만 조선에 은이 묻혀 있는 광산은 많지 않았다.

혹은 이웃 일본이나 중국에서 은과 납이 들어 있는 돌을 수입한 후 가공해서 은을 뽑아내어 판매한다는 생각을 해볼 수도 있을 것이다. 실제로 해외에서 철광석을 수입해 와서 거기에서 철을 뽑는 공장을 운영하고 그렇게 만들어진 철을 다시 수출하는 것은 현대 대한민국에서 아주 주요한 산업이다. 오늘날 울산의 화학 공장 단지에서는 외국으로부터 수입한 돌에서 아연을 뽑아내는 동시에 그 속에 미량 포함된 은을 추출하는 회사가 실제로 1,000톤 단위의 막대한 은을 생산하고 있기도 하다. 그러나 조선 시대에는 이런 사업이 가능할 정도로 무역과 상업이 발전하지 못했고, 그런 식으로 큰 이익을 얻겠다는 발상 자체를 할 수 있는 사람들도 많지 않았다. 조선 시대에는 도리어 외국에서 돌을 가져와서 은을 뽑아내는 사업을 하는 사람을 붙잡아서 처벌했다. 잘못해서 귀중한 기술이 외국으로 새어 나갈 수 있다고 본 것이다.

게다가 정치적, 사상적인 이유로도 연은분리법에 대한 관심은 한계가 있을 수밖에 없었다. 검소함을 미덕으로 삼았던 조선 조정에서는 주로 사치품을 만드는 데 쓰이는 은에 집착하는 것은 쓸데없는 짓이라고 생각했다. 더군다나 밥을 굶는 사람도 드물지 않았던 당시 경제 상황에서 사람들이 먹고사는 데 꼭 필요한 농사일에 집중하는 것이 중요하지, 사는 데 도움도 되지 않는 은을 캐는 일 따위에 백성들이 관심을 기울이는 것은 옳지 못하다고 여겼다. 여기에 더해, 만약 조선에서 은이 많이 난다고 소문이 나면 은을 내어놓으라는 주변 강대국들의 요구에 곤란해질 수도 있었다. 또한 은을 약탈하기 위해 이민족이 공격해 올지도 모른다고 걱정하는 분위기도 있었던 듯하다.

그 탓에 조선에서는 은 생산에 대한 정책이 오락가락했다. 은을 생산하지 말자고 했다가 갑자기 어느 정도의 양을 생산해서 바치라는 명령이 떨어지기도 하고, 몰래 은을 생산하는 업자들을 단속하자고도 했다가 은광을 전부 나라에서 소유하고 운영하자는 정책이 힘을 얻기도 하는 등, 은 산업이 착실히 발전하기 힘든 상황이었다.

결국 조선의 연은분리법이 꽃을 피운 곳은 조선이 아니라 이웃 나라 일본이었다.

16세기 일본인들은 경쟁적으로 많은 은을 얻기 위해 애쓰고 있었다. 그러던 중 일본 이와미石見 지역 사람들이 조선에서 온 경수慶寿, 종단宗丹 두 사람으로부터 연은분리법을 입수한다. 마침 이와미 지역에는 굉장한 양의 은이 묻혀 있었고, 일본인들은 이 방법으로 막대한 은을 뽑아내는 데 성공한다.

때마침 일본에는 16세기 중반 이후 여러 경로로 배를 타고 일본까지 온 유럽 상인들이 출몰하고 있었다. 일본인들 중에 그 이전부터 바다를 돌아다니는 기술이 뛰어난 사람들이 제법 있었기에 외국인들과의 접촉은 비교적 낯설지 않았다. 또한 유럽에서 온 사람들이 일본에 천주교를 전파하면서부터 일본 내에 적지 않은 숫자의 천주교인들이 생겨났는데, 이 또한 유럽인들과 교류의 계기가 되었다. 그런 상황에서 일본에서 조선의 연은분리법을 이용해 막대한 은을 생산하자 유럽 상인들은 그 은을 사가기 위해 일본으로 모여들었다.

유럽 상인들의 무역은 대성공을 거두었다. 일본 은은 유럽 배에 실려 곳곳으로 팔려나갔다. 당시 유럽 상인들은 중국에서 도자기, 차, 비단 같은 특산물을 사 가면 큰돈을 벌 수 있었는데, 중국인들은 거래에 은을 주로 사용했다. 마침 중국과 일본은 거리도 멀지 않은 편이라, 유럽인들이 일본에서 사 온 은을 중국에서 차나 비단으로 바꾸는 무역을 하면 짭짤한 이익을 남길 수 있었다. 수많은 유럽인들이 동아시아 지역과 태평양을 오가는 항해에 목숨을 걸고 뛰어들었고, 유럽인들의 항해술과 배 만드는 기술은 더욱 빠르게 발전했다. 세계 각지에서 생산되는 은과 그렇게 벌어들인 돈 덕분에 유럽 경제는 곧 뒤바뀌었고, 이런 경제 변화가 유럽을 중심으로 수많은 사업이 발전하고 대기업이 나타나는 배경이 되기도 했다.

전설에서는 유럽의 모험가들이 바다 건너 황금이 쌓여 있는 환상의 도시를 찾기 위해 떠났다고들 한다. 그런데 황금이 쌓여 있는 도시는 아니라 할지라도, 훨씬 더 많은 양의 은을 뽑아내는 기술을 개발해서 은의 산을 만들어 낸 장본인을 꼽으라면 조선의 김감불, 김검동 두 사람이 그 꼭대기에 서 있는 인물일지도 모른다.

물론 두 사람 이전에도 연은분리법 기술 개발에 뛰어든 조선인들은 적지 않았을 테고, 조선 전체에서 이 두 사람만 그 기술을 개발하는 데 성공하지는 않았을 것이다. 그러나 연은분리법을 개발하는 데 공을 세운 여러 사람 중에 두 사람이 포함된다고 볼 수는 있을 것이고, 알려진 사람이 많지 않은 조선 기술 개발의 역사에서도 세계 역사의 전환점에 등장해 이름을 남기고 있으니 대표로 꼽을 만하다고 생각한다.

둘 중에 김감불이 평민이었고, 김검동은 노비였다. 둘의 이름이 '검불'과 발음이 비슷한 '감불', '검둥'과 발음이 비슷한 '검동'인 것을 보면 아마 같이 매일 불을 피워놓고 실험에 몰두하는 단짝 친구라서 그런 이름을 갖게 되지 않았나 상상해 본다. 김검동은 노비를 관리하는 관청인 장예원掌隷院 소속 노비였는데, 장예원은 지금의 서울 세종문화회관 근처에 있었으므로 어쩌면 세상을 바꾼 두 사람의 실험실도 그 근처에 있었을지 모른다. 조금 과장해서 말하면 두 사람은 조선 사람으로서는 드물게 세계사에 큰 영향을 미친 인물이라고도 할 수 있는데, 신분이 미천하기 때문인지 두 사람을 훌륭한 조상으로 섬긴다거나 족보에 넣어 기념하는 사람들은 아직 못 본 것 같다.

한편, 일본은 에도 시대에 다시 쇄국정책이 시작되어 외국과의 교류가 줄어들기 직전까지 대략 100년 동안은 상당히 활발하게 유럽 각국과 교류했다. 조총과 같이 화약을 이용하는 무기나 유럽의 발달된 의학, 유럽식 성 쌓는 법 등의 신기술이 전래되어 일본의 기술과 문화가 빠르게 발전한 것도 비슷한 시기의 일이다.

어찌나 교류가 활발했는지 이 무렵 일본인들은 유럽 사람들이 타고 다니던, 먼 바다를 항해하는 배를 만드는 기술을 직접 배울 정도였다. 눈이 한쪽만 보이는 사람이라고 해서 일본인들 사이에서는 눈이 하나뿐인 용, 즉 '독안룡独眼竜'이라는 별명으로 유명했던 장수 다테 마사무네伊達政宗는 1613년 유럽식 배 '산 후안 바우티스타'를 만들라 지시하고 부하들에게 세계를 돌아보도록 했다. 이 배를 탄 일본인들은 태평양을 건너고 대서양을 건너 멕시코, 스페인, 프랑스 등을 방문하고 이탈리아에서는 천주교 교황을 만나기도 한다. 이 무렵, 세계 각지에 걸쳐 유럽인들의 항해가 활발해진 시대를 두고 대항해 시대, 신항로 개척 시대와 같은 말을 사용하는데, 이렇게 보면 적어도 잠깐 동안은 일본인들도 신항로 개척 시대에 조연으로 참여한 셈이다.

어떻게 보면, 유럽인들이 항해술을 발전시켜 동아시아까지 항해해 온 것과 조선의 연은분리법이 일본에 전달된 시기가 교묘하게 맞아떨어지는 느낌도 든다. 애초에 유럽에서 신항로 개척 시대가 시작된 시기를 거슬러 올라가 보면, 김감불과 김검동의 연은분리법 개발로부터 한 세대 정도 앞서는 15세기 후반의 일이다.

1453년 그때까지도 남아 있었던 동로마 제국, 그러니까 비잔티움 제국의 수도인 콘스탄티노플이 이슬람교인들에게 함락되면서 동방 무역의 거점이 이슬람교 세력으로 완전히 넘어가게 되었다. 이 무렵 유럽 상인들은 아시아 지역, 특히 인도에서 후추와 같은 향신료, 비단, 도자기 등의 사치품을 들여와 판매하는 데서 큰 이익을 얻고 있었다. 그런데 이슬람교 세력이 아시아로 통하는 육로 지역 전체에서 득세하게 되자 사치품 수입으로 돈을 벌 길이 막혀버리고 이런 무역 사업이 곧 망할지도 모른다는 생각이 유럽인들 사이에 잠시 퍼져 나갔던 것 같다. 그러나 정반대로 오히려 그런 위기가 유럽을 다른 세상으로 이끄는 원동력이 되었다.

단초는 비슷한 시기 유럽인들이 항해를 위한 기술을 발전시키고 있던 데 있었다.

유럽 남부에서는 베네치아 상인을 비롯한 이탈리아인들이 상당한 기술을 갖추고 지중해를 항해하며 무역을 하고 있었고, 유럽 북부에서는 한자동맹*을 비롯해서, 북쪽 지역의 바다를 오가는 무역 상인들도 제법 번성한 상황이었다.

한반도에서는 신라 시대에 장보고張保皐가 신라, 중국, 일본을 잇는 무역 항로를 장악하고 수많은 배를 띄워서 큰돈을 벌고 강력한 세력을 얻었던 적이 있었다. 15세기 유럽에 그런 장보고 같은 인물이 여럿 있었고 그들이 활약한 시간도 장보고의 전성시대보다 훨씬 더 길었다고 한다면 얼추 비슷한 느낌일 것이다.

---

* 13~15세기에 독일 여러 도시가 상업상의 목적으로 결성한 동맹.

그렇다 보니 유럽인들 사이에는 비슷한 시기 조선 사람들이 품고 있던 돈, 상업, 무역에 대한 생각과는 다른 생각이 퍼져 있었던 것 같다. 비교하자면, 유럽에서는 왕과 귀족부터 노를 젓는 뱃사람까지 무역과 항해가 돈이 된다는 생각을 했던 것이다. 예를 들어 15세기 포르투갈의 왕자 엔히크는 바다 탐험을 육성하는 데에 적극적이고 관심이 많아, '항해왕자 헨리', '항해왕자 엔리케'라는 별명으로 알려질 정도였다. 그는 항해술과 배를 연구하는 일을 적극적으로 후원했고, 아라비아 상인들을 돕던 이슬람 기술자들, 학자들까지 불러 모아 항해술을 발전시키고자 했다. 항해와 바다 탐험에 홀린 듯이 돈을 털어 넣었다고 해도 좋을 것이다.

곧 유럽의 모험가들 사이에서, 이슬람 세력이 인도로 가는 육로를 막고 있다면 먼 바다를 통해 배를 타고 돌아가는 길을 찾으면 되지 않느냐는 발상이 인기를 얻기 시작했다. 유럽에서 동쪽으로 가는 대신, 남쪽을 향해 배를 타고 아프리카에 간 뒤에 아프리카 대륙을 빙 돌아가면 결국 인도에 도달하지 않겠냐는 생각이었다. 적어도 동쪽에 있는 인도로 가기 위해 오히려 서쪽으로 지구를 반대로 돌아가려 한 콜럼버스Christopher Columbus의 발상보다는 훨씬 현실성 있게 들리는 구상이었다.

마침 100년 정도 앞서서 서아프리카 말리의 왕 만사 무사가 엄청난 황금을 갖고 있었다는 환상적인 이야기가 유럽에 전해져 있었다. 만사 무사는 이슬람교를 믿었던 아프리카 말리 제국의 임금이었다. 그는 자신의 세력을 과시하기 위해 극히 사치스러운 행차를 하면서 이슬람교 국가들을 여행한 일화로 많은 전설을 남긴 인물이다.

이슬람교인들 사이에는 이런 식의 전설이 퍼져 있었다. 아프리카에서 온 만사 무사가 몇백 마리나 되는 낙타에 묵직한 금덩어리를 싣고 끝없는 행렬을 이루며 지나가다가 다른 나라의 걸인을 만나 불쌍하다며 금을 한 뭉텅이씩 쥐여주었고 그 걸인은 하루아침에 부자가 되었다! 아라비아 상인들에게서 이 이야기를 전해 들었을 유럽인들은 아프리카 남쪽으로 가다보면 중간에 황금이 넘쳐나는 나라가 있을지도 모른다는 환상을 품게 되었다. 그러니 아프리카를 통해 인도로 가는 여정은 여러모로 달콤하게 와닿았을 것이다.

그런저런 이유로 유럽인들은 먼 바다로 향하는 모험에 뛰어들었다. 1488년 포르투갈인 바르톨로메우 디아스Bartolomeu Dias는 배를 타고 적도를 지나 아프리카 대륙 남단에 도달하는 데 성공함으로써 아프리카 대륙의 끝에 희망봉이 있다는 사실을 유럽인들에게 알렸다. 1492년 이탈리아인 크리스토퍼 콜럼버스는 아메리카 대륙에 닿았고, 1498년 포르투갈인 바스쿠 다 가마Vasco da Gama는 마침내 포르투갈에서 인도까지 배를 타고 가는 데 성공했다.

바스쿠 다 가마의 항해는 당시 바다 탐험에 열광했던 유럽의 분위기를 단적으로 보여준다. 바스쿠 다 가마는 4척의 배를 이끌고 포르투갈에서 인도를 향해 떠났는데 돌아올 때는 2척만 남았으며, 선원도 170명 중 55명만 살아남고 70퍼센트가량이 모험 중에 사망했다. 1년에 가까운 시간 동안 별로 대단할 것도 없는 배를 타고 아무도 길을 모르는 미지의 지역을 떠도는 일이었으니 피해가 발생할 수밖에 없었다. 그렇게나 위험한 모험이었지만, 그나마 인도에 도착하는 데만 성공했을 뿐 딱히 거래할 물건도 없어서 한 줌 정도의 향신료를 손에 쥐

알프레도 가메이로, 〈1497년 인도로 출발하는 바스쿠 다 가마〉

고 돌아온 것이 수확의 전부였다. 그런데도 바스쿠 다 가마는 고국에 돌아와 국가적인 영웅으로 대접받으며 많은 사람들의 환호를 받았다. 결국 그는 그 위험한 항해가 끝난 지 불과 4년 후에 다시 인도로 모험을 떠났고, 또다시 항해에 성공했다.

이 시기, 유럽인들이 항해술을 발전시킨 속도는 그야말로 어마어마하다. 바스쿠 다 가마가 포르투갈에서 인도까지 가는 데 처음 성공한 것이 1498년이었는데, 그로부터 고작 60여 년 정도가 지난 1560년 무렵 포르투갈인들은 인도를 지나 훨씬 멀리 떨어진 중국 남부를 자주 드나들다 못해 아예 마카오 지역에 포르투갈인들이 눌러사는 마을을 건설하려 들 지경이었다. 이는 굉장히 빠른 속도다. 아폴로 11호가 달에 착륙한 것이 1969년이었는데, 만약 그 후 우주 개발이 신항로 개척 시대의 항해술 발전과 비슷한 속도로 이루어졌다면, 지금쯤은 달 표면에 사람들이 모여 사는 도시가 건설되어, 모르긴 해도 가끔 거기서 TV로 생중계되는 노래자랑 오디션 쇼도 열렸을지 모른다.

신항로 개척 시대 사람들이 항해를 위해 사용한 방법 중에 가장 정교한 기술에 속하는 것은 별을 관찰해서 배의 위치를 파악하는 수법이었다. 아무것도 없는 망망한 바다에서 지금 내가 어디쯤 있는지 아는 것은 쉽지 않은 일이다. 그렇다고 내 위치를 알지도 못하는데 무작정 바다 위를 달릴 수도 없다. 마구잡이로 배를 타고 나아가서는, 출발하면서 잡은 방향에 따라 제대로 가고 있는지 확인할 수도 없고 목적지가 얼마나 남았는지 알기도 어렵다. 그런 문제를 해결하기 위해 예로부터 이용하던 방법이 별을 보고 위치와 방향을 가늠하는 것이다.

지구는 둥글다. 그렇기 때문에, 북극에 서서 하늘을 올려다볼 때 그

16세기 마카오의 풍경을 그린 동판화

방향의 우주에 보이는 별들과 그 반대 위치인 남극에 서서 하늘을 볼 때 그 방향에 있는 우주의 별들은 다르다. 바로 그 차이를 이용해서 거꾸로 계산하면, 하늘에 무슨 별이 보이는지를 보고 내가 있는 위치를 알 수 있다.

예를 들어, 북극에서 하늘로 날아올라 똑바로 위를 올려다보면서 그 방향으로 우주선을 타고 4,240조 킬로미터 정도를 계속 가면 북극성이라는 별 근처에 도착한다. 가까이 가서 보면 북극성은 태양 무게의 5배 정도 되는 큰 별이다. 가는 길에 북두칠성에 속하는 별도 멀리서 지나치게 된다.

반대로, 남극에 서서 하늘을 보면 밤하늘에 북극성이나 북두칠성은 보이지 않는다. 대신 다른 별이 보인다. 남극에서 하늘을 똑바로 올려다보면 남십자성이 보이는데, 방향을 잘 맞춰서 우주를 향해 3,140조 킬로미터를 날아가면 태양 무게의 18배 정도 되는 아크룩스라는 별에 도착하게 된다. 실제로 내가 우주선을 타고 직접 그 별까지 가지 않는다고 해도 그냥 밤하늘에 보이는 별이 무엇인지를 알면 내가 남극에 서 있는지, 북극에 서 있는지 알 수 있을 것이다.

이 방식을 조금 더 발전시켜 보자. 북극성이 하늘 가운데 떠서 잘 보일수록 내 위치는 북극에 가깝다는 뜻이고, 아크룩스가 잘 보일수록 남극에 가깝다는 뜻이다. 그러므로 지금 내가 있는 위치에서 북극성이 밤하늘의 어디에서 보이는지, 아크룩스의 위치가 어디인지를 정밀히 측정해서 역으로 계산할 수 있다면, 내가 북반구에 있는지 남반구에 있는지 알아낼 수 있다.

내가 동쪽에 있는지 서쪽에 있는지 알아내는 것은 그보다 훨씬 더 복잡하고 정밀하게 계산하는 것도 어렵지만, 내가 서쪽에 있을 때에 비해 동쪽에 있을수록 별이 더 먼저 뜬다는 점을 이용하면 계산해 내는 일이 불가능하지 않다. 현대에도 한국의 표준 시각이 중국보다 한 시간 더 빠른 등 나라 간에 시차가 있다. 한국이 중국보다 더 동쪽에 있어서 해가 더 빨리 뜨기 때문에 이렇게 정해놓은 것이다. 이 원리를 활용하면 별이 뜨는 것을 보며 내가 지구에서 동쪽에 있는지 서쪽에 있는지 위치를 추정할 수 있다.

신항로 개척 시대의 유럽인들은 이런 방법들을 보다 정확하고 편리하고 간단하게 활용하는 방법을 연구하고 퍼뜨렸다.

예를 들어 당시 유럽인들은 아스트롤라베astrolabe라는 휴대용 기계 장치를 이용하기도 했다. 이것은 톱니바퀴같이 잘 맞아 들면서 돌아가는 기계 부품 몇 개를 교묘히 연결하여, 별이 뜬 방향을 향해 장치에 달린 바퀴를 돌리면 그에 따라 저절로 다른 바퀴들이 돌아가면서 특정한 계산의 결과를 표시하게 만들어 놓은 장치였다. 고대의 휴대용 계산기 내지는 휴대용 GPS라

아스트롤라베

고 할 수 있는 기계였는데, 이것을 이용하면 비교적 간편하게 별을 보고 지금 시각이나 내가 있는 위치를 계산해 낼 수 있었다. 지금처럼 수학 교육이 널리 이루어지지 않았던 옛날에는 누군가가 별을 보고 위치를 계산하는 법을 알려준다고 하더라도, 덧셈 뺄셈 곱셈 나눗셈을 능숙하게 할 수 있는 사람조차 많지 않았다. 그렇기 때문에 아스트롤라베 장치를 이용해서 위치를 계산하면 상당히 편리했다.

아스트롤라베는 원래 고대 그리스 시절에 개발된 것으로, 초기에는 점성술을 위한 별 관찰이나 철학적인 고민을 위해 별의 움직임을 따지고자 밤하늘 별을 관찰하는 용도로 쓰던 장치였다. 그런데 중세 아라비아 상인들은 이 장치를 개량해서 항해할 때 방향과 위치를 잡는 데 자주 사용했던 듯하며, 그 기술을 유럽인들이 배워서 마침내 유럽의 신항로 개척 시대에 별을 보고 항해하게 된 것이다.

참고로 아라비아 상인들의 아스트롤라베 기술은 중국을 통해 조선

에도 입수되었다. 《조선왕조실록》을 보면 1525년에 조선의 학자 이순李純이 목륜目輪, 즉 눈으로 보는 바퀴라고 해서 아스트롤라베와 유사한 장치를 만들었다는 기록이 보인다('중종 20년 10월 19일'조).

심지어 조선에서 제작된 실제 아스트롤라베 제품도 하나 남아 있는 것이 있다. 동아시아에서 제작된 아스트롤라베는 조선뿐 아니라 중국, 일본에도 극히 드물어서, 조선 시대의 아스트롤라베인 혼개통헌의渾蓋通憲儀는 대한민국의 보물 2032호로 지정되었다. 그러나 조선 사람들은 이 기계를 그저 별을 관찰하는 데 유용한 정교한 장치로 생각했을 뿐, 많이 만들어 널리 보급하거나 바다를 항해하는 데 적극적으로 활용할 생각은 못 했던 것 같다. 이순이 목륜이라고 부른 조선 아스트롤라베를 개발한 1525년이면 신항로 개척 시대의 전성기라고 볼 수 있는데, 이 시기에 조선의 탐험대가 먼 바다로 떠났다는 기록은 찾기 어렵다.

혼개통헌의 앞면(왼쪽)과 뒷면(오른쪽), 보물 제2032호, 실학박물관 소장

그에 비해 유럽인들은 이런저런 기술을 이용해서 방향을 잡아가며 전 세계 구석구석 펼쳐진 바다 곳곳을 헤집고 다녔다. 결과적으로 이들이 세계에 끼친 영향력은 대단해서, 중국과 일본에 비하면 유럽과 교류가 없던 편인 조선에까지도 적지 않은 변화를 가져다주었다.

예를 들어, 한식의 상징이라고 할 수 있는 고추는 원래 아메리카에서 자라던 작물을 유럽인들이 보급한 것이 흘러 흘러 조선에까지 들어온 것이다. 순박하고 정겨운 산골 음식을 상징하는 감자와 옥수수도 사실은 신항로 개척 시대의 유럽 선원들이 아메리카에서 가져와 퍼뜨린 것이 조선에 들어와 정착한 것이다. 그러니까 고추, 감자, 옥수수는 옛 조선 백성들의 주식이자 상징인 것처럼 느껴지지만, 역사를 살펴보면 아메리칸 스타일과 유럽 양식에서 유래한 식품이기도 하다. 한편, 한국어에는 까마득한 옛날을 가리켜 '호랑이 담배 피우던 시절'이라고 하는 관용 표현이 있는데, 사실 담배 역시 신항로 개척 시대에 아메리카의 특산품을 유럽인들이 퍼뜨린 것이므로 '호랑이 담배 피우던 시절'은 잘해야 신항로 개척 시대 이후라는 뜻이다.

신항로 개척 시대 초기, 중국과 일본에서 활발히 활동한 유럽인들은 포르투갈 상인들과 스페인 상인들이었다. 그러다가 세월이 흘러 일본에서 에도 시대가 시작되면서, 일본인들은 외국과의 무역을 과거에 비해 크게 줄이려고 했다. 그와 맞물려 포르투갈, 스페인 상인들은 일본에서 자리를 잃게 된다. 대신 네덜란드 상인들이 그 틈바구니를 비집고 들어온다.

이런 변화의 원인은 무엇일까? 김시덕 교수는 저서 《일본인 이야기 1》에서 포르투갈, 스페인 사람들 중에 천주교라는 종교를 퍼뜨리려고 노력하는 사람들이 많았기 때문에, 일본의 지배자 입장에서는 자신의 말보다 유럽 종교 지도자, 유럽의 사상을 더 신봉하는 사람들이 많아지는 것을 싫어했던 것이 한 가지 원인이라고 지목하고 있다.

《조선왕조실록》 1645년 기록에는 부산 동래의 이원진이 일본인들을 통해 천주교에 대해 조사한 내용이 실려 있는데, 천주교인들에 대해 이야기하면서 "[그 사람들은] 요술을 부려 살을 찔러 피를 내는 약을 만들어 마시면서 구원을 약속한다"는 소문을 전하고 있다('인조 23년 3월 7일'조). 이는 당시 천주교를 혐오하던 일본인들이 포도주를 그리스도의 피라고 하면서 마시는 성찬식을 사악한 주술처럼 묘사한 내용이 전해진 것으로 보인다.

그만큼 이 무렵 일본의 쇼군將軍들은 천주교를 몰아내고자 했는데, 그에 비해 네덜란드 상인들은 종교를 퍼뜨리려 하지 않고 오직 무역과 거래만 한다는 방침을 따랐기 때문에 일본인들이 좋아했다는 이야기다.

그렇게 해서, 신항로 개척 시대 후기부터는 주로 네덜란드 상인들이 일본에 드나들게 된다.

조선에서는 부산의 초량 지역에 왜관倭館이라는 지역을 만들어 두고, 그 울타리 안에서만 일본 상인들이 출입할 수 있는 일본인 거주지를 만들어 운영했다. 그와 비슷한 방식으로 일본인들은 나가사키 앞바다의 데지마出島라는 섬을 네덜란드인 출입 구역으로 만들어 긴 시간 운영했다. 그리고 나가사키의 데지마 덕분에, 일본은 다른 나라와의 무역이 줄어들었던 200년간의 기간에도 꾸준히 유럽인들과 교류하면서 다양한 기술을 이해하고, 세계가 넓고 다양하다는 사실을 감지할 수 있었다.

한국에서는 조선 후기 조선에 표류한 외국인으로 네덜란드의 하멜Hendrik Hamel 일행이 알려져 있다. 요즘 제주도에 가면 하멜이 도착한 곳 근처에 당시 네덜란드 배 모형도 기념으로 만들어져 있을 정도다. 그런데 이들의 국적이 하필 네덜란드였던 것도 따지고 보면 네덜란드가 일본의 무역 상대가 되어 그 나라 선원들이 일본을 줄기차게 드나들다가 그 옆에 있는 조선에까지 흘러들었기 때문이다. 기록을 보면, 하멜은 조선 조정 관리들에게 일본 나가사키로 가게 해달라고 부탁했고, 나중에 결국 조선을 탈출해서 간 곳도 일본의 나가사키였다. 하다못해, 18세기 초에 나온 영국 풍자 문학의 걸작인 《걸리버 여행기》에도 주인공 걸리버가 일본인과 네덜란드인이 한패가 되어 몰려다니는 해적을 만나 배를 빼앗기고 표류하는 장면이 나온다.

《걸리버 여행기》의 원래 제목은 '처음에는 의사였고 나중에는 여러 배의 선장이었던 레뮤엘 걸리버가 쓴 세계의 몇몇 먼 나라로 떠난 여행기 4부작Travels into Several Remote Nations of the World. In Four Parts. By Lemuel Gulliver, First a Surgeon, and then a Captain of Several Ships'이다. 거창한 제목대로 배를 타고 세계 곳곳을 돌아다니는 신항로 개척 시대의 굉장한 모험담 형식을 갖추고 있는 책이다. 그렇지만 이 책이 나온 것은 1726년으로, 사실상 신항로 개척 시대가 마무리된 다음이라고 볼 수 있는 시대다.

그런 만큼 이 글은 전체 형식부터가 신항로 개척 시대의 여러 모험담을 흉내 내기는 하되 과장하거나 왜곡해서 웃기려는 것이라고 볼 수 있다. 신항로 개척 시대의 유럽에는 세계 곳곳을 다니면서 "나는 이렇게 기이한 것을 보았다", "나는 상상도 할 수 없을 만큼 이상한 풍습을 가진 나라에 가봤다"고 떠벌리는 선원들이 많았을 것이다. 자연히 그런 사람들 중에는 자기가 본 것을 과장하거나 보지도 않은 것을 지어내는 허풍선이, 사기꾼도 적지 않았을 것이다. 《걸리버 여행기》의 작가 조너선 스위프트Jonathan Swift는 바로 그런 과장, 헛소문, 가짜 뉴스의 유행을 놀리기 위해, 가장 황당한 풍경을 가진 나라들을 상상해서 이야기를 풀어놓았다.

그래서인지 《걸리버 여행기》에는 괴이하면서도 황당하고 우스운 나라들이 계속 등장한다. 《걸리버 여행기》가 어린이 동화로도 인기를 얻을 수 있었던 것은 바로 그 환상적인 발상이 웃음과 연결되어 재미를 주었기 때문이다. 그러나 막상 구체적으로 살펴보면 조너선 스위프트는 그 세부 내용에서 풍자의 수위를 더욱 높이고 있다. 스위프트는 원래 영국 정치판에서 일하기도 했던 인물로 워낙에 신랄하고 무자비하게 사회문제를 비판하고 조롱하는 글을 잘 쓰는 것으로 유명한 사람이었다. 그는 바로 그 재주를 이용해서, 《걸리버 여행기》에 나오는 여러 이상한 나라 이야기를 통해 그 당시 유럽의 정치 문화와 사상을 화려하게 비웃었다.

가장 쉽게 풍자를 읽을 수 있는 대목은 《걸리버 여행기》의 처음을 장식하는 소인국 릴리퍼트에 관한 이야기다. 릴리퍼트의 역사에 대해 이야기하면서 스위프트는 그 나라 사람들이 삶은 달걀을 어느 쪽부터 깨뜨려 먹을 것인가 하는 문제를 두고 혹독한 논쟁을 벌였으며 커다란 전쟁을 겪었다고 썼다. 이는 현실 세계에서 실제로 벌어지는 나라 간의 전쟁도 사실은 무의미한 이유에서 비롯된 것 아니냐고 지적하는 이야기다. 나라의 명예가 걸려 있는 문제라거나 민족의 포기할 수 없는 위대한 역사가 걸려 있다고 하면서 수많은 사람들이 죽고 죽이는

릴리퍼트 왕국의 걸리버

전쟁이 역사적으로 수없이 많았는데, 조금만 달리 생각해 보면 그런 다툼도 사실 달걀을 어느 쪽부터 깨뜨려 먹느냐 정도의 별 대단찮은 갈등이지 않겠느냐는 뜻이다.

한편으로 스위프트는 릴리퍼트의 병사들과 전쟁을 묘사하면서 전쟁 행위 자체의 어리석음 또한 조롱한다. 걸리버 입장에서 릴리퍼트 사람들은 조그마한 벌레 크기밖에 되지 않는 종족으로, 그 나라의 장군이 용맹하게 돌격해서 창칼을 휘둘러도 걸리버에게는 아무런 피해도 입힐 수 없다. 스위프트는 이런 장면을 묘사하면서, 실제 사람들이 서로 성을 내며 위력을 과시해 겁을 주려 들고, 좀 더 높은 자리를 차지하려고 다투는 모습이 마찬가지로 우스꽝스러운 짓일지도 모른다는 점을 암시하고 있다. 덩치가 수천 배나 큰 걸리버 입장에서 보면 릴리퍼트 사람 중에 가장 힘센 자와 힘이 약한 자의 차이는 무의미한데, 마찬가지로 결국 조금 떨어져 보면, 100년 살까 말까 한 현실 세계의 사람들끼리 누가 더 잘났다 못났다며 아웅다웅하는 것도 부질없는 짓이라는 점을 지적한 것이다.

《걸리버 여행기》의 또 다른 내용 가운데 3부에 등장하는 하늘을 떠다니는 섬 '라퓨타'에 대한 이야기에서도 풍자를 쉽게 찾아볼 수 있다. 라퓨타는 학문과 지식이 크게 발달한 나라인데 그 정도가 지나쳐서, 이곳에 사는 부유한 사람들은 일상생활이 불가능할 만큼 환상적이고 추상적인 지식에 대한 고민에 빠져 있다. 그래서 그들은 하인들이 잠시 제정신을 차리도록 도와줄 때에만 생활에 필요한 행동을 할 수 있다.

스위프트는 이런 내용을 통해, 현실을 제대로 따지지 않고 사상과

라퓨타의 부유한 주민

철학 자체에만 집착하는 지식인들과 학자들을 공격했다. 사회에서 대단한 학자라며 존경받고 위대한 사상을 품고 있다며 높은 평가를 받는 지식인들이 많은데, 과연 그 사람들이 갖고 있는 생각이 실제 세상에 어울리고 현실에 들어맞는 것인지 다시 살펴볼 필요가 있지 않냐는 것이다. 본래 사상이나 학식은 변화하는 현실을 살펴보면서 그 현실을 해석하거나 개선하기 위해 필요한 것인 경우가 많았다. 그런데 그게 아니라 사상의 가치 그 자체를 신봉하면서 오히려 현실을 그 사상에 꿰어 맞춰 억지로 해석하고 거기에서 도출되는 엉뚱한 해결 방법을 답이라고 제시하는 학자들을 라퓨타 이야기에서는 비웃음거리로 삼고 있다.

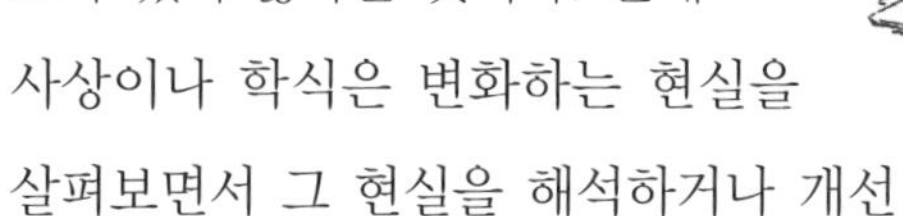

현대의 독자에게 《걸리버 여행기》의 이런 측면은 SF물처럼 느껴지기도 한다. 요즘 독자들에게 첨단 과학 기술의 한계에서 떠올릴 수 있는 배경이란 화성 또는 금성 같은 곳이나 미래에 도달할 수 있을지 모를 먼 외계 행성 같은 곳일 것이다. 요즘 이런 곳을 배경으로 펼쳐지는 모험담이 나오면 그런 이야기는 대체로 SF로 취급받는다. 그렇다면 수백 년 전, 조너선 스위프트의 시대에는 지구의 어느 외딴 곳, 알 수 없는 먼 나라가 그와 비슷하게 최신 기술로만 도달할 수 있는 신비

로운 세계 역할을 할 수 있었을 것이다.

그렇다고 그 신비로운 세계가 막연한 환상 속의 하늘 저편 세상은 아니다. 《걸리버 여행기》의 배경이 되는 곳은 발달된 항해술과 더 뛰어난 기술로 건조한 배를 타고 떠나면 바다 저편의 현실 공간에서도 찾을 수 있다는 나라다. 그렇기 때문에 《걸리버 여행기》의 'SF스러운' 맛은 좀 더 진해진다. 현대의 독자들에게 우주 공간을 가로질러 다른 행성으로 가는 우주선이 첨단 기술이라면, 스위프트 시대의 독자들에게는 먼 바다를 지나 다른 대륙으로 떠나는 배가 첨단 기술처럼 느껴졌을 것이다. 그런 면에서, 걸리버가 배를 타고 가다가 만나는 릴리퍼트나 라퓨타는 현대 SF물에서 우주선을 타고 가다가 도착하는 알 수 없는 신비로운 행성이라고 할 수 있다. 게다가 《걸리버 여행기》는 보통 그런 이상한 나라에 도착하면 어떤 일을 겪는지, 그곳 사람들은 어떤 모습과 어떤 풍습을 갖고 있어야 앞뒤 이야기가 맞는지, 구체적인 사항들을 상상해서 묘사하고 있다. 이야기를 이렇게 꾸려나가는 수법도 SF에서 흔히 이용하는 방식이다.

아닌 게 아니라, 현대 SF물 중에도 《걸리버 여행기》에 나오는 것처럼 머나먼 행성에서 이상한 사람들을 만나고 그 사람들이 갖고 있는 특이한 풍습을 통해서 현실 사회의 문제를 풍자하거나 비판하는 이야기들이 적지 않은 편이다. 요즘 나온 소설 가운데 《ㅁㅇㅇㅅ》 같은 단편집은 그런 이야기들로 가득 차 있거니와, 〈스타트렉〉 같은 옛날 TV 시리즈에서도 매주 주인공 일행이 탄 우주선이 특이한 사람들이 살고 있는 새로운 행성에 도착하는 식의 이야기가 많았다. 그리고 그런 이야기들은 대개 그 사람들의 삶을 보면서 무엇이 옳은지, 무엇이 나쁜

지 다시 생각해 보자는 식으로 이어졌다.

1962년 3월 30일에 첫 방송된 TV 시리즈 〈환상특급The Twilight Zone(제6지대)〉의 '작은 사람들The Little People'이라는 에피소드에는 아예 우주선을 타고 머나먼 외계 행성으로 날아간 탐험대원들이 현미경으로 보아야 보일 만큼 작은 크기의 사람들이 모여 사는 도시를 발견하는 이야기가 나온다. 《걸리버 여행기》의 릴리퍼트 이야기와 출발이 거의 동일하다. 《걸리버 여행기》에서는 태평양 일대를 떠돌다가 어느 멀리 떨어진 섬에서 릴리퍼트라는 작은 사람들이 사는 나라에 도달하게 되는데, 현대에는 지구의 태평양에 그런 나라가 있지 않다는 사실이 잘 알려져 있기 때문에 배경을 우주 저편의 행성으로 바꾼 것뿐이다. 단, 그 이후에 펼쳐지는 내용은 다르다.

《걸리버 여행기》에서 걸리버는 릴리퍼트 사람들을 위해 싸우고 일하는 병사 같은 신세가 된다. 그러나 정반대로 TV 시리즈에 나온 '작은 사람들' 이야기에서 주인공은 외계 행성의 작은 사람들을 발견하자 그들에게 자신을 신처럼 숭배하라고 명령한다. 이런 차이를 보면, 비슷한 소재를 이용하더라도 시대에 따라 또는 작가에 따라, 풍자하고 조롱하는 방법은 얼마든지 달라질 수 있다는 점이 잘 드러난다.

《걸리버 여행기》의 나머지 내용에도 또 다른 방식으로 사회를 비판하는 우화 같은 이야기들이 가득 차 있다. 2부에서 거인들의 나라인 브롭딩낵에 가서는, 아무리 멋을 부리고 꾸민 사람이라 할지라도 가까이서 보면 얼마나 추한 모습이 많이 드러나는지를 이야기한다. 4부에서는 사람보다 더 나은 말들이 사는 나라인 휴이넘을 돌아다니며 사람이 일상적으로 저지르는 나쁜 행동들을 아예 노골적으로 지적한다.

말들의 나라 휴이넘

그러므로 《걸리버 여행기》를 읽는 방법은 여러 가지다. 어린 시절 동화로 《걸리버 여행기》를 읽을 때처럼 그저 괴상한 나라들에 대한 우스꽝스러운 상상을 즐길 수도 있고, 사회와 도덕 문제에 대해서 관심을 갖게 된 후에는 조너선 스위프트가 《걸리버 여행기》를 통해 세상사의 어떤 문제들을 지적하고 비판하려 했는지, 우리가 살면서 놓치고 지나가는 인간사의 한심함은 무엇인지 생각하면서 읽을 수도 있다. 그리고 그 과정에서 신항로 개척 시대 말기, 유럽과 세계의 역사가 어떻게 바뀌어 가고 있었기에 조너선 스위프트가 그런 이야기를 썼는지를 살펴본다면 《걸리버 여행기》에 드러나는 사회상과 사회문제를 좀 더 자세히 이해할 수 있을 것이다. 예를 들어, 《걸리버 여행기》에는 유독 네덜란드인들이 악당으로 자주 등장하는데, 이는 《걸리버 여행기》의 무대인 태평양 지역에서 작가의 조국인 영국이 네덜란드에게 밀리고 있었기 때문이 아닌가 싶다.

또 한편으로는 《걸리버 여행기》를 통해, 신항로 개척 시대 유럽인들이 먼 바다로 떠나는 모험에 온통 들떠 있고 세계의 역사가 뒤집히던 분위기도 어느 정도 엿볼 수 있다. 어떤 사람들이 무슨 마음가짐으로 그 먼 바닷길을 떠났는지, 그 시대 바다를 떠돌아다니는 사람들은 무엇을 걱정하고 인생을 어떻게 살겠다는 마음가짐으로 배를 탔는지, 유럽인들이 세계 곳곳을 다니며 자신들의 고국이 어떻게 발전해야 한다고 생각했고, 그들이 다른 나라 사람들을 보는 시각은 어땠는지 등등에 대해서도 조금은 짐작해 볼 수 있다. 이런 여러 가지 이야깃거리를 찾아보고 고민해 보는 것도 《걸리버 여행기》를 다양하게 즐기는 방법이라고 생각한다.

예를 들어, 《걸리버 여행기》의 판본 중에는 걸리버가 모험한 지역의 지도가 삽화로 들어가 있는 것이 있다. 걸리버가 여행하는 지역은

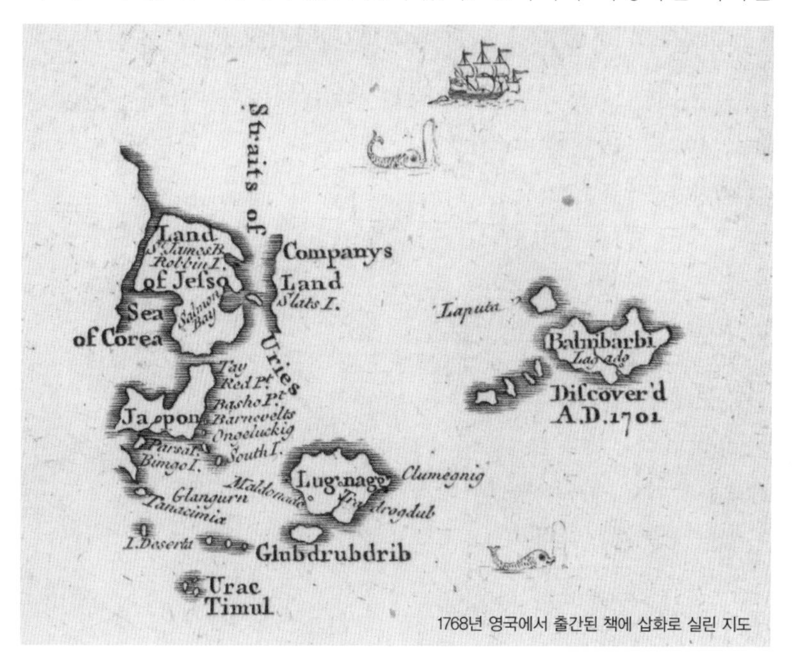

1768년 영국에서 출간된 책에 삽화로 실린 지도

동아시아 남쪽, 동남아시아, 오세아니아 북쪽에 걸쳐 있다. 일본을 잠시 거쳐 가기도 한다. 따라서 《걸리버 여행기》 책에 그려진 지도에는 한반도가 표시되어 있는 것들이 몇 있는데, 몇몇 판본에서는 한반도 동쪽의 동해를 'Sea of Corea'라고 표기하고 있다. 신항로 개척 시대 유럽인들은 일본, 중국과 훨씬 교류가 많았고 한국에 대해서 아는 것은 훨씬 적었을 텐데, 그런데도 동해를 'Sea of Japan(일본해)'이 아니라 '한국해'로 표기하고 있었다는 얘기다. 이 지역 지리에 대한 정보를 유럽인들에게 전해준 것이 교류가 많던 일본인들이었을 가능성이 높다는 점을 고려해 보면, 당시 일본인들 중에서도 제법 많은 사람들이 동해를 '한국해'라고 불렀을 가능성이 높지 않았을까 짐작해 볼 수 있다.

현대에 와서 동해를 국제적으로 어떻게 표기해야 옳은가 하는 문제를 떠나 이런 것 또한 《걸리버 여행기》의 구석구석을 살펴보면서 찾을 수 있는 새로운 재밋거리다.

chapter 8.

《80일간의 세계일주》와 증기기관

"그러나 《걸리버 여행기》의 주인공이라면 바람이 충분히 불 때를 기다려 배를 띄우고 그러고 나서도 몇 날 며칠 바람에 따라 한참을 실려 다녀야 했던 바닷길을, 《80일간의 세계일주》의 주인공들은 석탄이 내뿜는 열과 증기로 동작하는 기계의 힘으로 훨씬 더 빠르게 가로지른다."

서기 1800년, 조선의 순조 임금이 즉위했을 때 임금의 나이는 10세 정도였다. 나이가 너무 어렸기 때문에, 궁중의 어른들 중에 가장 권위 있는 인물이었던 정순왕후가 대신 나라를 다스리는 섭정 역할을 맡았다. 나라를 다스리는 몇 년간 정순왕후를 '여자 임금님'이라는 뜻의 '여군女君'으로 써놓은 기록이 몇 차례 보이는데, 그렇다면 당시 사람들은 정순왕후를 '여왕님'이라고 불렀을지도 모른다.

그런데 예로부터 정순왕후는 사극에서 악역을 맡는 경우가 많았다. 그 까닭은 바로 전 임금이 워낙 인기 있는 인물인 정조이기 때문이 아닌가 싶다. 정조는 누구보다도 학식이 풍부한 임금으로 명망이 높았던 데다가, 마침 정조 시대에 조선의 여러 작가가 남긴 기록이 풍부한 까닭에 당시 백성들이 왕을 칭송한 이야기도 많이 남아 있는 편이다. 뿐만 아니라 정조의 아버지가 비극적인 죽음을 맞이한 사건까지 잘 알려져 있어서 정조가 동정받을 만하다고 생각하는 사람도 많았다. 때문에 정조는 옛이야기 속에 현명하고 착한 임금님 역할로 자주 등장하곤 했다.

그에 비해 정순왕후는 정조와 정치적으로 반대파에 속하는 것으로 분류될 때가 많았다. 정순왕후는 정조의 할아버지인 영조의 부인이었는데, 영조보다 훨씬 어린 신부였기 때문에 손자인 정조와 별로 나이 차이가 나지 않았다. 정조는 정순왕후를 할머니 내지는 할마마마라고 불렀겠지만, 정순왕후는 정조보다 나이가 열 살도 채 많지 않았다. 할머니라면 대단히 젊은 할머니였던 셈이다. 이런 점도 후대의 작가들이 꾸민 이야기 속에서 정순왕후를 괴이하게 보이게 했을 것이고, 그래서 악역을 맡기기 좋을 만하다고 여겼을지 모른다. 게다가 정순왕후가 조선을 지배하는 시기에 정치판에서 떨어져 나간 양반들은 더욱더 정순왕후를 악한 인물이라고 말하고 싶었을 것이라는 점도 짚어볼 만하다. 그런 양반들은 임금이 될 자격도 없는 여자가 스스로 여왕 역할을 하면서 나라를 망치고 있다고 말했을 것이다.

그런저런 이유로 적지 않은 영화, 소설, TV 연속극에서 정순왕후는 정조를 괴롭히려고 온갖 음모를 꾸미는 마녀 같은 인물로 등장하곤 했다.

그러나 막상 정순왕후의 행적을 보면 딱히 사악한 일을 저질렀다고 보기는 어렵다. 손자뻘인 정조 임금과 정치판에서 반대파에 속했다고 한들, 특별히 원한 관계를 맺고 피 튀기게 싸웠다고 보기도 힘들다. 정치적인 입장을 감안하면 정조와는 오히려 그럭저럭 친근하게 지냈다고 볼 수 있다. 물론 정순왕후가 조선을 지배하는 동안 모든 분야에 걸쳐 잘 다스렸다고 보기는 어렵지만, 그렇다고 모든 일을 망친 것도 아니다. 당시 조선을 지배할 만한 인물이 그냥저냥 할 만한 일을 하면서 나라를 이끌었다고 볼 수 있다.

그런데 그중에서도 1801년 음력 1월 28일, 정순왕후의 섭정기에 노비를 해방한 일은 반드시 기억해 둘 필요가 있는 업적이다. 노비를 모두 해방하는 데 성공한 것은 아니다. 내노비內奴婢와 시노비寺奴婢라고 부르던 일부 노비들, 즉 궁전에서 임금이 직접 내리는 명령으로 바로 해방해 줄 수 있는 노비를 풀어주는 데 그치기는 했다. 정순왕후의 조치 이후에도 조선에는 이날 해방된 노비들 이상으로 많은 노비가 여전히 남아 있었다.

그렇지만 그 정도만으로도 중요한 업적이다. 나는 이만한 업적을 이룬 임금이 과연 조선에 많은가 하는 생각을 해본다. 과거 역사 이야기에 자주 나오는 고귀한 양반 사대부들과 영웅호걸들이 펼쳐나가는 화려한 내용들 사이에서는 잊히기 쉬운 일이지만, 이것은 무시할 수 없는 업적이다. 사람이 노비 신세에서 벗어나 자유를 얻는 역사 속의 사건은, 어떤 위인이 아름다운 붓글씨를 쓰는 것이나 전쟁터에서 활을 잘 쏘았다는 것 이상으로 중요한 사실이다. 이날의 명령으로 도합 6만6천67명의 노비가 자유를 얻었다고 한다. 불태운 노비 문서 대장은 1,369권이었다.

순조 임금의 이름으로 내려진 명령을 보면, 노비들이 그동안 얼마나 비참하게 살았는지 상세히 설명되어 있다. 정부 관리들이 노비들 앞에서 호랑이처럼 굴면서 호통을 치고 날마다 돈을 내어놓으라고 독촉했다고 되어 있고, 노비 주인들의 명령에 따라 부부가 헤어지거나 부모와 자식이 강제로 떨어져 살게 되어 피눈물을 흘리곤 했다는 이야기도 언급되어 있다. 이 명령 문서에 따르면, 그때까지 정부에서 남자 노비들에게 무엇인가를 물어볼 때는 거짓말할 것을 의심하여 고문 도구 같은 것으로 살갗을 찌르면서 실토하게 했다고 되어 있고, 조정의 관리들이 여자 노비들이 임신했는지 확인한다면서 유방을 어루만지며 조사했다고도 되어 있다.

명령 문서에서는 노비에게 자유를 주는 것이 마땅하다면서 다음과 같이 말하고 있다. "백성을 대할 때는 귀하고 천한 것도 없고 내외도 없이 모두 고르게 다 같은 자식으로 여겨야 하는데, 노奴라고 하고 비婢라고 하여 구분하는 것이 어찌 똑같이 사랑하는 동포로 여기는 뜻이겠는가?" 당연한 이야기다. 그렇지만 나는 이 대목이 실록 전체의 문장 중에서도 가장 멋지다고 생각한다. 정순왕후는 신하들에게 명령을 내릴 때 주로 한글로 문서를 썼던 것으로 보이는데, 만약 노비 해방과 관련한 정순왕후의 한글 문서 원본을 찾을 수 있다면 그것도 꼭 한번 보고 싶다.

현재 한국인들의 조상 중에는 바로 이때 자유를 얻은 7만에 가까운 노비들이 포함되어 있다. 창덕궁 문인 돈화문 앞에서 노비 문서를 불태웠다고 하는데, 현재의 창덕궁 앞에 노비 문서가 불타는 모습을 표현한 꺼지지 않는 불길 같은 것을 만들어 놓고 매년 1월 28일을 평등의 날로 정해놓고 기념한다면, 현대에 꼭 필요한 과거사를 되새기는 일에도 부합하지 않을까 싶다.

냉정하게 따져서, 현대의 학자들 중에는 이때 조선이 노비에게 자유를 주는 것이 부담스럽지 않은 상황이었기 때문이라고 평가하는 사람들도 있다. 신분 질서가 점차 무너지면서 예전처럼 노비 관리가 쉽지 않은 형편이었고, 오히려 노비를 풀어줌으로써 나라가 얻을 수 있는 이익이 있었을 거라고 보는 것이다. 하지만 그렇다고 해도, 이날 있었던 명령이 별 의미 없다고 무시하는 학자들은 드물다. 그날 조선 조정에서 결단을 내리지 않았다면, 7만의 사람들이 그만큼 더 긴 세월을 노비로 살았어야 했다. 아닌 게 아니라, 조선에서 노비 제도가 완전히 폐지되는 것은 그로부터 90년이 넘는 시간이 지난 후였다.

다른 나라들의 상황은 어땠을까?

영국은 그 무렵 세계에서 가장 앞서가는 선진국으로 꼽히던 나라다. 영국에서는 정순왕후 시기와 비슷한 1807년에 여러 나라들 사이에서 노예를 거래하는 일을 금지했다. 조선의 노비 제도와 영국의 노예 제도가 똑같은 것은 아니니 동등하게 두고 비교하기란 어렵다. 예를 들어 조선의 노비는 대체로 부모가 노비여서 그 자신도 노비가 된 조선인이 절대 다수였지만, 영국에는 흑인 노예와 같이 외국인들을 데려와서 노예로 부리는 경우가 큰 비중을 차지하고 있었다. 그러나 영국과 조선 모두 비슷한 시기에 노예 제도에 중요한 변화가 생겼고 그 변화가 이어져 나갔다는 점은 닮았다고 할 수 있다. 단, 영국의 노예 제도는 그 변화가 훨씬 더 빨리 진행되었다. 영국은 1833년에 노예 제도를 완전히 폐지했다.

도대체 영국은 왜 노예 제도를 그렇게 빨리 폐지했을까? 영국인들이 조선인들보다 더 선한 사람들이었기 때문일까? 어떤 사람들은 수십 년, 수백 년 앞서 이루어진 영국의 명예혁명과 권리장전 같은 민주주의의 발달을 언급하며 그런 민주주의 사상이 퍼지면서 자연히 노예 제도가 부당하다는 의식도 더 빠르게 퍼질 수 있었을 거라고 설명한다. 또 어떤 사람들은 당시 영국 경제가 충분히 발전해서 노예들을 붙잡아 놓고 강제로 일을 시키는 것보다 부유한 사람이 가난한 사람들에게 월급을 주면서 일을 시키는 편이 훨씬 더 간편하고 쉬웠기 때문이라고 설명하기도 한다.

나는 이 문제와 관련해서 무엇이 가장 중요한 요인이었다고 짧게 요약해서 짚어줄 정도로 잘 알지는 못한다. 그렇지만 그 요인을 설명하기 위해 조금 더 복잡하고 다양한 이야기를 해볼 필요는 있다고 생각한다.

근대 경제학을 창시한 장본인으로 손꼽히는 인물은 정순왕후의 아버지뻘 되는 나이로, 18세기에 활약했던 스코틀랜드 출신의 애덤 스미스Adam Smith라는 사람이다. 스미스가 경제학을 연구해서 제안한, 나라를 부강하게 만드는 방법이 그대로 곧바로 영국에서 실현되었다고 보기는 어렵겠지만, 적어도 그가 쓴 글의 내용을 보면 당시 상당수의 영국 사람들이 나라를 발전시키려면 무엇이 필요하다는 말에 설득되었는지 그 경향은 짐작해 볼 수 있다.

우선 애덤 스미스의 이론은 어떤 나라가 부유한 나라인지에 대한 기준이 그전까지 유럽인들 사이에 퍼져 있던 통념과 달랐다.

17세기까지만 해도 많은 유럽인들은 물건들을 살 수 있는 귀한 보물, 귀금속을 많이 쌓아놓은 나라가 부유한 나라라고 생각했다. 예를 들어 금, 은과 같은 비싼 금속이 많이 쌓여 있는 나라가 부유한 나라라고 믿었던 것이다. 이는 굉장히 전통적인 생각이다. 2,000년 전 한국의 고대 가야 사람들은 철을 많이 갖고 있는 나라가 부유한 나라라고 생각했다. 그래서 지금도 가야 지배자들의 무덤을 발굴해 보면 철 덩어리를 자랑스럽게 무덤 속에 깔아둔 것들이 발견된다. 좋은 금속을 금고에 많이 넣어둔 사람이 부자라고 생각했다는 점에서 유럽인들과 크게 다를 것이 없다. 철에 비해 실용성은 떨어지지만 보기 좋고 보관하기 좋은 금과 은으로 관심의 대상이 바뀌었을 뿐이다. 유럽인들이 한동안 연은분리법을 통해 생산된 은을 구하려고 일본에 줄기차게 드나들었던 것도 비슷한 이유였다고 설명할 수 있다.

그런데 애덤 스미스는 부유한 나라를 만드는 방법을 설명하면서, 금은을 창고에 산처럼 쌓아두는 것보다 중요한 다른 점들이 있다고 주장했다. 대표적으로 그는 분업의 중요성을 강조했다.

애덤 스미스 시절 조선 시대 사람들의 삶을 생각해 보자. 대부분의 사람들이 밥을 짓는 재료인 쌀을 얻기 위해 쌀농사를 지으며 살았다. 그러면서 한쪽에서는 반찬으로 사용할 채소들도 같이 기른다. 밭 한쪽에서는 양념으로 쓰기 위한 고추를 기르기도 한다. 시간이 날 때마다 틈틈이 집에 있는 베틀로 옷감을 짜고 직접 재단을 하고 바느질을 해서 옷을 만든다. 벼를 추수하고 남은 짚을 꼬아 새끼줄을 만드는 일도 직접 한다. 신고 다닐 짚신도 시간이 날 때 직접 만드는 일이 많다. 대체로 한 가족이 필요한 물건은 그 가족을 이루고 있는 사람들이 직접 기르고 만들어서 쓴다. 자급자족으로 산다는 얘기다.

그런데 자급자족을 하지 않고, 서로 다른 사람들이 일을 나누어 할 수도 있다. 쌀농사를 잘 짓는 사람은 다른 일은 하지 않고 쌀농사만 짓는다. 옷감을 짜는 재주가 좋은 사람은 쌀농사를 하지 않고 옷감만 짠다. 짚신을 잘 만드는 사람은 짚신만 만든다. 그러다가 각자 필요한 물건은 직접 만나 사고팔아서 구하면 된다. 짚신을 잘 만드는 사람은 옷감이나 쌀을 직접 만들 필요 없이 자기가 만든 짚신을 팔아서 돈을 번 다음, 그 돈으로 쌀을 사서 먹을 양식을 구하고 옷감을 사서 입을 옷을 얻으면 된다. 옷감을 짜는 사람, 쌀농사를 짓는 사람도 마찬가지다. 이런 식으로 일을 나누어 각자 자기가 할 일만 하는 방식이 분업이다.

분업을 하게 되면 사람은 자기가 잘할 수 있는 일을 하게 되는 경우가 많다. 즉 짚신을 만드는 사람은 짚신을 남들보다 잘 만들기 때문에 그 일만 한다. 그렇게 짚신만 열심히 만들다 보면 그 일에 점점 숙달되고, 지금보다 짚신을 더 잘 만들 수 있는 아이디어도 떠올리게 된다. 그러면서 점차 짚신 만드는 일에 특별히 뛰어난 달인이 될 수도 있다. 다른 사람이 자기가 신기 위해 짬짬이 짚신을 만드는 것에 비해 더 수월하게 더 질 좋은 짚신을 만들 수 있다. 다시 말해서 더 싼값에 더 품질 좋은 짚신을 만들 수 있다는 뜻이다. 옷감 짜는 사람도 마찬가지로 옷감 짜는 일에만 몰두하다 보면 그 일에 더 능숙해지고 더 좋은 옷감을 더 싼값으로 만들 수 있게 된다.

그렇게 각자 하고 싶은 일, 잘하는 일을 맡아서 분업을 함으로써 각자의 일의 숙련도가 높아지고 그렇게 만들어진 것을 거래하면 더 좋은 품질의 물건을 더 수월하고 더 많이 얻을 수 있다. 이런 분업은 하나의 사업 안에서도 사람마다 역할을 나누는 식으로 쪼개어 이루어질 수 있다.

애덤 스미스는 대표작 《국부론The Wealth of Nations》의 도입부에서 10명이 함께 일하는 핀 공장에서 각자가 핀 하나를 완성하면 한 사람당 하

영화 〈모던타임즈〉(1936)의 한 장면

루에 20개를 만들기도 어렵지만, 작업을 18단계로 나누고 각자 잘하는 일을 맡아 분업하는 방식으로 한 사람당 4,800개의 핀을 만들 수 있다고 예를 들었다. 이 이야기는 대단히 유명하다. 장루이 포셀Jean-Louis Peaucelle이라는 학자는 2016년에 쓴 논문에서 이 이야기의 문제점을 지적하면서도 멋진 도입부라는 찬사를 아끼지 않으며 이 부분이 《국부론》의 내용 중에 가장 많이 알려지고 많이 읽힌 대목이라는 사실 또한 인용을 통해 소개했다. 어쩌면 애덤 스미스의 사상, 나아가 경제학을 상징하는 글을 한 문단만 골라야 한다면, 바로 《국부론》의 핀 공장 이야기가 가장 적당할지 모른다.

하루에 물건을 20개도 못 만드는 나라보다는 하루에 4,800개 만들 수 있는 나라가 당연히 더 부유할 것이다. 그러므로 이 이야기에 초점을 맞춘다면, 《국부론》에서 말하는 나라를 부유하게 만드는 방법이란 사람들이 각자 자기가 돈을 잘 벌 수 있는 일을 나누어 맡는 분업을 실시하고, 그 분업으로 얻은 것을 자유롭게 거래하는 것이라고 요약해 볼 수 있다.

여기에 더해서, 애덤 스미스는 이기심을 사람의 본성으로 긍정한 것으로도 유명한데, 분업이 사람다운 이기적인 본성과 연결되면 경제 발전에 대한 그의 생각이 거의 완성된다. 이를테면, 내가 싼값에 옷을 사 입을 수 있고 쉽게 신발을 사 신을 수 있는 것은, 누가 나를 불쌍히 여겨서 나에게 옷을 싸게 주기 때문이 아니라는 얘기다. 남들보다 옷을 잘 만드는 사람이 그 일을 맡고 있는데, 그 사람이 돈을 벌기 위한 이기심으로 최선을 다해 고품질의 옷을 만들기 때문이다. 그렇게 자기가 돈을 잘 벌 수 있는 일을 할 자유가 있고 그것을 뜻대로 팔 자유가 있으므로, 누군가가 돈을 벌기 위해 남들보다 싼값에 옷을 내다 팔면 그게 내가 싸고 좋은 옷을 구하는 데도 도움이 되는 것이다.

1776년에 나온 책이니만큼 당연히 《국부론》에 나오는 경제학 이론을 지금 세상에 그대로 다 적용할 수는 없다. 《국부론》의 내용이 무조건 옳다는 생각은 조선 영조, 정조 시대의 대장장이들을 불러 모아서 인공위성을 수리하겠다는 발상과 크게 다를 바 없다. 그러나 그 당시에 《국부론》이 주목을 받은 이유를 그 시대 관점에서 돌이킬 필요는 있다고 본다.

《국부론》은 세계 대부분의 나라에서 임금과 귀족이 백성들의 생활을 제멋대로 통제하고 마음대로 조종하는 것이 당연시되던 시대에 백성 한 사람 한 사람에게 평등하게 주어져야 마땅한 자유를 강조하며 그 자유를 지켜주자고 역설한 책이다. 백성들을 향해 임금에게 충성할 의무라든가 관습적으로 내려오는 규칙을 엄숙히 준수할 것만 소리 높여 부르짖던 시절에 《국부론》은 사람이 품은 이기심이 자연스럽게 드러나는 것이 오히려 좋은 일이라고 이야기했다. 최근에는 어째서인지 애덤 스미스의 사상이나 《국부론》이 부유한 사람을 옹호하고 과거의 질서로 되돌아가자고 주장하는 사람들의 편인 것처럼 묘사될 때가 있지만, 사실 《국부론》은 사람의 권리를 평등하게 보호하여 미래를 위해 변화하자는, 당시로서는 혁신적인 주장을 내세우고 있는 책이었다.

애덤 스미스보다 한 세대 앞서서, 조선에서 나라를 부유하게 만드는 방법에 대한 책을 쓴 학자로 유수원柳壽垣이라는 인물이 있다. 애덤 스미스가 《국부론》을 썼다면 유수원은 《우서迂書》라는 책을 썼는데, 《국부론》만큼 인기가 있었던 것은 아니지만 그 책 역시 좋은 평을 받았다. 조선의 영조 임금이 유수원을 칭찬하기도 했다고 한다.

마침 《우서》의 내용을 보면, 애덤 스미스의 《국부론》처럼 분업을 강조한 부분이 눈에 뜨인다. 유수원은 상인들이 점포에 잡다한 물건들을 아무렇게나 조금씩 늘어놓고 장사하도록 할 것이 아니라, 각자 자기의 전문 분야를 맡아 사업을 한다면 효율이 높을 것이라고 주장했다. 예를 들면, 옷감 상인은 옷감을 전문으로 거래하고 과일 상인은 과일만 전문으로 거래하면, 자기가 맡은 품목에 대한 지식도 늘고 거래의 규모도 커져서 좋은 물건을 훨씬 더 싼값으로 많이 유통시킬 수 있을 것이라고 예상했다. 그렇게 할 수 있다면 온 나라에 이익이니 그것이 상업 발전이 더딘 조선에는 유용하리라는 것이 유수원의 생각이었다. 상인들이 돈을 더 벌려는 이기적인 동기에서 사업을 키워나

가게 하고 그것이 곧 온 나라에 득이 되도록 이끌어야 한다는 발상도 《우서》 이곳저곳에 표현되어 있다. 이 역시 《국부론》과 통하는 것처럼 느껴질 때가 있다.

그러나 유수원은 분업을 유도하기 위한 방편으로 조선 정부가 시장과 거래를 철저히 통제할 것을 주장했다. 이 점에서는 유수원의 《우서》와 애덤 스미스의 《국부론》이 완전히 다른 방향을 보고 있는 느낌이다.

애덤 스미스는 사람에게 자유라는 권리를 보장해 충분히 누리도록 하고, 그 자유에 따라 누구나 쉽게 거래할 수 있도록 해주는 것이 정부의 역할이라고 보았다. 그러나 유수원은 누구는 무슨 장사를 하고 무슨 장사는 해서는 안 되는지 임금이 철저히 다스려야 하며, 거기에 반항하는 사람들은 엄하게 처벌하면서 모두가 임금의 좋은 뜻에 복종하도록 만드는 것이 좋은 나라를 만드는 길이라고 주장했다. 또한 유수원은 양반의 특권을 폐지해야 한다고 주장하는 쪽에 가까웠지만, 그러면서도 노비 제도는 충실히 유지할 필요가 있다고 설명했다.

어쩌면 여기에서 《국부론》의 영국과 《우서》의 조선이 어떤 차이를 갖고 있었는지 가늠해 볼 수 있지 않을까? 묘하게도 애덤 스미스는 천수를 누렸지만, 유수원은 말년에 갑자기 역모 혐의를 받아서 과거에 자신을 칭송했던 영조 임금에게 잔혹한 방법으로 처형당했다.

이후 유수원의 《우서》는 역적이 쓴 책 취급을 받아 잊히고 말았다. 출판되어 널리 읽히기는커녕 몰래 손으로 베껴 쓴 판본 몇 개가 돌아다니다가 현대가 되어서야 다시 학자들의 눈에 뜨인 것이다. 그에 비해 《국부론》은 영국에서 산업혁명이 일어나면서 경제 발전을 내다본 훌륭한 책으로 대접받으며 큰 인기를 끌면서 오래도록 유행했다.

산업혁명의 핵심을 짚어 짧게 이야기하면, 공장에서 기계를 돌려서 물건을 만들어 내는 것이 중요한 시대로 세상이 변했다는 의미다. 워낙에 세상을 크게 바꾸어 놓은 중요한 사건이므로 과연 산업혁명이라는 변화가 《국부론》과 어느 지점에서 얼마나 맞아떨어지는지 혹은 안 맞는지 따지기란 쉽지 않고, 그 원인을 짚어보는 것도 간단하지 않은 문제다. 그렇지만 몇 가지 재미있는 이야깃거리를 짚어볼 수는 있을 것 같다.

산업혁명이 영국에서 일어난 이유의 본바탕에는 무엇이 있을까? 산업혁명의 원인을 멀리 거슬러 올라가면, 대략 3억 년 전까지도 올라갈 수가 있다.

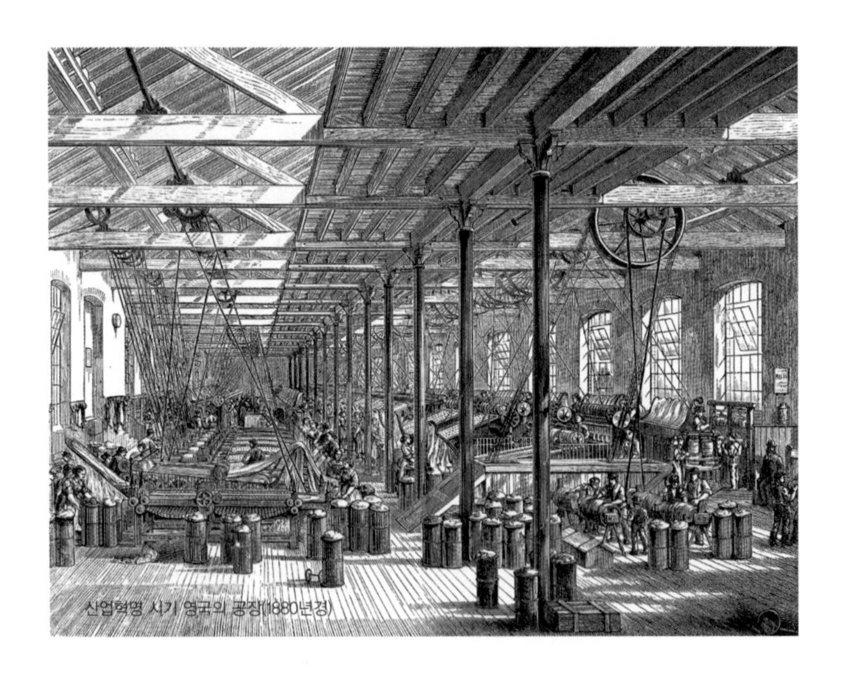

산업혁명 시기 영국의 공장(1880년경)

식물들이 죽어서 습지나 늪지대 같은 곳에 가라앉은 뒤 그 질척거리는 바닥에서 제대로 썩지 못하면 새카맣게 변할 수 있다. 먼 옛날 고생대에 유독 이런 일이 많았는데, 긴 세월이 흐르면서 이 식물들은 돌로 굳어졌고 그것이 석탄이 되었다. 석탄을 캐내서 불을 붙이면 나무 땔감을 태우는 것보다 쓰기 좋고 화력도 세기 때문에 유용한 점이 많다. 예를 들어 2009년 충청남도 태안 앞바다에서 고려 시대의 배가 발견되었는데 여기에서도 석탄이 나왔다. 1,000년 전 고려 시대 사람들도 배를 타고 여행할 때는 석탄을 이용해서 불을 쬐거나 밥을 지었던 것으로 보인다.

그런데 많은 사람이 널리 사용하려면, 석탄을 많이 캐고 널리 유통할 수 있어야 한다. 그렇게 되려면 석탄을 쉽게 캘 수가 있어야 하는데, 그러려면 석탄이 생기고 2억~3억 년의 세월이 흐르는 동안 땅이 조금씩 움직여서 사람이 캐내기 좋은 곳으로 석탄이 드러나야 한다. 하지만 한국에는 이런 지형이 많지 않다. 그렇기 때문에 고려 시대에 뱃사람들이 잠깐 석탄을 사용한 적이 있기는 해도 일상생활에서 석탄이 널리 쓰이지는 않았을 것이다. 강원도 태백의 금천생산부에 있는 탄광의 가장 깊은 곳, 즉 막장 지역은 지하 975미터까지 내려간다고 한다. 그 말은, 3억 년 전쯤 그곳에 석탄이 생긴 뒤 그 위에 975미터나 되는 흙과 돌이 뒤덮였다는 뜻으로 해석할 수 있다. 이런 곳에 묻힌 석탄은 캐내서 쓰기가 쉽지 않다.

그런데 영국에는 3억 년 동안 땅이 서서히 움직인 결과 마침 사람 사는 곳 근처에서 석탄이 지표면에 가깝게 드러난 지역이 비교적 많았고, 그래서 석탄을 캐내어 쓰기가 편했다. 마침 상업이 발전하고 사람들이 부유해지면서 석탄을 사다 쓰는 사람들도 많아졌기에, 영국에서 석탄을 캐서 쓰는 일은 점점 더 주목받는 사업이 되었다.

조선에서 유수원이 한창 활동하던 시대에 영국에서는 석탄 산업이 점점 더 인기를 얻고 있었다. 당시 석탄을 캐는 탄광의 큰 골칫거리는 탄광 깊은 곳에 자꾸 물이 고이는 것이었다. 물이 고이면 작업을 하기가 어려워진다. 그래서 펌프를 이용해 고인 물을 퍼내는 일이 중요했다.

이때 토머스 뉴커먼Thomas Newcomen이라는 한 대장장이가 탄광에 널려 있는 석탄을 이용해서 자동으로 물을 퍼내는 펌프를 만들겠다는 생각을 떠올렸다. 그리고 실제로 그런 자동 펌프를 만드는 데 성공했다. 뉴커먼이 떠올린 발상은, 석탄을 태워 그 열로 물을 끓이면 증기가 뿜어져 나오는데 그 증기가 내뿜는 힘으로 펌프를 움직인다는 것이었다. 주전자에 물을 넣고 끓이면 증기로 인해 주전자 뚜껑이 달그락거리기 마련인데, 뉴커먼은 커다란 주전자 뚜껑이 달그락거리면서 위로 올라올 때마다 펌프 손잡이를 쳐올릴 수 있도록 연결한 장치를 개발했다고 보면 얼추 비슷하다.

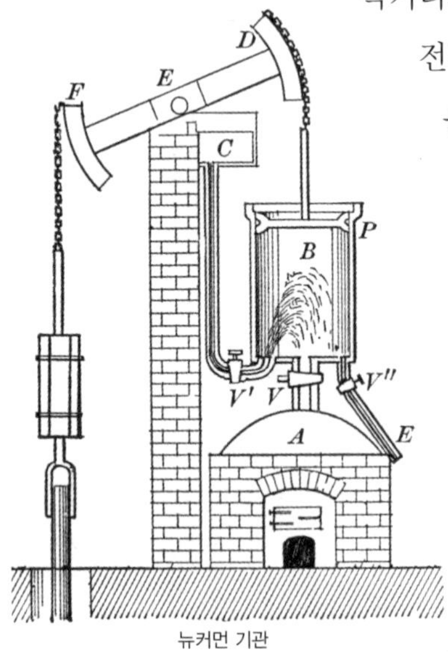

뉴커먼 기관

이것이 많은 사람들이 쓸 만한 증기기관이 처음 탄생했다고 지목하는 순간이다. 물을 끓일 때 뿜어져 나오는 증기로 기계를 움직이겠다는 뉴커먼의 발상은 이후 온갖 엔진, 자동 기계의 바탕이 되었다.

심지어 현대의 발전기 중 상당수가 유사한 방식을 사용한다. 뉴커먼의 시대로부터 거의 300년이 지난 2020년대 초에도 한국에는 여러 곳의 석탄 화력발전소가 가동되고 있는데, 이런 발전소의 근본 원리는 뉴커먼의 증기기관과 크게 다를 바 없다. 현대 한국의 석탄 화력발전소도 석탄을 연료로 사용하고, 그 석탄을 태워서 물을 끓이고 그때 뿜어져 나오는 증기의 힘으로 기계를 돌린다. 뉴커먼이 만든 것보다 더 거대한 기계를 사용하고 훨씬 더 정교하면서 효율적인 장치를 사용하기는 하지만, 뉴커먼의 증기기관과 근본적으로는 같은 방식이다. 뉴커먼의 증기기관은 펌프를 움직이고, 현대의 석탄 화력발전소에 있는 증기기관은 발전기를 움직일 뿐이다. 따지고 보면 오늘날 우리는 온갖 첨단 기기를 사용하기 위해 전기를 쓰는데, 전기의 상당량이 석탄 화력발전소에서 생산된다는 점을 짚어보면 21세기 온갖 첨단 기기의 힘도 결국은 뉴커먼 시대에 개발된 증기기관을 여태껏 사용해서 얻고 있는 셈이다.

뉴커먼의 발명이 등장한 이후, 영국의 기술자 제임스 와트James Watt가 증기기관을 더 쓰기 간편하게 개량하고 개조했다. 뉴커먼의 증기기관은 탄광에서 물을 퍼내는 펌프를 움직이는 커다란 장치였지만, 와트의 증기기관은 어느 공장에든 갖다 놓을 수 있을 정도로 작고 실용적으로 만든 것이었다. 마침 이 시대 영국은 총, 대포, 마차, 시계 등의 다양한 철제 제품을 만드는 가공 기술이 제법 발전해 있었기 때문에, 증기기관 같은 상당히 복잡한 장치를 여럿 만들어 내는 것도 수월한 편이었다. 그 덕택에 증기기관은 여러 대가 생산되어 점점 더 많

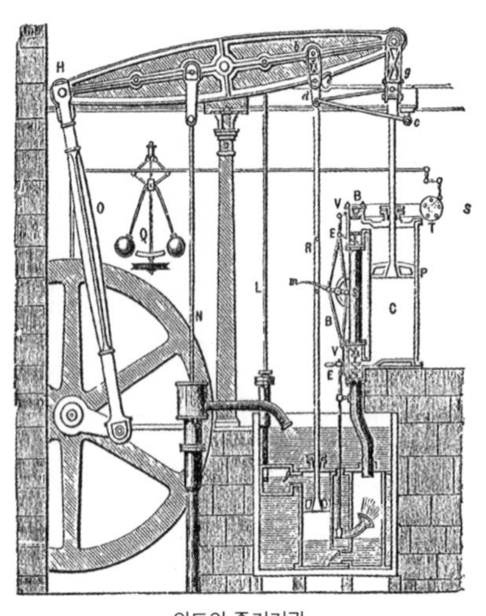

와트의 증기기관

은 곳에서 사용되었다.

여기에 더해서, 때마침 공장에 자동으로 돌아가는 기계 장치가 있으면 좋겠다고 꿈꾸던 사람들이 많았다. 대표적으로 언급되는 것이 목화솜에서 실을 뽑아내는 방적기와 실을 엮어 천을 만들어 내는 방직기다. 이 무렵 영국에서는 물레방아에 연결해서 작동하는, 실이나 천을 만들어 내는 기계들이 개발되고 있었다. 그런데 때마침 쓰기 좋은 증기기관이 개발되자, 물레방아 대신 증기기관을 연결해서 더 강한 힘으로 더 빠르게, 물레방아를 설치할 수 없는 지역에서까지도 자동 기계로 실과 천을 만들어 낼 수 있게 되었다.

이렇게 해서 증기기관이 쓸모가 많고 돈이 된다는 사실이 밝혀지자 많은 사람들이 더 좋은 증기기관을 만들어 내는 일에 뛰어들었고, 증기기관을 이용해 또 다른 물건을 만들어 내는 자동 기계도 이것저것 고안되기 시작했다. 수십 년 사이에 증기기관으로 마차를 움직이고 증기기관으로 배를 움직이는 시대도 시작된다.

이런 시각에서 보면, 영국의 산업혁명은 마침 많은 기회가 잘 맞아떨어졌기 때문에 일어날 수 있었던 일이다. 하필 영국에 석탄이 많아야 했고, 하필 그때 석탄을 많이 사용하는 문화가 있어야 했고, 하필 그때 자동으로 물자를 생산하는 다른 기계들이 개발되고 있어야 했고, 하필 그때 정밀한 증기기관을 만들 수 있는 금속 가공 기술을 갖추고 있어야 했다. 기계로 물건을 많이 만들면 그 물건을 사고팔 수 있을 만큼 상업 발전도 함께 이루어져야 했다. 그리고 이 모든 기회가 겹친 상황에서 뉴커먼과 와트 같은 뛰어난 발명가가 하필 영국에서 출현했어야 했다.

그리고 거기에 더해서 나는 개인의 자유에 대한 사람들의 생각도 그 잘 맞아떨어진 기회 가운데 하나일 수 있다고 본다.

만약 뉴커먼이 탄광의 물을 퍼내라는 임금의 지시를 받아 증기기관을 만들었는데, 탄광 펌프용으로 만든 증기기관을 다른 공장을 돌리는 용도로 개조할 때마다 임금과 대신들이 '왜 탄광 펌프로 쓰라고 개발한 기술을 함부로 다른 일에 쓰려고 드느냐'고 따지면서 허가를 받으라고 했다면 이런 변화가 이토록 빠르게 이루어질 수 있었을까? 이런 점에 초점을 맞춘다면 《국부론》은 사회를 지배하는 소수가 세상일을 다 알고 조종할 수 있다고 생각하며 기술과 산업을 모두 손에 틀어쥐고 있던 시대에 그 이상을 내다본 책이다. 이것도 《국부론》이 인기를 얻은 중요한 이유가 아닐까 짐작해 본다.

1867년 무렵 조선 사람들은 증기기관을 이용해서 노를 젓지 않고 바람이 없어도 자유자재로 움직이는 유럽식 배를 보고 충격을 받아서, 조선의 기술로 증기기관을 이용한 배를 제작하는 데 도전했다. 1807년, 미국의 로버트 풀턴Robert Fulton이 증기로 움직이는 배를 운항하는 사업에서 성공을 거둔 시점으로부터 60년이 지난 시기였다.

그때 조선에서 증기기관을 만드는 일에 나섰던 기술자는 김기두라고 알려져 있다. 성능에 대한 나쁜 소문이 돌았던 것을 보면 썩 뛰어난 배는 아니었던 듯하다. 그러나 그래도 움직이기는 했다는 기록을 보면 어느 정도 쓸모는 있었던 것 같다. 그러나 이 배에 대한 이야기는 그뿐으로, 누가 어떻게 활용했는지, 정확히 어떤 규모의 배가 어떤 모습으로 개발되었는지에 대해서도 더 이상 알려진 것이 없다. 당연히 이 배를 개발한 기술이 조선에서 산업혁명을 일으키지도 못했다. 석탄이 없던 조선에서는 나무를 태운 숯으로 배를 움직여야 했던 데다가, 그나마 비슷한 기계를 대량생산할 만한 기술도, 경제력도 부족했기 때문이다.

배를 만든 김기두가 이 배 덕택에 돈을 얼마나 벌었는지 설명하는 기록도 전혀 없고, 김기두라는 사람이 어쩌다가 이런 일을 하게 되었는지에 대해서도 관심을 두지 않는다. 그저, 임금의 아버지였던 대원군 이하응李昰應이 조정의 권위로 명령했기 때문에 김기두란 사람이 배를 만들었다고 되어 있을 뿐이다. 심지어 "대원군이 증기선을 만들었다"는 설명으로 끝나는 글도 적지 않다. 이런 예에서 보듯 나는 그저 기술 수준의 차이뿐만 아니라 기술이 개발되고 활용되는 방식과 관점이, 산업혁명이 있었느냐 없었느냐에 따라 완전히 달라진다고 생각한다.

19세기 영국의 발전을 상징한다고도 할 수 있는 소설 《80일간의 세계일주Le Tour du monde en quatre-vingts jours》는 《국부론》이 나오고 대략 100년의 세월이 지난 후에 출간된 책이다. 1873년에 나온 책이니 산업혁명이 사실상 완성된 시기를 배경으로 하는 이야기라고 할 수 있다. 그 줄거리는 19세기 후반, 주인공인 영국 신사 필리어스 포그 일행이 '산업혁명의 결과로 완성된 최신 기술을 이용할 경우 80일 만에 세계를 한 바퀴 도는 여행이 가능한가 불가능한가'를 두고 건 내기에서 이기기 위해 전속력으로 세계를 도는 모험을 벌인다는 내용이다.

이 책은 프랑스 작가인 쥘 베른Jules Verne이 쓴 것이지만 등장인물들의 다수가 영국인이고, 영국과 영국의 식민지가 주요 무대로 등장한다. 쥘 베른은 유럽 여러 나라 사람들이 등장하는 국제적인 소설을 자주 쓴 작가인데, 어떻게 보면 《80일간의 세계일주》 역시 그런 성향이 드러나는 이야기라고 할 수 있다. 그러면서도, 산업혁명으로 세상이 갑작스레 빠르게 발전하고 그 때문에 모든 것이 바뀐 새로운 기술의 세상을 보여주려는 책의 주제와도 잘 맞기에 소설의 주인공도 산업혁명의 본고장인 영국의 인물이 된 게 아닌가 싶다. 막연한 상상일 뿐이기는 하지만 어쩌면 쥘 베른은 영국 이야기를 통해 프랑스 사람들에게 '우리보다 좀 더 선진국인 영국은 이렇다'는 이야기를 하고 싶었던 것인지도 모른다.

그런 점에서 이 소설은 시작부터 산업혁명 이후의 바뀐 세계가 어떤 곳인지 재미있게 짚어가며 진행된다고 볼 수 있다.

필리어스 포그

주인공은 필리어스 포그라는 인물이다. 그는 시간을 정확하게 지키는 것을 매우 중시하는 사람이라고 소개된다. 이는 정확한 시계를 생산하는 정밀 공업이 가능해진 시대라는 느낌을 주면서, 동시에 당시 영국 신사들의 깔끔한 분위기를 과장해서 상징한다.

만약 《수호전》 시대에 나온 물시계 장치가 최고의 시계인 시대가 배경이었다면, 《80일간의 세계일주》의 필리어스 포그처럼 1초, 2초라는 시간을 중시하는 버릇을 가진 인물은 등장할 수 없었을 것이다. 한편으로 포그에 대한 이런 묘사는 나중의 이야기를 위한 중요한 복선을 던져주는 역할도 한다. 그렇게 시간이라는 하나의 소재로 시대 배경과 주인공의 특징을 표현하고, 동시에 나중에 벌어질 사건을 위한 밑밥으로도 사용하는 것이다. 나는 여기에서 작가 쥘 베른의 탁월한 글솜씨가 드러난다고 본다. 흔히 소설의 3요소를 인물, 사건, 배경이라고 하는데, 시간을 중시하는 필리어스 포그의 버릇을 서술하면서 쥘 베른은 그 세 가지를 동시에 꿰뚫는 솜씨를 보여준다.

조금 더 살펴보면 영국 신사 필리어스 포그라는 인물의 정체에 대해 늘어놓는 이야기 역시 산업혁명 이후의 사회상을 반영하고 있는 느낌이다.

옛글에서는 주인공이 고귀한 혈통이라는 사실을 중시하는 경우가 많다. 조선의 허균이 쓴 《홍길동전》 같은 소설은 혈통과 출신을 따지는 이야기가 초반의 중요한 주제이고, 고대의 서사시인 《일리아스》에서는 많은 인물들이 아예 신의 자손으로 설정되어 있다. 그러나 《80일간의 세계일주》의 필리어스 포그는 돈이 많은 인물이라고만 언급되어 있을 뿐, 과거의 경력과 혈통은 정체불명이다. 고귀한 가문의 자손이기는커녕 친척 하나 없는 사람이라고 되어 있으며, 심지어 소설 중반에서는 그의 정체가 은행 강도일 것이라는 얘기가 등장할 정도다.

쥘 베른은 주인공을 정체를 명확히 알 수 없는 인물로 묘사하여 이야기의 재미를 돋우고 소설 속 주인공을 둘러싼 신비한 느낌, 그가 흥미로운 사람인 듯한 느낌을 더하고 있다. 한편으로는, 사업과 거래로 갑자기 부자가 된 사람들이 부상하던 당시 영국의 사회 분위기가 인물을 소개하는 글을 통해 은근히 전해지는 것 같기도 하다. 지금의 영국은 왕족과 귀족이 있는 나라라는 느낌이지만, 이 책의 분위기는 그와는 좀 다르다.

본격적인 모험이 시작되면, 필리어스 포그는 당시 알려진 문명의 이기를 최대한 활용하여 전속력으로 세계를 여행한다.

극중에서 최신 기술이란 증기기관을 가장 효율적으로 활용하는 기술이다. 증기기관으로 움직이는 열차를 이용해서 대륙을 빠르게 가로지르고, 증기기관으로 움직이는 배를 타고 대양을 건너 여행한다. 《80일간의 세계일주》의 주인공들도 동남아시아를 지나 동아시아 지역을 거쳐 여행하므로, 《걸리버 여행기》에서 걸리버가 이동했던 길과 어느 정도 뱃길이 겹치기도 한다. 그러나 《걸리버 여행기》의 주인공이라면 바람이 충분히 불 때를 기다려 배를 띄우고 그러고 나서도 몇 날 며칠 바람에 따라 한참을 실려 다녀야 했던 바닷길을, 《80일간의 세계일주》의 주인공들은 석탄이 내뿜는 열과 증기로 동작하는 기계의 힘으로 훨씬 더 빠르게 가로지른다.

그렇다면 《80일간의 세계일주》를 어느 정도 SF 성격을 띠고 있는 소설로 볼 수도 있다. 아닌 게 아니라, 쥘 베른은 SF가 등장해서 본격적으로 주목받기 시작한 시대를 장식한 대표적인 작가다. 쥘 베른의 다른 소설인 《지구에서 달까지De la terre à la lune》라든가 《해저 2만리Vingt mille lieues sous les mers》 같은 소설은 초기 SF의 걸작으로 널리 인정되고

소설 속 증기기관차

있다.

지금 보면 《80일간의 세계일주》는 전형적인 19세기 모험담 같은 느낌이지만, 기술이 좀 더 발전한 미래에나 가능하지 현실에서는 아직 불가능하지 않을까 싶은 일에 주인공들이 도전하고, 그 도전을 가로막는 난관을 그때 기준으로는 첨단기술이라고 할 수 있는 기술을 활용해 돌파해 나간다는 면에서는 과학기술을 중시하는 SF 느낌이 제법 감돌고 있다. 요즘 평론가들 중에는 아주 환상적인 기술을 다루지 않고 현실에서 개발되어 있는 첨단기술의 놀라운 측면을 강조하는 소설들을 다른 SF와 살짝 구분하여 '테크노 스릴러'라고 부르는 경우가 간혹 있는데, 그렇다면 《80일간의 세계일주》는 적어도 19세기의 테크노 스릴러로 분류될 수는 있을 것 같다.

《80일간의 세계일주》에서 SF스러운 느낌이 특히 빛을 발하는 대목은 그 아슬아슬하고도 멋진 결말 부분이다. 《80일간의 세계일주》의 결말은 이야기의 중심 소재를 정면으로 활용하면서 그 과학적인 특징을 정확히 짚고 넘어가는 방식으로 짜릿한 반전을 만들어 낸다.

이 소설의 반전은 너무나 멋져서, 출간된 지 이미 150년쯤 된 소설인데도 책을 읽지 않은 사람들에게 그 반전을 말하는 것이 꺼려질 정도다. 더군다나 《80일간의 세계일주》는 반전을 드러내는 방식조차, 소설의 마지막을 장식하는 주인공의 사랑 이야기를 다루면서 그와 함께 엮어서 꾸몄다. 그 때문에 이야기의 감정은 더욱 깊어진다. 모험의 결말을 서술하는 문장은 흐뭇한 웃음을 띠게 하는 농담처럼 되어 있지만, 이렇게 모든 주제가 뒤섞여 최고의 마무리를 지은 뒤에 이어지는 문장이다 보니 그저 우습다기보다는 읽을 때마다 무척 감동적이다.

물론 이렇게 장점이 넘치는 소설이지만, 21세기의 시선으로 봤을 때 《80일간의 세계일주》가 마냥 아름다운 이야기인 것만은 아니다. 이야기에 등장하는 세계 여러 사람들의 다양한 삶의 모습은 말 그대로 19세기 시절에나 통하던 외국인들의 정형화된 모습을 우스꽝스럽거나 괴이하게 다루는 데 멈춰 있는 경우가 많다. 말하자면 인도에서는 코끼리를 타고 여행하고 미국의 서부에서는 권총을 꺼내 총싸움을 한다는 식의 이야기가 계속해서 등장하는 것이다. 어떻게 생각해 보면 세계 여행 모험담에서 쉽게 기대할 만한 이야깃거리라는 생각도 들지만, 선진국인 서유럽 국가가 전 세계에서 가장 발전되어 있으며 나머지 지역들은 거기에 지배받고 있는 구도가 부각되는 느낌을 받을 수도 있다. 그런 식이라면 이 소설을 통해 보는 세상은 왜곡된 것이라고 할 수 있다.

하기야 이 소설이 나온 1870년대는 유럽의 식민지 지배 중에서도 잔혹했던 것으로 악명 높은 중앙아프리카 콩고에 대한 지배가 시작되던 시기다. 그런 시대에 나온 소설이니만큼, 이 소설 속 이야기가 옛 시대의 한계에 갇혀 있다는 문제 지적은 타당하다. 지금에 와서는 그런 문제를 이해하면서 읽을 필요가 있는 책이라는 생각이 든다.

그런 만큼, 지금 이 소설을 읽을 때 책이 나온 1870년대의 한계보다는, 작가 쥘 베른이 빠르게 발전하는 기술 속에서 떠올렸던 미래의 모습에 좀 더 주목할 필요가 있다는 생각도 해본다.

이야기 속에서 쥘 베른은 특별한 허가를 받지 않은 사람도, 임금도 귀족도 아닌 사람도 언제나 탈 수 있는 교통수단만을 이용해서 짧은 기간 안에 세계 여행이 가능한 세상이 열렸으며, 바로 이 세상 속에서 세계 모든 사람들이 결국 예전보다 훨씬 더 가까이 사는 시대가 되고 있다는 사실을 보여주려고 했다. 이 책의 제목부터가 《80일간의 세계일주》 아닌가. 더 이상 아시아의 먼 나라가 황금과 은이 쌓여 있는 신비의 세계가 아니라, 표를 사서 배를 타면 누구나 갈 수 있는 곳이라는 점을 짚어 보여주는 이야기라는 뜻이다.

소설은 세상의 모든 나라 사람들이 발전한 과학과 기술을 이용해서 서로 이해하고 소통할 수 있으며, 앞으로 기술이 더 발전하면 그런 소통이 점점 더 깊어질 것이라는 미래를 이야기하고자 한다. 《80일간의 세계일주》에서 쥘 베른이 보여준 현대란 온 세계가 하나로 연결되어 있으며 세계 모든 사람들이 서로 영향을 주고받는 세상이다.

《80일간의 세계일주》는 분석하기에 따라서는, 아무도 이해할 수 없을 것 같은 괴팍한 인물인 필리어스 포그가 지구 저편 완전히 다른 문화를 가진 머나먼 나라에서 일생의 사랑을 발견하고 그 덕분에 세계일주가 멋지게 완성되는 이야기라고 요약할 수도 있다. 과거의 세상에서는 서로 만나는 것을 상상할 수도 없었던 먼 거리에서 살던 다른 나라의 사람들이 증기기관으로 움직이는 19세기 과학기술의 힘으로 만나고 서로 이해하며 사랑하게 된다는 것은《80일간의 세계일주》의 핵심을 차지하는 내용이다.

현재와 미래는 기술의 발전에 따라 서로 다른 나라의 사람들이 더욱더 가깝게 어울리고, 다른 생각과 문화를 가진 사람들이 서로 부딪을 일이 많은 시대다.《80일간의 세계일주》는 이런 시대에 필요한 아름다움을 한쪽에 담아 미리 보여준 소설이라고 생각한다.

한동안 4차 산업혁명이라는 말이 유행했는데,《80일간의 세계일주》는 처음으로 산업혁명이라는 사건이 있었던 시대, 1차 산업혁명을 겪은 후에 나온 걸작이다. 과학기술로 인해 빠르게 변화하는 세상에서 어떤 미래를 꿈꿀 수 있는지, 그 꿈속에서 더 중요하게 여겨야 하는 것은 무엇인지 우리에게 미리 보여준 소설이라고 할 수도 있을 것 같다.

— *chapter 9.* —

《오 헨리 단편집》과 전봇대

"그러고 보면 토머스 에디슨은 오 헨리가 활동하던 시기에 뉴욕과 그 인근에서 활동하던 인물이다. 좀 더 정확히 말하면, 에디슨과 그 비슷한 기술자 및 발명가 들이 바꾸어 놓은 뉴욕의 풍경이 그대로 오 헨리가 그려내는 소설의 배경이 되었다고 보는 것이 옳다."

단편소설 하면 가장 쉽게 떠올릴 수 있는 이야기는 무엇일까? 병든 사람이 창 바깥을 내다보며 폭풍에 흔들리는 나뭇잎이 모두 떨어지면 나도 세상을 떠날 거라고 생각하는 이야기가 떠오른 사람이 꽤 있을지 모르겠다. 혹은 한 가난한 부부가 있는데, 남편에게 크리스마스 선물로 시곗줄을 사주고 싶었던 아내가 머리카락을 잘라 팔아서 돈을 마련한다는 이야기를 떠올린 사람이 있을지도 모른다. 두 소설 모두 단편소설의 거인으로 꼽히는 미국 작가 오 헨리 O. Henry가 쓴 이야기다.

오 헨리 단편은 쉽게 이해할 수 있는 인물이 등장해서 금방 빨려들 만한 사연을 겪으며 이야기가 펼쳐지는 경우가 많다. 그리고 마지막 장면에서 재치 있는 사건, 놀라움을 주는 의외의 결말이 펼쳐지곤 한다. 그래서 과연 이야기가 어떻게 끝이 날지 기대하면서 읽어나가게 되고, 짧은 글이지만 다 읽고 나면 긴 여운이 남는 글도 적지 않다. 재미있게 읽어나갈 수 있는 흥미진진한 이야기들이면서도, 지나치게 자극적인 폭력이나 기괴한 사건이 벌어시기보다는 생활 주변에서 어렵지 않게 볼 수 있는 상황을 배경으로 사건을 펼쳐나간다는 것도 장점이다.

그래서인지 오 헨리 소설은 동화나 만화, 텔레비전 쇼 등으로 다양하게 각색되어 더욱 많은 사람들에게 알려지기도 했다. 무시무시한 악마가 나타나 피바람을 일으키는 내용으로 사람들의 호기심을 자극하는 공포 소설 부류도 쉽게 눈길을 끌 수야 있겠지만, 그보다는 도시 외곽, 코니아일랜드의 유원지에서의 연애 이야기로 사람들을 감탄하게 만드는 오 헨리 단편소설이 TV에 방영하기에는 더 적합하다. 과연 오 헨리 소설 중에는 많은 사람들에게 쉽게, 가깝게 와닿을 수 있는 이야기들이 많다. 오 헨리는 1910년에 48세의 나이로 작고했는데, 살아생전에 이미 그런 부류의 이야기를 잘 쓰는 단편 작가로 명망을 얻었다.

오 헨리가 세상을 떠나고 40여 년이 지난 1952년에는 그의 단편소설 줄거리를 이용한 할리우드 영화가 제작되었다. 한국에서도 〈인생의 종착역〉이라는 제목으로 개봉되었던 영화인데, 나중에는 〈오 헨리의 풀하우스O Henry's Full House〉라는 제목으로 알려지기도 했다.

이 영화는 할리우드 대형 영화사의 전성기를 대표하는 20세기폭스사에서 제작되어, 헨리 해서웨이, 하워드 혹스 같은 당시 미국 영화계 최고의 감독들이 연출을 맡고, 매릴린 먼로, 리처드 위드마크 같은 최고의 배우들이 출연하기도 했다.

영화는 사회자가 나와서 오 헨리라는 작가에 대해 간단히 설명하고 그의 단편소설 다섯 편을 차례로 소개하면서 영화 한 편에서 그 다섯 가지 이야기를 돌아보는 형식으로 진행된다. 한국에서는 《분노의 포도The Grapes of Wrath》와 《에덴의 동쪽East of Eden》의 작가로 잘 알려진 미국 작가 존 스타인벡John Steinbeck이 영화 속 사회자 역할을 맡아 직접 출연했다. 문학가, 작가 하면 쉽게 떠올릴 수 있는 인물인 오 헨리의 소설들을 활용한 이야기라는 느낌을 십분 살리고 문학에 관한 영화라는 느낌을 강하게 풍기기 위해 존 스타인벡을 기용한 것 아닌가 싶다. 이후 존 스타인벡은 이 영화에 출연한 지 10년쯤 지난 1962년에 노벨 문학상을 수상하기도 한다.

그러나 정작 오 헨리 본인은 노벨 문학상이나 할리우드 배우 및 감독들의 화려한 생활과는 거리가 먼 삶을 살았다. 그는 일생의 적지 않은 기간을 경제적 고초에 시달리며 살았다. 40대 후반에는 술에 찌들어 산 것처럼 보이기도 한다. 오 헨리가 가장 활발히 소설을 쓰기 시작한 것은 1902년 즈음인데, 이 무렵 그는 《뉴욕 월드 선데이 매거진》이라는 주간지에 소설을 싣기 위해 매주 한 편꼴로 소설을 썼다. 오 헨리가 쓴 단편소설이 380편이 넘는다고 하는데, 이 정도로 열심히 소설을 쓴 것은 아무래도 생활고 때문에 잡지사에서 원고료를 받기 위해서가 아니었나 싶다. 그나마 그렇게 활발하게 활동한 지 8년 만에 오 헨리는 건강 악화로 세상을 떠나고 만다.

오 헨리의 소설이 인기가 없었던 것은 아니다. 오 헨리의 소설은 현대 독자들의 눈으로 봐도 생생한 재미가 살아 있고, 동시에 깊은 감동을 전해준다. 오 헨리가 살던 시대에, 그가 소설 속에서 그려낸 세상을 그대로 생생하게 살고 있던 독자들에게 그의 이야기들은 더욱 실감 나게 다가갔을 것이다. 때문에 오 헨리는 적어도 독자들에게는 어느 정도 인기를 끌었던 것 같다.

그러나 그에 비해 오 헨리의 소설이 문학인들과 평단에서 충분한 평가를 받았느냐 하면 그건 아니었던 듯하다. 재미를 중시하여 웃긴 장면과 재미있는 말을 많이 써서 글이 가볍다는 평가를 받기도 했을 것이다. 가벼운 이야기라고 해서 그런 글이 쓰기 쉽다거나 담고 있는 사상이 얄팍해지는 것은 아닌데, 사람들 중에는 거창한 소재를 다루며 고뇌하는 인물의 절절한 심정을 강렬한 단어로 써 내려가야만 수준 높은 글이라는 착각에 빠진 이들이 있다.

또한 오 헨리 소설 중에는 이야기의 앞뒤가 딱 맞아떨어지면서 마지막에 인상적인 결말을 배치해 둔 것들이 많다. 그런 식으로 잘 맞아떨어지는 소설 구성을 보고 현실감이 결여됐다고 지적하는 사람도 종종 있었을 것이다. 하지만 현실 사회의 고민과 갈등은 극적인 이야기로 멋지게 결말을 맺지 못하는 것이 보통이다. 그런 점에만 주목한다면, 그야말로 지어낸 이야기처럼 딱 맞아떨어지는 오 헨리의 글은 그저 재미를 위해 지어낸 이야기에 머물 뿐 그 이상은 아니라고 느끼는 사람도 있을 법하다.

오 헨리의 전성기는 그보다 한 세대 앞선 프랑스 단편소설의 거장 기 드 모파상Guy de Maupassant이 인기를 얻은 지 얼마 지나지 않은 시대였다. 단편에 강했다는 점, 결말을 강렬하게 꾸민다는 점, 의외의 결말을 위해 초중반부를 잘 조율해 놓는다는 점, 이야기를 통해 당시 사회상과 사회문제를 간파하여 풍자한다는 점 등등에서 오 헨리의 글은 먼저 나온 모파상의 글과 비슷해 보인다. 그 때문에 오 헨리가 오늘날 그에 대한 평가보다 당시에 더 낮은 평가를 받았을 수도 있을 거라는 생각도 든다.

그러나 이미 세계 곳곳의 어린이들까지도 〈마지막 잎새The Last Leaf〉나 〈현자의 선물The Gift of the Magi〉(일명 〈크리스마스 선물〉) 같은 오 헨리의 대표작들을 잘 알고 있는 요즘, 그의 단편들을 돌아보면 역시나 빛나는 장점들이 먼저 눈에 들어온다. 오 헨리의 결말짓는 솜씨는 텔레비전 각본가나 작가 지망생들에게 꽤 많은 영향을 끼쳤고 그 비슷한 아류작도 너무 많이 나왔기에, 요즘에는 그런 장점은 도리어 덜 멋져 보일 수도 있다. 대신 '결말이 너무 웃기더라'는 또 다른 강한 느낌에 묻혀 있었던 다른 장점들이 좀 더 잘 드러난다.

예를 들어 오 헨리 소설은 20세기 초 당시의 세태, 20세기다운, 현대적인 느낌이 풍기는 시대에서 가능한 이야기를 잡아채, 그것을 당시 사회를 살아가는 보통 사람들의 이야기로 잘 표현한다. 《80일간의 세계일주》에서는 대모험을 떠나는 백만장자가 주인공이었고, 《걸리버 여행기》에서는 머나먼 길을 떠난 뱃사람이 상상 외의 나라를 찾아가는 이야기가 펼쳐졌지만, 오 헨리의 단편 속에서는 보통 사람들이 모여서 살아가고 있는 생활의 현장인 도시 한구석, 공원 벤치, 교회 옆 골목, 나뭇잎이 떨어져 가는 골목 담벼락 같은 곳이 배경이다. 그리고 바로 그곳을 지나다니는 사람들이 주인공이 되어 줄거리가 펼쳐진다. 그런 식으로 이야기를 만들어 가면서도, 오 헨리의 소설은 어떤 특별하고 고귀한 사람이 등장하는 이야기 못지않게 즐겁게 읽히고 강렬한 느낌을 준다.

오 헨리의 이런 정신이 상징적으로 잘 표현된 단편집은 아마 《4백만The Four Million》일 것이고, 이런 소재가 상징적으로 잘 드러난 단편을 꼽는다면 〈매디슨 스퀘어의 아라비안나이트A Madison Square Arabian Night〉일 것이다. 《4백만》이라는 소설집 제목은 20세기 초 거대 도시로 성장한 뉴욕의 인구가 4백만 명이었던 것에서 비롯되었다.

'4백만'이면 과거 유럽인들이 역사상 가장 강력하고 거대한 제국이라고 생각했던 로마 제국 시절, 말하자면 《변신 이야기》가 나오던 무렵의 로마 인구를 몇 배쯤 뛰어넘는 숫자일 것이다. 그 거대하고 복잡한 도시의 수많은 빌딩 한곳에서 저마다의 사연을 가진 사람들이 살아가고 있다는 것을 나타내는 숫자가 4백만이다. 그냥 뉴욕, 도시라고만 하면 4백만의 인구가 뭉친 거대한 한 덩어리인 것 같지만, 4백만이라고 숫자로 쓰면 4백만 가운데 한 사람 한 사람이 저마다의 인생을 살아가고 있고 각자 곡절과 고민과 꿈꾸는 행복이 있으며 서로

1900년경 뉴욕의 풍경

다른 이야기를 품고 있다는 사실도 그 숫자 속에 살아 있는 것처럼 느껴진다.

〈매디슨 스퀘어의 아라비안나이트〉에서 말하는 '매디슨 스퀘어'란 뉴욕의 맨해튼 시내에 있는 잘 알려진 광장이다. 세계에서 가장 발전된 도시의 잘 알려진 광장이지만, 동시에 이곳은 누구나 지나갈 수 있는 거리의 한곳이기도 하다. 산업 발전으로 성장한 현대의 도시에서는 백만장자가 사는 화려한 건물 바로 곁에 빈민들이 하루 먹고살기 위해 치열하게 일하는 직장이 위치한 곳이 드물지 않다. 한번 쳐다보는 것만으로도 관람료를 내야 할 것 같은 어마어마하게 비싼 옷을 파는 가게 앞을, 일자리를 걱정하는 낡은 옷차림의 실직자가 지나치는 일이 언제나 벌어지는 곳이 현대의 도시다.

그 도시에서 세상 온갖 곳에서 모여든 각양각색의 사람들이 온통 어울려 살아간다. 그 많은 사람들 중에는 어느 시대의 모험가들 못지않은 놀라운 사연을 품고 사는 사람도 있기 마련이다. 《아라비안나이트》, 곧 《천일야화》에 나오는 이야기 못지않은 신비로운 비밀이 도시 밤 풍경의 그 많은 불빛 사이 어디엔가 숨겨져 있을지도 모를 일이다.

가장 활발히 소설을 써내던 시절을 전후로 오 헨리는 뉴욕에 살면서 그 도시의 한 사람으로 지냈다. 그곳에서 지내며 스스로 경험하는 도시의 삶도 그의 소설에서 19세기 말, 20세기 초에 생겨난 거대 산업사회 도시의 사연을 더 생생하게 표현하는 데 분명 어느 정도는 도움이 되었을 것이다.

오 헨리는 미국 시골 마을이나 아메리카 대륙을 가로지르는 기차를 배경으로 하는 소설도 멋지게 써냈다. 그렇지만 나는 그가 도시 풍경

속에서 각계각층의 인물들을 이야기에 담아낸 솜씨야말로 특별히 훌륭하다고 생각한다. 산업혁명 이후 빠르게 늘어난 수많은 공장들과, 그 공장을 돕고 관리하는 회사 사무실들과, 그런 사무실들을 돕고 관리하는 회사의 사무실들과, 다시 그런 회사의 사무실들을 돕고 관리하는 회사의 사무실에서 일하는 수많은 직원들이 거리를 가득 메우고 바쁘게 지나가는 도시의 모습. 《일리아스》에는 결전이 벌어지는 전쟁터가 무대로 등장하고, 《걸리버 여행기》에는 하늘을 떠다니는 신비한 땅이 무대로 등장한다면, 오 헨리의 소설에서는 바로 그렇게 회사원들이 가득한 도시의 거리가 전쟁터이자 신비한 땅이다.

〈정신없는 브로커의 로맨스The Romance of a Busy Broker〉라는 단편소설을 예로 들어보자. 이 소설은 나 스스로도 단편소설을 써야겠다고 마음을 먹을 때마다 종종 떠올리는 소설이다. (나는 소설을 쓰기 전 뭘 쓸지 궁리할 때 떠오르는 생각을 메모해 두는 수첩을 갖고 다니는데, 여기에 '정신없는 브로커의 로맨스'라는 이 소설 제목을 써두었다. 소설을 어떻게 써야 할지 모를 때, 이 소설은 어땠는지 언제나 돌이켜 보며 참고할 만하다고 생각했기 때문이다.)

이 소설에는 증권을 거래하는 금융 업계 종사자가 주인공으로 등장한다. 소설 내용 중에도 한번 언급이 되어 있는데, 그의 직업과 삶은 과거의 시대라면 상상도 하기 어려울 만큼 항상 바쁘고 긴박하다. 그리고 소설 내용의 대부분이 그가 그렇게 바쁘게 산다는 사실로 채워져 있다.

그와 같은 삶의 방식은 오 헨리 시대의 뉴욕에 등장해서 지금까지도 변함없이 이어지고 있다. 정신없이 바쁜 브로커의 삶은 전 세계 수

많은 도시로 퍼져 나갔다. 빠르게 전해지는 정보를 입수해서 그 정보에 맞춰 재빨리 거래를 진행하려 애쓰고, 그렇게 해서 조금이라도 더 많은 돈을 벌기 위해 허둥지둥 일하며 여기저기에 연락한다. 그런 삶의 모습은 뉴욕의 맨해튼이나 서울의 여의도나 크게 다를 바가 없다.

오 헨리는 그렇게 사는 인생의 특징을 실감 나게 묘사하면서 동시에 우스우면서도 기이하고, 불쌍하면서도 즐거운 느낌의 짧은 이야기를 꾸몄다. 그리고 그 이야기를 소설의 형태로 풀어냈다. 이 정도의 짤막한 분량으로 쉽게 마무리되는 이야기를 쓰면서도 선명한 주제와 독특한 소재를 명확하게 드러내고 그 와중에 인간의 감정을 깊이 묘사하면서 동시에 웃기기까지 하다는 점은 나에게 이 소설이 대단해 보이는 이유다. 얼핏 보면 '그냥 작은 아이디어 하나만 살아 있는 소품, 작고 야심 없는 글 아닌가?'라고 별것 아닌 것처럼 여겨지는 소설일 수도 있다. 하지만 '정신없이 바쁜 도시의 금융 거래 담당자의 삶을 몇 페이지가량의 소설로 쓰시오'와 같은 목표가 주어져서, 청탁받은 주제를 소설 한 편에 잘 드러나게 표현하는 동시에 그 글을 기한 전에 재빨리 완성해야 하는 작가의 입장에서 본다면, 이 정도로 효율적으로 완성된 듯 보이는 소설도 흔치 않다.

〈정신없는 브로커의 로맨스〉가 보여주는 시대의 배경은 사람들이 모여 사는 도시에 전기 기술이 결합하면서 가능해졌다. 따지고 보면, 오 헨리가 소재로 삼은 20세기 초 뉴욕이라는 도시도 전기 기술의 토대 위에서 생겨났다고 말할 수 있을 것이다. 20세기의 도시는 전화로 사람들을 서로 연결하고, 전철로 사람들을 이동시킨다. 사람들이 높은 건물의 위층이나 지하의 깊은 지역으로 들어갈 때는 전기로 움직이는 엘리베이터가 작동되며, 사람들이 음악을 들으며 놀 때도, 밤새 일할 때도 도시에서는 언제나 전기가 빛을 밝혀서 모든 것을 이루어지게 한다.

특히 〈정신없는 브로커의 로맨스〉의 핵심에 자리 잡고 있는 기술은 전신電信이다. 전기를 이용해서 통신하는 일을 처음으로 가능케 한 바로 그 기술이다.

전신의 본바탕이 되는 원리는, 사람이 보내고 싶은 말을 일정한 규칙에 따라 아주 단순한 형태로 변환한 후 그 변환된 것을 이용해서 통신을 한다는 발상이다. 이 원리는 꼭 전기를 사용하지 않더라도 활용할 수 있다. 예를 들면, 지금의 서울 남산에 흔적이 남아 있는 봉수대 같은 것도 이런 원리를 이용한다.

산꼭대기에 있는 봉수대에 연기가 세 줄기 피어오르면 적군이 쳐들어오고 있다는 긴급 신호라고 서로 간에 미리 약속을 해두었다고 하자. 이후 실제로 적군을 발견하면 봉수대를 관리하는 사람은 '적군이 발견되었다'는 메시지를 연기 세 줄기라는 단순한 형태로 변환해서 표현한다. 그 사람이 봉수대에 연기를 세 줄기 피우면, 멀리서 그 장면을 본 사람들은 그것이 '적군이 발견되었다'는 뜻으로 알아듣는다.

이런 방식을 발전시켜서 더 복잡한 신호법을 개발하면 다양한 소식, 다양한 말을 주고받을 수도 있다. 옛날 유럽의 배들은 항해 중에 서로 의사소통을 하기 위해 여러 가지 색깔의 깃발을 흔들거나 배 위에 높이 올려 다는 방법을 사용했다. 가령, 항복하는 뜻에서 흰색 깃발을 매다는 것을 들 수 있다. 다양한 깃발을 여러 가지 방식으로 조합해서 사용하면 좀 더 복잡한 의사를 표현할 수도 있다. 바다 위에서 서로 멀리 떨어진 채 움직이는 배에서는 크게 소리를 질러도 뭐라고 말하는지 잘 들리지 않는데, 여러 가지 깃발로 의사를 표현하면 꽤 멀리 떨어져 있더라도 간단한 연락 정도는 주고받을 수 있다.

그러다 1820년, 덴마크의 한스 외르스테드Hans C. Ørsted가 전기의 힘이 변화할 때마다 자석 같은 힘인 자력, 즉 자기磁氣의 힘이 생겨서 나침반이 흔들린다는 사실을 발견했다. 그리고 얼마 후 사람들은 전기의 힘의 변화가 지속적으로 이루어지는 장치를 만들어 전기의 힘으로 자력을 계속해서 내뿜는 장치인 전자석을 만들었다. 전기의 힘으로 자석을 만들어 냈다는 이야기다. 어찌 보면 이때 처음으로 전기를 이용해서 뭔가 실용적인 일을 할 수 있는 장치가 탄생했다고도 할 수 있다.

이는 곧 전자석 장치를 이용해서 신호를 주고받을 수 있을 거라는 생각으로 이어졌다.

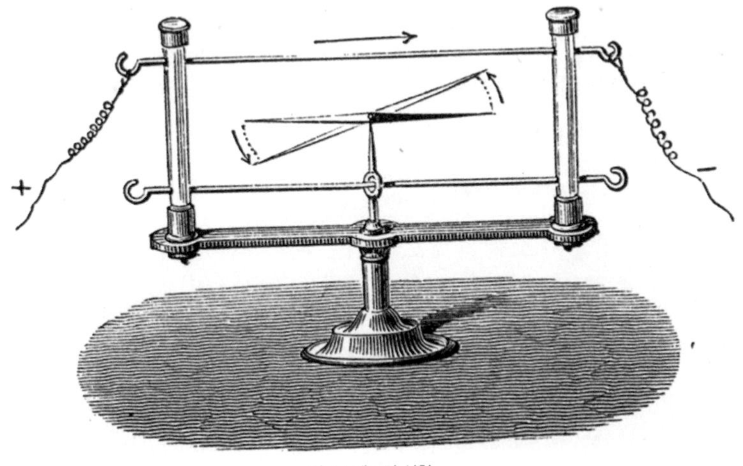

외르스테드의 실험

전선을 길게 연결한 전자석을 옆집에 두고 그 전선을 우리 집까지 끌어와 배터리에 연결하면, 옆집에 있는 전자석은 배터리를 연결할 때마다 자력을 내뿜는다. 만약 그 옆에 조그마한 쇳조각을 둔다면, 배터리가 연결될 때마다 쇳조각이 전자석에 철컥 달라붙을 것이다. 즉 내가 배터리를 연결하느냐 안 하느냐 조작하는 데 따라 옆집의 쇳조각이 전자석에 달라붙느냐 아니냐로 신호가 표현된다. 전선을 더 길게 연결해 놓고 더 강한 전기를 사용하면, 몇백 미터, 몇 킬로미터 떨어진 거리에서도 이런 식으로 신호를 전달할 수 있다.

미국의 새뮤얼 모스Samuel F. B. Morse는 전자석을 길게 작동시키는 것과 짧게 작동시키는 두 가지 방식을 이리저리 조합해서 복잡한 신호를 보내는 방법을 고안했고, 이 방식으로 알파벳 A에서 Z까지를 모두 나타낼 수 있도록 해서 글로 쓸 수 있는 말이면 무엇이든 전자석의 작동으로 표현할 수 있게 했다. 이 방식이 바로 모스 부호Morse Code다.

모스 부호를 이용해서 전기로 신호를 전달하는 방식은 빠르게 인기를 얻었다. 걸어서 몇 시간 걸리는 거리만큼 떨어져 있더라도, 그 사이에 전선을 깔아놓고 양쪽에 전기를 걸어 모스 부호로 서로 신호를 주고받으면 누군가 전해주는 사람이 따로 없어도 단숨에 소식을 전할 수 있었다. 마침 19세기는 몇 킬로미터씩이나 이어지는 긴긴 전선을 개발하고 설치할 수 있는 기술력과 경제력도 갖춘 시대였다.

사람들은 빠르게 소식을 주고받으려는 생각에 머나먼 거리를 전선으로 연결했다. 기술 발전에서 미래를 보고 과감하게 거대한 사업에 뛰어들던 이 시대 사람들의 도전과 모험심은 놀라울 정도다. 1858년에는 심지어 대서양을 지나 영국과 미국을 연결하기 위해 3,000 내지

4,000킬로미터에 달하는 기나긴 전선을 해저에 까는 엄청난 작업이 이루어졌다.

돌이켜보면, 콜럼버스가 유럽에서 아메리카 대륙을 찾아갔을 때에는 몇 달씩이나 목숨을 걸고 항해해야만 유럽과 아메리카 사이에서 소식을 전할 수 있었다. 그런데 1858년 그 거리가 전선으로 연결되자, 전자석이 딸깍거리는 동작으로 의사를 표현해서 곧바로 그 머나먼 거리를 넘어 서로 이야기를 주고받을 수 있게 되었다. 이 시절 전신 기술 발전의 강렬함은 19세기 말 한반도에도 전해졌던 것 같다. 지금 한국어에도 그 흔적이 남아 있어서 여전히 전기선을 연결하기 위해서 세우는 장대를 '전신 기술을 이용해서 전보를 보내기 위한 대'라는 뜻을 가진 '전봇대'라고 부른다.

전신 기술의 빠른 성장은 미국에서 특히 대단했던 것 같다. 미국은 땅이 넓어서 사람들이 멀리 떨어져 사는 곳이 많았으므로, 그 먼 거리를 잇는 긴긴 전기선을 설치하고 그것을 이용해 서로 통신하는 기술이 자주 화젯거리가 되곤 했다.

생각해 보면, 사람들끼리 멀리 떨어져 있다면 아주 긴 전선으로 연결해야 하니 너무 큰 사업이라고 생각해 부담스러워 지레 포기할 만도 하다. 그렇지만, 그 무렵 미국 사회의 분위기가 묘하게 잘 맞아떨어져서, 오히려 19세기 중반 미국은 넓은 땅에 흩어져 사는 데 따른 한계를 극복하기 위해 통신 사업을 더욱 크게 벌이는 쪽으로 움직였다. 서부의 황무지를 개척하면서 넓은 벌판에 끝없이 이어지는 전선을 설치하는 일을 하는 사람들의 이야기는 카우보이 이야기만큼 인기 있지는 않았더라도, 19세기 미국 서부 개척 시대의 중요한 장면을 차지한다.

미국에서 전신이 발전한 시기는 전기를 이용한 통신 기계 자체를 다루는 재미에 빠진 기술자와 연구자가 유독 많이 출현한 시절이라고도 할 수 있다. 그저 그 기술 자체를 재미있어 하고 좋아하는 팬 비슷한 사람들도 많이 생겼다. 오늘날 재미 삼아 컴퓨터 프로그램이나 컴퓨터 게임을 만들어 보는 청소년들이 있는 것과 마찬가지로, 19세기 중반 미국에는 전신 기술에 빠진 젊은이들이 많았다. 그리고 재미 삼아 컴퓨터 프로그램을 만들던 젊은이들이 21세기 IT 벤처 기업을 만들듯이, 19세기 중반 미국에도 전신이라는 통신 기술을 이용해서 새로운 사업을 벌이는 정보 통신 사업가들이 속속 등장했다.

그와 같은 몇 가지 이유로 이 시절 미국에는 다양한 성능과 기능을 갖춘 전신기들에 대해서 알아보고, 새로운 기능을 가진 전신기의 탄생을 재미있게 지켜보고, 직접 간단한 전신기를 만들거나 개조해 보기를 즐기는 사람들이 많았다. 게다가 전신기는 모스 부호라는 그들만의 언어를 이용해서 의사소통을 하는 세계였으므로, 뭔가 특별한 언어를 쓰는 사람들의 세계라는 감성까지 서려 있어 사람들을 더 빠져들게 했던 것 같다.

이를테면, 이 시기 전기 기술의 폭발적인 성장을 대표하는 인물인 토머스 에디슨Thomas Edison 역시 어린 시절부터 전신 기술에 매혹되었던 인물이다. 전신 기술을 얼마나 사랑했는지 에디슨은 자신의 두 자식을 '도트dot'와 '대시dash'라는 별명으로 불렀다. 이는 모스 부호에 사용되는 짧은 신호와 긴 신호를 가리키는 말이다. 한국에서는 전신기에서 나는 소리를 따라 '돈'과 '쯔'라고 한다.

토머스 에디슨의 삶을 살펴보면, 어릴 적부터 전신 기술에 푹 빠져 있었다는 점 외에는 조금 우울한 어린 시절을 보낸 사람이라는 생각이 먼저 든다. 에디슨 위인전에는 어린 시절 그가 학교에 적응하지 못하자 그의 어머니가 아들의 창의력을 키워주겠다며 과감하게 학교를 그만두게 하고 집에서 가르쳤다는 이야기가 멋진 일화로 기록되어 있는 경우가 많다. 하지만 에디슨의 어린 시절은 창의력을 마음껏 발휘할 수 있는 자유롭고 즐거운 시절은 아니었다. 사실 에디슨은 몇 차례 학교를 더 다니려고 노력했지만 거듭 실패한 부적응자에 가까웠던 것 같다.

뿐만 아니라 집안 형편이 어려워져서 이른 나이에 철도 회사에서 아르바이트를 해야 했고, 그러다 사고를 당해 청력을 상당히 잃기도 했다. 청력을 잃는다는 것은 전신기에서 나는 소리를 잘 들어야만 하는 전신 기술자에게는 큰 문제가 될 수 있는 일이었다. 그래도 워낙에 전신 기술에 빠져 있었던 에디슨은 어른이 되어서 전신 기술자로 취직했는데, 그때도 안정된 직장을 얻어 정착했다기보다는 전신 기술자를 필요로 하는 곳을 찾아 전국을 돌아다니는 가난한 삶을 살았다. 에디슨은 잠시 캐나다로 건너가 일한 적도 있었는데 이 시기 그를 둘러싼 일화를 보면, 전신 기술은 꽤 뛰어나지만 성격이 특이하고 조직에 잘 적응하지 못했으며, 세련된 일류 전신 기술자들에게는 시골 출신 떠돌이라고 무시당하기도 했던 듯하다.

그런 에디슨의 발명품 중에 처음으로 성공을 거둔 것은 다름 아닌 금융 시세를 전신으로 알려주는 장치였다.

19세기 중반 미국 대도시에는 증권이나 투자 대상이 되는 물품에 관한 정보를 빠르게 알아내고자 전신 기술을 활용해 보려는 사람이 많았다. 정보를 빨리 파악하면 투자에서 큰 이익을 얻을 때가 많았기 때문이다.

예를 들어, 내가 어느 시골 마을에서 금을 거래하는 상인이고, 오늘 이 마을의 금 가격이 한 덩어리에 100달러라고 해보자. 보통 금을 사고팔 수 있는 큰 시장은 대도시에 있는데, 그러면 이 마을의 금 가격도 결국 대도시의 거래가를 따라가게 된다. 그런데 뉴욕에서 금 한 덩어리가 120달러에 거래되고 있다는 소식을 남들보다 더 빨리 알게 된다면, 지금 당장 이 마을에서 금 한 덩어리를 100달러에 사들인 다음 뉴욕에 가서 팔아 차액을 벌 수 있다. 다른 사람들은 '뉴욕의 금 시세가 얼마냐'고 묻는 편지를 보내서 값을 확인하는 형편인데, 나는 전신을 통해 지금 거래되는 가격을 바로 알 수 있다면 당연히 무척 유리할 수밖에 없다.

에디슨은 자신이 궁리한 이런저런 기계를 발전시켜서 단순히 금이나 증권 같은 거래 대상의 가격을 알려주는 데서 그치는 게 아니라, 기계가 자동으로 읽기 좋게 표시해 주는 장치를 만들었다. 그러니까 전자석이 찰칵거리는 신호를 듣고 해독해서 시세가 얼마인지 알아내야만 하는 번거로운 장치가 아니라, 바로 읽을 수 있는 글자로 종이에 인쇄해 주는 장치를 발명했다는 뜻이다. 내용에 따라 전기를 알맞은 세기로 알맞은 시간 동안 보내면, 전기가 전달된 쪽의 톱니바퀴 장치가 정교하게 움직여서 보내는 사람이 의도한 글자 모양을 건드려 종이 위에 그 글자가 찍히도록 하는 구조였다.

요즘 주식 투자를 하는 사람들이나 인터넷 기사로 스포츠 중계를

에디슨이 발명한 주가정보 송신기(1872)

보는 사람들은 인터넷 화면을 계속 새로고침 하면서 새로 들어온 소식이 없는지 끊임없이 살펴보곤 한다. 에디슨은 150년 전쯤에 그와 비슷한 장치를 만든 셈이다. 컴퓨터나 스마트폰 화면에 글자를 표시해 주는 게 아니라, 길쭉한 종이테이프 위에 글자를 찍어주는 방식이 다를 뿐이다. 이런 장치는 에디슨이 개발한 것 말고도 여러 가지가 있었는데, 그중에 에디슨이 만든 것이 제법 효과가 좋았던 것 같다.

전선에 연결된 기계가 돌아가면 거기에서 글자가 적힌 좁고 기다란 종이가 나오는 방식의 장치는 한동안 널리 사용되었다. 소설 〈정신없는 브로커의 로맨스〉의 주인공도 인터넷 화면에 주식 시세가 뜨는 요즘 시대 사람은 아니니, 아마 에디슨 시절의 이런 장치들이 빠른 속도로 보여주는 증권 시세에 꽤 정신이 없었을 것이다.

그러고 보면 토머스 에디슨은 오 헨리가 활동하던 시기에 뉴욕과 그 인근에서 활동하던 인물이다. 좀 더 정확히 말하면, 에디슨과 그 비슷한 기술자 및 발명가 들이 바꾸어 놓은 뉴욕의 풍경이 그대로 오 헨리가 그려내는 소설의 배경이 되었다고 보는 것이 옳다.

에디슨의 결정적인 공헌은 전구 사업이라고 할 수 있다. 에디슨의 대표적인 발명품으로 전구를 꼽는 경우가 많고, 실제로 에디슨의 회사에서도 한동안 전구를 상징으로 삼았던 듯하다. 하지만 에디슨이 전구를 개발하기 전에도 전기로 빛을 밝히는 방법은 상당히 실용화되어 있었고, 심지어 에디슨과 거의 비슷한 시기에 거의 비슷한 방식으로 전구를 개발한 다른 인물들도 있었다. 그러니 전구가 에디슨의 상징이라고는 해도 전구 하나만 보면 에디슨이 특출할 것은 없었다고 말할 수 있을지도 모른다.

에디슨과 그가 차린 회사의 직원들이 남긴 진정한 공적은 전구라는 기구를 누구나 널리 사용할 수 있도록 전기를 보급하고 전구를 대량 생산할 수 있는 사업을 일으킨 데 있다.

에디슨은 전구를 만들었을 뿐만 아니라, 전기를 집집마다 공급할 수 있는 발전소를 건설했으며, 그 발전소가 뉴욕 시내 곳곳에 전기를 공급해 줄 수 있도록 전기선을 설치하고 연결하는 기술을 개발해서 공사를 진행했다. 전구 생산에 도움을 주는, 전구에서 공기를 빼내는 펌프 같은 장비를 개발하기도 했고, 전구를 설치하고 연결하기 위한 부품들도 개발했다(심지어 에디슨의 회사에서는 전기 요금을 매기기 위한 계량기도 만들었다). 그 모든 것을 만들어서, 사람들이 밤에도 전기를 이용해 도시를 온통 밝힐 수 있는 세상을 만들겠다는 꿈을 실현시키기 위해 애썼다. 빛이 우리 삶에 중요한 만큼, 도시 곳곳에 전선을 잔뜩 연결해 전기를 계속 공급하는 다른 시대, 다른 도시 풍경을 창조하겠다는 생각 자체가 그들의 발명품이었다. 그리고 실제로 그렇게 세상을 바꾸어 놓는 데 성공했다.

그 덕택에 도시 수많은 사람들의 삶이 바뀌었다. 에디슨과 전기의

에디슨(오른쪽)이 발명한 진공 펌프

시대가 오기 전까지는 어디까지나 밝은 낮에는 활동하고 어두운 밤에는 자는 세상이었다. 등불이나 초를 밝히고 밤에 활동하는 것도 어느 정도는 가능했지만, 밤에도 낮처럼 일할 수 있을 만큼 환한 빛을 얻기란 너무 어려웠다. 그런데 전기가 공급되고 전기의 빛이 도시를 밝히면서 사람들은 처음으로 밤이라는 시간을 마음껏 활용할 수 있게 되었다.

밤을 새워 즐기는 놀이가 더 유행하게 되었고, 반대로 밤을 새워 일하는 사람도 더 많아질 수 있는 세상이 되었다. 밤의 분위기에 더 어울리는 쇼와 여흥이 자리 잡기 시작했고, 저녁 시간의 휴식을 즐기는 방법도 다양해졌다. 흔히 뉴욕을 24시간 언제나 일하는 사람들이 있는 도시라는 뜻으로 '잠들지 않는 도시'라고들 하는데, 정말로 세계 곳곳의 도시가 잠들지 않는 곳으로 변해서 밤마다 휘황한 야경을 갖게 된 것도 바로 전기의 시대가 시작된 덕분이었다.

또한, 쉼 없이 빠르게 돌아가는 도시에서 더욱 즐겁고 더욱 부유한 사람들이 생겨나는 만큼, 저마다의 사연으로 서글픈 삶을 사는 사람들이 많아진 것도 20세기의 풍경이다. 비록 세상이 다시 바뀌어 21세기에는 침대에 엎드린 채 스마트폰으로 유튜브 동영상을 보면서 휴식을 취하고 있지만, 우리가 전기로 밝히는 조명 아래에서 전기 기구를 통해 전해지는 정보를 접하며 살아가는 한, 여전히 지난 세기에서부터 이어지고 있는 전기 시대를 살고 있는 셈이다.

따라서 오 헨리가 그려낸 20세기의 풍경은 지금의 우리가 그대로 느낄 수 있는 이야기이기도 하다. 그리고 그렇게 생각하면, 오 헨리 소설이 갖고 있는 또 다른 장점 한 가지가 더욱 뚜렷하게 다가온다.

오 헨리는 20세기 도시를 살아가는 매우 다양한 인물들을 소설 속에 등장시켰다. 그러면서도, 도시의 화려한 모습을 그려내는 한편 주목받지 못하는 불우한 인물들을 등장시키는 데에도 주저함이 없었다. 오 헨리의 소설에는 도둑이나 금고털이 같은 인물이 등장할 뿐만 아니라 떠돌이와 노숙자, 병든 사람과 가난한 생활을 길게 이어가는 소외된 인물들이 자주 등장한다.

그런데 그런 인물들이 등장한다고 해서 반드시 그 고통을 처절하게 묘사하고 삶의 괴로움과 슬픔을 한없이 울부짖는 내용으로만 소설을 채우진 않는다. 오히려 그 팍팍한 삶을 손에 잡힐 듯 다루어 가는 와중에 우스꽝스럽고 재치 있는 이야기가 펼쳐진다. 가난하고 힘들게 살아가는 사람들의 이야기를 가까이 가면 큰일 날 것 같은 어둡고 참혹한 이야기로 표현하는 게 아니라, 사람이라면 어쩌다 겪을 수 있는 이웃의 이야기로 표현하는 것이다. 그 덕택에 즐겁게 읽어 내려가면서도, 도시 풍경 이면의 부조리와 서글픈 사회문제는 오히려 더 깊숙이 다가온다. 나는 이런 점이야말로 오 헨리 소설의 가장 큰 장점이며, 그 때문에 소설 속 수백만 인구의 도시가, 함께 어울려 24시간 돌아가는 지금의 도시에 특히 잘 들어맞는다고 생각한다.

찬찬히 살펴보면 아마도 사람의 삶이 원래 그런 것이기 때문에 더 그렇게 느껴지는 게 아닌가 싶다. 슬프고 힘겨운 삶이 이어져 가는 중에도 나름대로 가끔 웃을 일이 생기고 그런대로 신나는 일도 가끔은 생긴다. 그렇게 비슷비슷한 인생을 사는 사람으로서 느낄 만한 공감이 소설 속 20세기의 삶에도 자리 잡고 있기에 지금까지도 오 헨리의 소설이 사람들에게 깊은 감동을 주는 게 아닐까 싶다.

chapter 10.

《무기여 잘 있거라》와 질소 고정

"전쟁이 터졌을 때 독일이 식량을 수입할 수 없도록 뱃길을 다 막아버리고 농사를 지을 수도 없게 비료의 수입도 다 막아버린다면 독일이 오래 버틸 수 없을 것이라고 예상할 수 있었다. 게다가 화학반응을 잘 일으키는 질소 원소가 들어 있는 화학 물질, 즉 비료의 원료는 화약의 중요한 원료이기도 했다."

어니스트 헤밍웨이(1899~1961)

어니스트 헤밍웨이 Ernest Hemingway는 정말 책을 많이 판 작가다. 20세기는 인구가 늘어나고 많은 사람들이 책 한두 권 정도 사서 볼 만큼의 여유가 생긴 시대이기 때문에 과거에 비해 책이 많이 팔리는 작가들이 자주 등장했다. 그런데 헤밍웨이는 20세기의 그 잘 알려진 작가들 중에서도 특히 많은 부수의 책을 판 작가다. 20대 후반 내어놓은 《해는 또다시 떠오른다The Sun Also Rises》부터 이미 베스트셀러가 되었고, 《무기여 잘 있거라 A Farewell to Arms》와 《누구를 위하여 종은 울리나For Whom The Bell Tolls》 같은 후속작들도 모두 출간되자마자 꽤 많은 부수가 팔렸다. 40대에 접어든 이후에는 소설을 쓰는 힘이 그전보다 좀 부족해진 것 아닌가 싶은 느낌도 없지 않았지만, 50대 초반에 《노인과 바다The Old Man and the Sea》를 썼고 그 책은 엄청난 판매고를 올렸다. 그러고 나서는 퓰리처상에 이어 얼마 후 노벨 문학상까지 수상했다.

이만하면 더할 나위 없이 성공한 작가다. 노벨 문학상 수상 작가들 중에는 상을 받기 전에는 평론가들이나 일부 문학 팬들 사이에서만 알려졌을 뿐 대중에게는 책이 널리 읽히지 않은 사람들도 드물지 않다. 그러나 헤밍웨이는 전혀 그런 작가가 아니었다. 헤밍웨이는 노벨상 수상 이전에도 이미 명망 높고 인기 있는 작가였다.

헤밍웨이는 책을 많이 팔아서 출판사에게 많은 수익을 안겨준 사업성 높은 사람이면서도, 전문가들에게 글의 수준과 가치를 인정받는 작가이기도 했다. 독특하고 아름다운 글을 쓴다는 점에서도 좋은 평가를 받았고, 사람이라면 누구나 고민할 만한 인간성, 삶의 의미를 돌아보는 내용을 다룰 뿐만 아니라 당시의 시대상과 그 시대의 사회문제를 짚어낸다는 점에서도 찬사를 받았다.

이렇게까지 인기 있으면서도 심오하다는 평가를 받고 그것도 살아생전에 그 영예를 모두 누린 작가가 누가 또 있을까? 심지어 헤밍웨이의 인기와 소설에 대한 찬사는 지금까지도 이어지고 있다. 과거만큼 화려한 찬사를 받고 있지는 않지만 그렇다고 헤밍웨이를 두고 인기 없는 작가라고 할 수도 없을 것이다. 헤밍웨이의 소설 《무기여 잘 있거라》나 《누구를 위하여 종은 울리나》는 한국의 세계 문학 전집에도 흔히 포함되는 고전으로 대우받고 있다. 《노인과 바다》는 어린이판으로 각색되거나 축약되어, 글자를 익힌 지 채 10년도 되지 않은 아이들에게도 읽으라고 권장될 정도다.

그런데 만약 이 정도로 성공한 작가의 알려지지 않은 소설 한 편이 어딘가에 숨겨져 있다면 어떨까?

헤밍웨이는 미국 작가지만 1922년 20대 초반에는 프랑스 파리에서 살고 있었다. 그는 당시 해들리 리처드슨과 결혼한 상태였다. 헤밍웨이와 해들리 리처드슨 두 사람 모두 비교적 풍족한 집안에서 태어나 자란 사람들이었다. 그래서인지 둘의 파리 생활은 대체로 윤택했던 것 같다. 헤밍웨이가 파리에 정착하게 된 것은 한 언론사의 해외특파원 자격으로 머물렀기 때문인데, 그런데도 헤밍웨이의 파리 시절이라고 하면 언론사 직원으로서의 활동보다는 저녁마다 술집이나 찻집에서 파리에 머물던 또 다른 예술인들과 어울리던 일들이 주로 언급된다.

이 시기를 전후해서 헤밍웨이는 《위대한 개츠비The Great Gatsby》로 잘 알려진 스콧 피츠제럴드F. Scott Fitzgerald나 미국 현대 문학의 새 물결을 이끌었다고 평가받는 거트루드 스타인Gertrude Stein과 교류했다. 요즘 크게 성공한 아이돌 그룹의 누군가가 연습생 시절 다른 아이돌 그룹의 누군가와 친구였다는 등등의 이야기가 마치 전설처럼 돌기도 하는데, 한때는 헤밍웨이, 피츠제럴드, 스타인 등의 프랑스 시절 일화들이 회자되기도 했다.

1920년대 초면 아직 헤밍웨이가 작가로서 제대로 자리 잡지 못했던 시절이다. 헤밍웨이가 인기 작가의 반열에 오른 계기가 된 소설인 《해는 또다시 떠오른다》는 1926년에 발표됐고, 한국인들에게 좀 더 알려진 소설인 《무기여 잘 있거라》는 1929년에 나왔다. 1922년이면, 헤밍웨이가 소설 작가로 이제 막 첫발을 내딛으려던 즈음이라고 볼 수 있다. 어쩌면 당시의 헤밍웨이는 우리에게 남아 있는 소설가 헤밍웨이의 모습이 완성되기 이전의 인물이었다고도 볼 수 있을 것이다.

그때도 헤밍웨이는 소설을 쓰고는 있었다. 아마 분량도 제법 되었던 것 같다. 그렇다면 꽤 공을 들여서 진지하게 쓴 소설이었을 것이다. 그런데 해들리 리처드슨이 그 소설의 원고를 가방에 넣고 헤밍웨이를 만나러 오다가 가방째로 도둑맞는 사건이 발생했다. 헤밍웨이가 스위스에 머무르게 되었을 때 파리에서 스위스로 원고를 가져다주는 과정에서 발생한 사건이었다. 그 도난 사건으로 헤밍웨이는 긴 시간 작업한 결과물을 한순간에 잃어버리게 되었다.

이것이 바로 흔히 '헤밍웨이의 잃어버린 원고'라고 부르는 글이다. 헤밍웨이가 이때 잃어버린 원고는 이후로도 영영 발견되지 않았다. 가방 도둑은 소설을 써놓은 종이 뭉치 따위는 아마 거들떠보지도 않았을지 모른다. 가방이 묵직하기는 한데 그 안에 쓸모 있는 것은 아무것도 없고 종이 뭉치만 있다고 화를 내지 않았을까. 도둑은 그 속에 들어 있는 돈 몇 푼이나 챙기고 장물아비에게서 가방 값이나 받아내려고 했을 뿐, 원고는 그대로 버렸을지도 모른다. 아니면, 뭔가의 포장지로 사용하거나 잡다한 메모를 해두는 이면지로 썼을 거라는 상상도 해본다.

지금 시점에서 보면 돈 몇 푼이나 가방보다는 그 종이 뭉치, '헤밍웨이의 잃어버린 원고'야말로 대단히 높은 가치를 갖는 물건이다. 그 가방 도둑은 그때 소매치기로서는 평생 구경도 할 수 없을 만큼 굉장한 보물을 훔친 것이라고 할 수 있다. 헤밍웨이가 처음 쓴 소설의 원고라면, 이미 전 세계가 그 내용을 알고 있는 《노인과 바다》의 원고라 하더라도 수집가들 사이에서 가치가 높을 것이다. 그런데 '헤밍웨이의 잃어버린 원고'는 작가 본인 이외에는 그 누구도 내용을 알지 못하는, 세상에 알려지지 않은 새로운 이야기다. 헤밍웨이가 세상을 떠난 지금, 결코 다시 출현할 수 없는 헤밍웨이의 새로운 소설이 바로 마지막으로 한 편 남아 숨겨져 있는 '헤밍웨이의 잃어버린 원고'라고 할 수 있다. 그렇다면 그 원고의 가격은 아마 상상을 초월할 것이다.

가방을 훔친 도둑조차 그 후 10년, 20년쯤만 더 살았다면 세상에 헤밍웨이라는 굉장히 유명한 작가가 나타났다는 사실을 알게 되었을 것이다. 그렇지만 헤밍웨이의 잃어버린 원고는 그대로 수수께끼의 보물이 되어 영원히 사라진 것으로 보인다. 최고의 작가 헤밍웨이, 비밀에 싸여 있는 소설, 짧지만 강렬한 도난 범죄가 한데 섞인 이 사건은 이후 작가들의 상상력을 자극해 그 자체로 또 다른 소설의 소재가 되기도 했다. 이를테면, 소설가 다이앤 길버트 매드슨Diane Gilbert Madsen은 2010년 《사라진 헤밍웨이를 찾아서Hunting for Hemingway》라는 제목으로 가상의 사연을 다룬 소설을 발표했다(이 소설은 한국을 대표하는 SF 작가 중 한 명인 김창규 작가에 의해 번역되어 한국에도 소개되었다).

헤밍웨이는 어떻게 그렇게 초창기의 잃어버린 원고까지 주목을 받는 성공한 작가가 될 수 있었을까? 헤밍웨이의 모든 소설을 돌아본다면 조금 다른 평가를 내릴 수도 있겠지만, 우선은 헤밍웨이가 초기에 성공을 거두며 자리 잡은 비결로 그가 이른바 미국의 '잃어버린 세대lost generation'를 상징하는 작가였다는 점을 꼽아볼 수 있겠다.

'잃어버린 세대'는 명확한 분류라기보다는 거트루드 스타인을 중심으로 문화평론가들이 이름을 붙인 감상적이고 예술적인 표현에 가까운 말이다. 그렇지만 대체로 제1차 세계대전이라는 전쟁의 시대에 청춘을 시작한 사람들을 일컫는다고 보면 어느 정도 들어맞을 것이다. 20세기에 접어든 이후의 풍요를 누리다가 제1차 세계대전이라는 굉장히 끔찍한 사건을 겪고, 이후 과거와는 다른 풍요와 오락이 펼쳐지는 시대를 다시 맞이하면서 묘한 허무함을 느꼈던 젊은이들이라고 표현하면 대충 분위기가 맞아들까 싶다.

제1차 세계대전은 '세계대전'이라는 이름처럼 전 세계가 모조리 휘말린 전쟁은 아니었다. 전쟁의 당사국들은 대체로 유럽의 강대국이었는데, 거기에 터키가 휘말리면서 아시아의 서쪽 끝 소아시아와 중동 지역이 유럽 대륙과 함께 주요 전쟁터가 되는 정도였다. 그 밖에는 전쟁 후반에 아메리카 대륙의 미국이 대규모로 참전한 정도다. 물론 이 시기 유럽 강대국들은 곳곳에 많은 식민지를 두고 그곳을 지배하고 있었기 때문에 그 여파가 세계 곳곳으로 퍼져나간 것이 사실이다. 예를 들어, 영국의 지배를 받고 있던 인도는 영국 편에 서서 대단히 많은 병력을 유럽으로 보냈고, 아시아에서는 일본이 중국 내 독일인 구역을 차지하려 들기도 했다.

그러니 제1차 세계대전이 유럽과 아시아 서부의 피해가 컸던 전쟁이었다고는 해도, 적어도 명목상으로는 유럽을 중심으로 아시아, 아프리카, 오세아니아, 아메리카에 속하는 지역들이 전쟁에 휘말린 셈이다. 멀리 동아시아의 한반도에도 그 영향은 적지 않았다. 예를 들면, 대한광복군정부의 운명은 제1차 세계대전으로 인해 달라졌다.

제1차 세계대전 발발 4년 전인 1910년에 일본이 한반도를 점령하자, 조선인들 가운데에는 독립운동을 하며 일본에 저항하려는 사람들

제1차 세계대전 당시 미국의 포스터(1915)

제1차 세계대전에 참전한 인도 병사들(1917)

이 있었다. 그중 이상설李相卨, 이동휘李東輝, 이동녕李東寧 같은 사람들은 군사 조직을 만들어 무력을 갖추고, 임시 정부 같은 것을 만들어서 조직적인 독립운동을 하려는 계획을 실행하고 있었다. 이들이 만든 조직이 바로 대한광복군정부인데, 일본군이 점령한 한반도 내에서는 아무래도 활동이 어려웠으므로 러시아 땅을 근거지로 활동하며 힘을 기르려고 했다. 러시아는 1905년까지 러일전쟁이라는 작지 않은 규모의 전쟁에서 일본과 싸운 적이 있었기 때문에, 공동의 적인 일본과 싸우려는 대한광복군정부를 도울 수 있을 거라고 보았던 것이다.

그런데 1914년 제1차 세계대전이 일어나자 러시아의 정책이 바뀐다. 러시아의 중심지에서 가까운 유럽에서 독일, 오스트리아와 싸우는 커다란 전쟁이 일어나자, 러시아인들은 상대적으로 변두리라고 할 수 있는 동아시아에서 일어나는 일은 급한 문제가 아니라고 생각하게 되었던 것 같다.

제1차 세계대전에서 러시아는 영국과 한편이었는데, 당시 영국은 일본과 우호적인 관계에 있었다. 마침 일본이 동아시아 지역에 있는 독일의 점령지를 공격하고자 했으므로, 러시아는 일본과의 골치 아픈 싸움을 멈추고 오히려 일본의 힘을 빌리기를 원했다. 어제의 적이었던 러시아와 일본이 제1차 세계대전을 맞이하여 오늘의 동지가 된 셈이다. 상황이 그렇다 보니, 일본에 저항하려던 대한광복군정부는 하루아침에 러시아에서 장애물 취급을 받게 되었다. 대한광복군정부는 도움을 받을 줄 알았던 러시아로부터 졸지에 탄압받을 처지가 되었고, 결국 활동을 중단할 수밖에 없었다.

제1차 세계대전은 세계의 강대국들이 모든 것을 바쳐 큰 싸움을 벌인 격전이었다. 제1차 세계대전에서 전사한 군인의 숫자만 900만 명을 넘는 것으로 집계되며, 군인이 아닌 민간인의 희생은 그보다도 컸던 것으로 보인다. 단기간에 이만큼 막대한 피해를 준 전쟁은 그 이전의 역사에서 사례를 찾기가 쉽지 않다. 7세기 초 고구려가 중국의 수나라에 공격당하면서 발발한 전쟁이 큰 규모로 자주 언급되는 편이고, 13세기 초 칭기즈 칸의 몽골 제국이 세계를 정복하겠다고 벌인 전쟁도 거대한 전쟁으로 흔히 언급되지만, 20세기 제1차 세계대전의 어마어마한 규모에 비할 바는 못 된다.

제1차 세계대전이 시작될 때만 하더라도 세계 각국의 군인들은 전쟁이란 옛이야기 속 장군이나 영웅 이야기에 가깝다고 생각하는 사람들이 많았다. 군인들은 전쟁터로 나서면서 마치 용맹한 기사들이 멋진 문장으로 장식된 칼과 방패를 들고 싸움터에 나서는 것 같은 기분을 느끼고자 했던 듯하다. 당시 사람들은 제1차 세계대전이라는 전쟁이 악을 물리치고 선을 수호하는 숭고한 일이자, 나라를 지키고 민족의 위대한 얼을 떨치는 멋있는 일이라는 생각에 빠져 있었다. 그래서 전쟁 초기에는 각국의 젊은이들이 서로 전쟁터에 달려가겠다고 흥분했다. 1971년에 나온 디즈니의 어린이 영화인 〈날으는 요술침대 Bedknobs and Broomsticks〉와 브래드 피트 주연의 멜로드라마 〈가을의 전설 Legends Of The Fall〉은 완전히 다른 분위기의 이야기이긴 하지만 두 편 모두 1차 세계대전 당시 사람들이 전쟁터에 나가는 것을 멋지다고 여기며 참전하고자 애쓰던 분위기를 잘 묘사하고 있다.

실제로 헤밍웨이 본인 또한 스스로 제1차 세계대전에 뛰어든 젊은이 중 한 명이었다.

헤밍웨이는 평생 위험한 모험을 자주 감행했는데, 그 본격적인 시작이 제1차 세계대전이라고 할 만하다. 막상 신체검사에서 합격 등급을 받지 못해 참전할 필요가 없다는 판정을 받았던 것 같은데, 그런데도 그는 굳이 적십자사에 들어가서 부상병들을 옮기는 일을 맡으며 전쟁에 뛰어들었다. 당시 헤밍웨이는 이탈리아와 오스트리아가 대치한 산지 지역에 투입되어 임무 수행 중 파편에 맞아 부상을 입기도 했다. 그곳에서 만난 한 간호사를 좋아하게 되었다는 이야기도 잘 알려진 편이다.

소설 《무기여 잘 있거라》는 이때 헤밍웨이가 실제로 경험했던 것과 꽤 비슷한 사건을 다루고 있다. 《무기여 잘 있거라》의 작중 배경 역시 제1차 세계대전 중 이탈리아와 오스트리아가 대치하던 지역이 배경이고, 주인공이 맡은 역할도 구급차를 운전하며 부상병을 옮기는 일이다. 작중 주인공이 부상을 당한다는 것도 헤밍웨이 본인의 경험과 일치하며, 심지어 그 와중에 만난 간호사를 좋아하게 된다는 것도 헤밍웨이의 경험과 같다. 결정적인 차이가 하나 있다면, 《무기여 잘 있거라》에서 주인공과 간호사는 사랑의 도피를 감행하지만 실제 헤밍웨이는 그가 좋아한 간호사에게 거절당했다는 점이다. 이 사실을 알고 《무기여 잘 있거라》의 후반부를 다시 읽으면 감상이 달라지는 사람도 있을 것이다.

더욱 눈길을 끄는 것은 《무기여 잘 있거라》의 내용 속에 전쟁의 폐해가 잘 표현되어 있다는 점이다. 《무기여 잘 있거라》 속 전쟁은 악을 물리치고 선을 수호하며 영웅이 출현하는 무용담과는 한참 거리가 멀다. 애꿎은 사람들이 한순간에 목숨을 잃게 만드는 것이 전쟁이고, 젊고 순수한 사람들이 행복하게 살 기회를 빼앗는 것이 전쟁이라는 사실이 잘 드러나 있다. 헤밍웨이는 스스로 원해서 전쟁터로 뛰어든 사람이면서도 이런 점을 잘 포착해서 글로 표현한 것이다.

헤밍웨이는 전쟁의 폐해를 표현한답시고 그 절절한 슬픔을 강조하며 길게 서술하는 방식을 사용하지는 않았다. 전쟁에서 고통받는 사람의 괴로움이 얼마나 깊은지 긴 문장으로 처절하게 강조하지도 않고 현란한 비유법으로 두려움을 길게 드러내지도 않는다. 여기에 헤밍웨이 소설의 특징과 개성이 있다.

헤밍웨이는 구구한 설명 없이 단순한 표현으로 상황을 사실 위주로 짧게 표현한다. 이런 표현 방식은 목숨을 건 전쟁을 설명하기에 얼핏 부족할 것 같기도 하다. 그러나 그런 간결한 단어 선택 덕분에 오히려 소설 속에서 전쟁은 허무하고 무의미한 것이라는 사실이 더욱 선명하게 드러난다. 즐겁고 행복한 미래를 꿈꾸던 사람들의 이야기가 이어지다가, 바로 다음 문단에서 갑자기 별 감정이 깃들지도 않은 메마른 말투로 그 사람들이 죽어버렸다는 말이 나온다. 충격은 커지고, 허망함은 더 분명해진다. 이런 이야기 속에서 독자는 거기에 표현된 감정보다 더 많은 생각을 떠올리게 된다. 그 과정에서 단순히 제1차 세계대전이라는 한 사건을 넘어서, 세상 자체의 문제, 인생의 문제에 대해서까지 생각하게 된다.

헤밍웨이의 이런 표현 방식은 제1차 세계대전의 성격과도 잘 들어맞는다. 제1차 세계대전의 특징을 가장 잘 드러내는 곳은 서부전선의 참호 지대다. 이 지역은 독일군이 침범한 프랑스 영토로, 프랑스 더 깊숙한 곳으로 진격하려는 독일군과 그들을 몰아내려는 프랑스-영국군이 주력이 되어 맞선 곳이다. 이 지역에서 양쪽 군대는 땅에 기다랗게 이어지는 구덩이를 판 후 병사들이 그 속에 몸을 숨긴 채 대치했는데, 그런 구덩이를 참호라고 한다.

서부전선 참호 안의 프랑스 병사들(1915)

참호는 길게 이어지면서 굉장히 거대한 규모로 완성되었다. 심지어 참호 안을 걸어서 유럽 남쪽 끝에서 북쪽 끝까지 갈 수도 있을 거라는 이야기가 돌 정도였다. 참호를 영어로 '트렌치trench'라고 하는데, 참호 속 병사들이 입었던 코트와 비슷한 옷이 영국의 버버리 같은 회사를 통해 '트렌치코트'라는 이름으로 널리 팔리기 시작한 것도, 제1차 세계대전의 참호 전투가 워낙 오랫동안 널리 알려졌기 때문일 것이다.

그 지역의 병사들은 참호 속에 숨어 지내다가 적이 다가오면 참호 위로 고개를 내밀고 총을 쏘아 방어하고자 했고, 공격 명령이 떨어지면 바깥으로 나와 적의 참호를 향해 돌격했다. 그런 일이 반복되는 것이 제1차 세계대전을 상징하는 장면이었다. 제1차 세계대전 도중에 제작된 찰리 채플린Charles Chaplin의 〈어깨 총Shoulder Arms〉(1918)은 바로 이런 참호 지대에서 싸우던 병사들의 희로애락을 코미디로 꾸민 영화이며, 그 후 100년쯤 지나서 나온 영화 〈원더우먼Wonder Woman〉 역시 제1차 세계대전을 배경으로 참호에서 싸우는 병사들의 모습을 보여주고 있다.

이러한 참호전은 엄청난 희생자를 발생시켰다. 병사들은 용맹하게 적진을 향해 돌격했지만, 적진에서 갖추고 있는 연발 기관총은 단숨에 수많은 사람을 맞혀 쓰러뜨릴 수 있었다. 자동으로 장전과 사격이 반복되는 정교한 장치인 기관총이 대량생산되어 막대한 양의 총알과 함께 곳곳에 배치되어 있었던 것이다. 게다가 싼값에 설치할 수 있는 철조망 또한 같이 개발되어 공격을 방어하는 데 큰 역할을 했다. 중세의 기사들과 같은 기세로 적진을 향해 달려든다고 한들, 철조망 앞에서 우물쭈물하는 사이에 기관총 사격이 한번 훑고 지나가면 몰살당하기 십상이었다.

차라리 튼튼하고 거대한 성벽이 있다면 대포로 맞혀 부술 수라도 있었을 것이다. 하지만 철조망은 그저 가느다란 철사를 이리저리 엮은 것일 뿐인데도 대포알을 떨어뜨려 제거하기가 쉽지 않았다. 게다가 설령 철조망이 조금 부서진다고 해도, 철조망을 만드는 재료인 철사는 워낙에 값이 쌌다. 그래서 그냥 또 한 번 설치하기만 하면 원래대로 회복되었다. 성벽을 세우는 것에 비하면 철조망을 까는 일은 너무나 손쉬운 작업이다. 그 단순한 철사 뭉치 탓에 수많은 젊은이들이 생명을 잃었다.

여태껏 이런 전쟁을 한 번도 경험해 보지 못했기 때문인지, 양쪽 모두 참호를 두고 비슷한 전투를 반복하며 어마어마한 병력을 소진했다. 참호에서 나와 적의 참호로 돌격하라는 명령이 떨어지면 뛰어가는 와중에 적의 기관총 공격으로 전멸한다. 그러고 얼마 있으면 이번엔 적이 아군 참호로 돌격해 오고, 뛰어오는 적을 아군의 기관총 공격으로 전멸시킨다. 돌아보면 별 소득도 없이 몰살당할 것을 뻔히 알면서 왜 그런 짓을 반복했는지 이해가 안 될 정도다. 그 과정에서 시체만 계속해서 쌓여갔다. 무의미한 싸움 속에서 전사자가 발생하는 속도는 터무니없을 정도로 빨랐다.

예를 들어, 1916년에 벌어진 베르됭 전투에서는 10개월 정도의 전투 기간 동안 양쪽을 합해 약 30만 명의 병사가 전사했다. 이런 숫자가 나오려면, 양쪽 병사들이 매일 번갈아 가면서 기관총 앞으로 뛰어들었다가 1,000명씩 사망하는 일이 10개월 내내 하루도 쉬지 않고 반

베르됭 전투(1916)

복되어야 한다. 사람들이 사는 사회에서 한 사람의 목숨을 얼마나 소중하게 취급하는지 생각해 본다면 이런 행위가 벌어졌다는 것은 너무나 기괴한 일이다. 이것은 마치 베르됭에 사람을 많이 살해하기 위한 기계 장치 같은 것을 만들어 그것을 계속 가동하면서 끊임없이 그 속에 사람을 투입했을 때나 벌어질 만한 일이었다.

베르됭 전투가 벌어진 1916년은 이미 세상에서 민주주의, 자유, 평등, 노동자의 권리 같은 말들이 충분히 많이 사용되던 시기다. 과학 발전의 단계로 봐도, 양자론이 소개되고 상대성이론이 알려진 후의 시점이다. 그런 세상에서, 그나마도 문명이 더 발달했다는 선진국 사람들이 모여서 베르됭 전투와 같은 무모한 희생을 한 번도 아니고 끊임없이 치러나간 것이 바로 제1차 세계대전이었다. 베르됭 전투의 충격이 너무나 컸기 때문인지, 이후에도 한동안 치열한 전투를 종종 베르됭 전투에 비유하곤 했다. 베르됭 전투로부터 30여 년이 지난 뒤에 일어난 한국전쟁 중 대구에서 다부동 전투가 벌어졌을 때 몇몇 언론은 이 전투를 두고 '동양의 베르됭'이라고 표현했다.

전쟁이 이 정도로 걷잡을 수 없이 이상하게 흘러간 원인은 도대체 무엇이었을까? 확고한 정설이라고는 할 수 없겠지만, 나는 당시의 정치인들과 사상가들이 기술과 공업 발전의 힘을 얕보았기 때문이 아닌가 종종 생각해 본다.

질소 고정 기술을 예로 들어보자. 이 용어는 평소에 화학 내지 농업에 관심이 없다면 별로 들어본 적 없는 말일지도 모른다. 그렇지만 19세기 말까지만 해도 '질소 고정nitrogen fixation'은 인류의 운명이 달려 있는 중대한 문제였다.

19세기 말 지식인들 사이에서는 인류의 멸망이 곧 다가올지도 모른다는 식의 이야기가 꽤 인기를 끌었다. 특히 '맬서스 트랩Malthusian trap'이라고 부르는 한 가지 생각은 꽤 무시무시한 이론이었다. 이는 세상의 인구가 너무 빨리 늘어나는 데 비해 식량을 생산하는 농업 기술 발전에는 한계가 있기 때문에, 인류가 식량 부족으로 대혼란을 겪거나 멸망할 것이라는 전망이었다. 그와 비슷비슷한 주장 중에서도 영국의 경제학자 맬서스Thomas Malthus가 발표한 이론이 유명했기 때문에 맬서스 트랩이라는 이름이 붙었다.

그래서인지 19세기 말 20세기 초에는 맬서스 트랩을 탈출하기 위한 온갖 이상한 주장과 사상이 유행했다. 인구를 줄여야 하므로 가난한 사람이 살기가 어려워도 돕지 말고 그냥 죽게 내버려 두자는 식의 발상을 하는 사람들도 있었고, 한쪽에서는 강력한 통치자가 규정에 따라 세계 모든 사람의 생활을 철저하게 통제해서 인구와 식량 생산을 엄격히 조절하자는 등의 발상도 나왔다. 그 외에도 인구 증가 때문에 세상이 멸망하는 미래를 피해야 한다는 이유로 갖가지 이야기가 등장했다. 20세기 전후의 기록들을 살펴보면, 맬서스 트랩을 걱정하며 탄생한 이 무렵의 사상들이 이후의 정치나 문학작품에도 많은 영향을 미쳤다는 느낌이 든다.

맬서스 트랩에 관한 이야기 중에서 가장 주목받았던 것은, 농사를 짓는 데 필요한 비료 부족 문제였다. 특히 질소 원소가 들어 있는 비료를 구하는 것이 매우 어려웠다. 비료가 부족하면 농사를 짓기 어려워지고, 농사를 잘 짓지 못하면 식량이 부족해져서 인류는 멸망한다.

공기 중에는 질소 기체 성분이 많이 포함돼 있다. 그런데 앞서 6장

'〈망처숙부인김씨행장〉과 화약' 편에서도 말했듯, 공기 중의 질소 기체는 화학반응을 잘 일으키지 않는다. 공기 중에 질소 기체 성분이 아무리 많다 한들 대부분의 동식물의 몸속에서 화학반응을 일으키는 데 사용할 수가 없다. 그나마 질소 고정 세균nitrogen fixation bacteria이라는, 일부 독특한 습성을 가진 세균들만이 공기 중의 질소 기체를 빨아들여서 단백질 원료 등의 성분으로 바꾸는 능력을 갖고 있다. 그런 세균들이 갖고 있는 능력을 바로 질소 고정이라고 부른다. 질소 고정 세균이 살고 있는 땅을 오랜 세월 가만히 놓아두면 그 땅은 점점 질소 원소가 들어 있는 비료를 뿌린 것처럼 변한다.

하지만 그런 식으로 농사지을 땅을 놀리며 오랜 시간 기다리기만 해서는 늘어나는 인구를 감당할 만큼 충분한 농작물을 생산할 수가 없다. 만약 그렇게 기다리는 방법밖에 없었다면, 지금 우리가 생산하는 농작물의 절반 정도밖에 생산할 수 없었을 것이다. 그렇다면 농작물 부족으로 인구의 상당수는 굶주리게 되었을 것이고, 맬서스 트랩은 현실이 되었을 것이다. 그게 아니면, 당시로서는 희귀했던 질소 성분이 들어 있는 비료를 구해서 인위적으로 땅에 뿌려주는 수밖에 없었다.

그런데 결과적으로 이 문제는 영국이 독일의 경제력을 과소평가하는 원인이 되었다. 그 무렵 세계의 무역을 지배했던 나라는 산업혁명에서 선수를 차지했던 영국이었다. 전쟁이 터졌을 때 독일이 식량을 수입할 수 없도록 뱃길을 다 막아버리고 농사를 지을 수도 없게 비료의 수입도 다 막아버린다면 독일이 오래 버틸 수 없을 것이라고 예상할 수 있었다. 게다가 화학반응을 잘 일으키는 질소 원소가 들어 있는 화학 물질, 즉 비료의 원료는 화약의 중요한 원료이기도 했다. 독일이 비료 원료를 수입할 수 없도록 뱃길을 차단하면 농사를 못 짓게 되고, 화약도 못 만들고, 총알도, 대포알도 못 만들게 된다. 그렇게 되면 독일은 쉽게 전쟁에 뛰어들지 못할 것이고, 설령 전쟁이 벌어진다고 해도 영국과 프랑스가 어렵지 않게 독일을 제압할 수 있을 것이었다.

그런데 20세기가 되자 프리츠 하버Fritz Haber를 필두로 몇몇 화학자들이 인공적으로 질소 고정을 해내는 방법을 개발하고 말았다. 구체적으로 말하면, 하버는 공기 중의 질소 기체를 원료로 암모니아를 만들어 내는 실용적인 방법을 개발했다.

암모니아는 질소 원소가 포함되어 있는 화학물질이자 화학반응을 매우 잘 일으키는 물질로, 이것을 이용해 또 다른 화학반응을 일으키면 질 좋은 비료를 만들어 낼 수 있었다. 질소 고정 세균이 땅을 비옥하게 만들어 주는 것을 기다릴 필요 없이, 공장에서 사실상 무한정에 가까운 비료를 만들 수 있게 된 것이다.

21세기가 한참 진행된 지금까지도 세계의 공장에서는 하버의 암모니아 합성법, 즉 '하버법Haber process'을 토대로 인공 질소 고정을 하고 있다. 그리고 그렇게 만들어진 비료를 사용해 농사를 짓고 있는 덕택에 현재의 우리는 19세기 말 맬서스 트랩이 유행했던 시대보다 훨씬 더 많은 인구를 부양하고 있고, 그러면서도 그 시절보다 훨씬 더 식량이 풍부한 시대를 살게 되었다.

이렇게만 이야기하면, 하버가 개발한 기술이 수많은 생명을 살리고 지구를 파멸의 운명에서 구한 것처럼 들린다. 그렇지만 제1차 세계대전 당시 영국과 프랑스 군대의 장군들 입장에서는 바로 이 하버법이 가장 큰 골칫거리였다.

하버는 하필 독일인이었던 것이다. 독일은 영국과 프랑스가 비료 원료 수입을 차단한다 하더라도 하버법 덕택에 화학 기술의 힘으로 독일 내의 공장에서 필요한 재료를 만들어 낼 수 있었다. 그리고 그 덕분에 비료뿐만 아니라 화약, 총알, 대포알도 충분히 만들 수 있었다. 일단 원료만 충분히 갖추어지면 현대의 발전된 기술로 무기를 만드는 속도는 굉장히 빨랐고 생산량도 매우 많았다. 사람의 목숨을 빼앗을 수 있는 강력한 위력을 가진 무기가 마치 폭포에서 물살이 쏟아지듯이 공장에서 쏟아졌다고 할 수 있는 수준이었다. 전쟁이 격화되자, 하버는 독가스를 이용한 공격 기술을 개발하여 영국과 프랑스에 새로운 고민거리를 안겨주기도 했다.

그 때문인지 소설 《무기여 잘 있거라》에서는 유독 독일군이 강한 적으로 묘사되어 있다. 소설 속 주인공은 이탈리아 군인들과 함께 오스트리아군과 대적하는 상황인데, 오스트리아군은 한번 싸워볼 만한 평범한 적수처럼 이야기하는 데 비해 독일군에 대해서는 훨씬 강력하고 무시무시한 적이라는 식으로 설명할 때가 많다. 오스트리아군이 아니라 독일군이 나타났다는 소문만으로 이탈리아 군인들이 겁을 먹고 괴로워하기도 한다.

헤밍웨이는 소설을 통해 유럽의 밤거리를 걷는 멋과 생각 없는 장군들의 명령에 따라 무의미하게 죽어가는 젊은이들의 모습을 동시에 보여준다. 전쟁에서 활약하기 위해 일부러 머나먼 남의 나라 전투에 뛰어든 젊은 혈기와 그러다 허망함을 느끼고 야반도주하는 모습의 쓸쓸함이 하나의 이야기 속에서 이어진다고 말할 수도 있다. 화려하고 풍요로운 20세기 문명의 즐거움을 보여주면서 동시에 삶의 허망함도 분명히 드러낸다.

그렇게 보면, 헤밍웨이가 연결 짓기는 쉽지 않지만 꼭 연결 지어야 하는 이야기들을 보여주기 위해 장식이 적은 글을 쓴 것 같다는 생각도 든다. 예를 들어, 어젯밤 즐겁게 춤을 추던 사람이 오늘 아침에는 울고 있다는 이야기를 한다고 해보자. 긴긴 설명을 통해 그 느낌과 기분을 늘어놓는 방식으로 글을 쓴다면, 도대체 밤새 어떤 과정을 거쳐 심경이 변화했으며 그렇게 모순된 감정이 어떻게 나타날 수 있는지 아주 힘겹게 설명해 나가는 수밖에 없다. 그럴 때 그냥 "어젯밤 즐거워서 춤을 추었다. 그리고 아침에 일어났을 때는 엉엉 울고 있었다"라고 사실만 짤막하게 설명하고 넘어가는 수법을 쓸 수도 있다. 그리고 그럴 경우 오히려 그 대조는 있는 그대로 선명히 드러난다. 주인공의 엉뚱한 감정 변화에 대해 독자는 "왜 그랬을까", "도대체 무슨 기분으로 어제는 즐겁게 춤을 추고 오늘은 울고 있는 것일까" 고민하고 상상한다. 그러면서 자연스럽게, 모순과 허무와 아름다움과 멋이 섞인 이야기에 빠져들게 되는 것이다.

이렇게 표현된 것 그 이상의 이야기를 독자가 상상하게 하는 헤밍웨이의 방식을 '빙산 이론iceberg theory'이라고 부르기도 한다. 바다 위에는 빙산의 일부만 보여도 그 밑에는 훨씬 큰 얼음덩이가 있는데, 이것이 간결한 표현, 그리고 그 뒷이야기에 대한 상상과 비슷하다고 그렇게 비유한 것이다.

요즘 도는 이야기들을 보면, 헤밍웨이는 정직하고 꾸밈이 많지 않은 글을 쓰는 것으로 유명했지만 정작 작가 본인은 자기 삶이 외부에 어떻게 보이는지를 굉장히 중요하게 여긴 것 같다. 자신의 진짜 성격이나 진심으로 좋아하는 바를 추구하는 것 못지않게 남들 눈에 멋있어 보이는 삶을 살기 위해 애쓴 것으로 보인다는 의미다. 헤밍웨이가 독자들과 대중매체가 그를 거칠고 용감하고 냉철하면서도 의롭고 정열적인 멋쟁이 작가로 여기도록 그에 맞춰 행동하고 말하기 위해 끊임없이 고민했다는 식의 평가도 요즘은 어렵지 않게 찾아볼 수 있다.

헤밍웨이는 투우사와 친하게 지내면서 그에 관한 이야기를 썼고, 아프리카의 초원에서 거대한 야생동물을 사냥하기도 했다. 이런저런 위험한 여행에 뛰어들며 몇 번이나 사고로 목숨을 잃었다는 소문이 돌던 중 살아 돌아온 모습을 대중에게 보여주었다. 어찌 보면 헤밍웨이는 생생한 이야기 속에서 진정한 사랑의 가치와 삶의 본질에 대해 고민하게 만드는 소설을 쓴 작가이면서, 소설 바깥의 유명인사로 잡지 표지에 폼을 잡고 찍은 멋진 사진이 많이 실린 작가로도 유명한 사람이라고 할 수 있다. 장식과 꾸밈이 없는 글을 썼지만, 정작 글을 쓰는 작가의 삶에는 장식과 꾸밈이 많다고 말해볼 수도 있겠다.

혹시 헤밍웨이가 작가로 성공하기 전에 썼다는 '헤밍웨이의 잃어버린 원고'에는 그의 더 순수하고 더 가공되지 않은 면모가 드러나 있을 수도 있지 않을까? 원고를 도둑맞은 헤밍웨이의 부인은 헤밍웨이가 경험한 네 번의 결혼 중 유일하게 그가 작가로 성공하고 유명해지기 전에 맺어진 배우자였다. 혹시 그 시절 헤밍웨이가 기록한 삶과 사랑에 대한 이야기는 좀 다를 수도 있지 않을까? 잃어버린 헤밍웨이의 원고는 여전히 헤밍웨이만큼 글을 잘 쓰는 사람이 쓴 글이면서도, 거기에 우리가 아는 헤밍웨이와는 다른 시선으로 본 사연이 남아 있지 않을까? 어쩌면 좀 더 솔직하고, 좀 더 순수한 이야기가 들어 있을지 모른다고 상상해 보면 어떨까?

나는 설령 언젠가 그 글이 발견된다 하더라도 오히려 재미는 덜할 것 같다고 짐작해 본다. 선진국들의 막강한 경제력과 그 어느 때보다 세상을 풍요롭게 만들 수 있는 훌륭한 기술을 온통 투입해, 각자의 나라에서 온 가장 용감하고 건강한 젊은이들을 죽여 없애려고 애쓰던 전쟁의 시대가 헤밍웨이의 시대였다. 다시 풍요의 시대가 찾아오고 나서는 언제 그랬냐는 듯 재즈와 할리우드 영화를 신나게 즐기는 풍경이 펼쳐지고, 한쪽에서는 세계 경제 대공황의 비참한 가난이 동시에 펼쳐지던 때가 헤밍웨이가 살던 세상이었다. 무엇이 정말로 진솔한 모습인지 보일 듯 말 듯한 꾸밈 속에서 쓸쓸함과 따뜻함을 동시에 이야기하는, 우리가 아는 그 헤밍웨이가 더 헤밍웨이답다고 느낀다.

chapter 11.

《그리고 아무도 없었다》와 자동차

"애거사 크리스티 또한 교통사고가 가진 이런 괴상한 성격을 간파했던 것 같다. 《그리고 아무도 없었다》에서 크리스티는 교통사고가 갑작스레 찾아오는 사건이며, 또한 과거의 죽음과는 다르게 받아들일 수밖에 없는 특이한 문제라는 점을 지적하며 그것을 이야기의 소재 중 하나로 중요하게 활용했다."

동아시아에는 예로부터 관공서의 사건 처리를 다루는 내용이라고 해서 '공안소설公案小說' 내지는 '송사소설訟事小說'이라고 부를 만한 이야기들이 있었다. 이렇게 분류되는 소설들 중에는 범죄 사건을 소개하고 그 범죄가 해결되는 과정을 설명하는 것들이 적지 않다.

가장 정형화된 줄거리는 이렇다. 이상한 일을 당한 사람이 그 마을의 사또를 찾아가 자신의 문제를 이야기한다. 그러면 사또는 수사를 통해 범죄를 저지른 사람을 찾아내거나, 모순을 해결하는 멋진 판결을 내리거나, 또는 교묘한 수법으로 거짓말을 하는 사람을 가려낸다. 결말은 죄를 지은 사람에게 사또가 그에 마땅한 벌을 내리고 고통을 당한 사람을 도와준다는 것이 보통이다.

조선 시대에는 정부의 공권력이 하는 일이라면 일단 선하고 좋은 일로 여겼으며, 나라의 공무원이 되어 벼슬을 하는 것을 큰 영예로 여겼다. 그러므로 이런 부류의 이야기가 제법 많이 돌았다. 소설의 형태로 명확히 정착되어 출판된 숫자는 그다지 많지 않다 하더라도, 설화 형태로 도는 이야기들은 동네마다 하나쯤 있다고 할 만하다. 그중에는 실제 범죄 사건 기록이 사람들 사이에 돌면서 이야기로 퍼진 것들도 있었고, 한편으로는 공부를 잘해서 과거에 급제한 사람을 칭송하기 위해 그 사람이 사또가 된 후의 업적을 자랑하는 이야기들도 꽤 있었던 것 같다.

조선 말기 내지는 대한제국 시절이라고 할 수 있는 1907년에 나온 《신단공안神斷公案》이라는 소설도 넓게 보면 범죄를 다루는 공안소설, 송사소설의 일종이라고 할 수 있다. 그런데 《신단공안》을 공안소설로 본다면, 이 소설은 공안소설이 말기에 이르러 괴상한 형태로 발전한 것이라고 할 만하다. 《신단공안》은 여러 편의 이야기를 다루고 있는 소설 모음집 형식으로 되어 있는데, 그중에 가장 잘 알려진 것은 우리가 흔히 '봉이 김선달'이라고 부르는 사기꾼 이야기다. 즉 제목에 '공안'이라는 말이 들어가 있지만, 이 이야기의 주인공은 범죄를 해결하는 사또가 아니다. 도리어 사람을 속여서 사기를 치는 사기꾼이 주인공이다.

마침 비슷한 시기 프랑스에서는 모리스 르블랑Maurice Leblanc이 쓴 '뤼팽 시리즈'가 나오고 있었다. 뤼팽 역시 도둑이지만 멋쟁이고, 물건을 훔치지만 그 와중에 나름대로 악을 벌하고 선한 일을 하는 괴상한 인물이다. 그런데 봉이 김선달 이야기는 뤼팽과 같은 의로운 도적, 의적 이야기와는 또 조금 다르다. 김선달은 싸움을 잘하고 몸놀림이 뛰어나 물건을 잘 훔치는 도적이라기보다는, 거짓말을 능청스럽게 잘하고 사람을 교묘하게 속이는 꾀가 뛰어난 사기꾼이다. 또 다른 중요한 차이도 있다. 뤼팽은 소설이 나온 그 시점, 현재에 활약하고 있는 인물이라고 되어 있다. 하지만 《신단공안》에 나오는 봉이 김선달은 수백 년 전에 살았던 대단한 인물의 이야기를 돌아보는 형식이다.

나는 예전부터 한국에 봉이 김선달 이야기가 이렇게 퍼져 있다는 점이 무척 재미있다고 생각했다. 어느 나라건 의로운 도적, 의적 이야기는 많다. 그러나 의로운 사기꾼 이야기는 그만큼 흔하지는 않다.

물론 사기꾼 이야기는 외국에서도 제법 인기 있는 소재다. 할리우드 영화만 보더라도 〈스팅The Sting〉(1973)에서 〈아메리칸 허슬American Hustle〉(2013)까지 교묘한 속임수를 소재로 삼은 이야기들은 종종 나왔고 그중에서 인기를 끈 것도 많다. 그렇지만 봉이 김선달만큼 전통문화 속 인물로 깊게 뿌리 내려, 온 나라 사람들이 옛 영웅담 비슷하게 받아들이는 사기꾼 이야기는 드물다. 현대에도 한국은 사기 사건이 유독 많이 발생하는 나라라고 하는데, 혹시 이런 상황이 그러한 문화적 전통과 무슨 관계가 있는 것은 아닐까?

《신단공안》은 조선이 멸망해 가는 와중에 나온 독특한 소설이고, 내용 중에는 중국의 다른 소설을 모방해서 끼워 넣은 대목도 있다. 그래서인지 후대에 끼친 영향에는 한계가 있었던 것 같다. 그에 비해 같은 시기 유럽의 주요 범죄 소설들은 큰 인기를 얻으며 꾸준히 성장했다. 19세기 말 20세기 초, 유럽 경제의 꾸준한 성장으로 생활이 넉넉해진 사람들이 즐길 오락거리가 필요했다는 배경도 유럽에서 이런 종류의 소설이 더 잘 팔리는 원인이 되었던 것 같다. 이렇게 《신단공안》 부류의 조선 범죄 소설과 유럽의 범죄 소설은 소멸과 성장이라는 전혀 다른 길로 갈라져 다음 시대를 맞는다.

20세기 초 영국에서 '셜록 홈스 시리즈'가 큰 인기를 얻고 프랑스에서는 '아르센 뤼팽 시리즈'가 인기를 얻으며 많은 범죄 소설들을 이끌고 나갔다. 특히 셜록 홈스 시리즈는 추리소설이 지금과 같은 형식으로 자리 잡게 만들었다고 할 수 있는 굉장한 변화를 일으켰다.

추리소설 형식은 셜록 홈스보다 훨씬 앞서서 나온 에드거 앨런 포가 쓴 오귀스트 뒤팽이 등장하는 소설에서도 이미 어느 정도 완성되어 있었다고 볼 수 있다. 따지고 보면, 그보다도 한참 앞서서 나온 아시아의 공안소설, 송사소설 일부도 추리소설의 범주에 충분히 포함될 수 있다. 그렇지만 그래도 추리소설 열풍을 일으킨 탐정이라면 역시 셜록 홈스라고 할 수 있다. 지금도 세계 어디서나 복잡한 사건을 해결하는 사람은 '명탐정 홈스'에 비유된다.

신기한 사건이 발생해서 눈길을 끌고, 추리력이 뛰어난 탐정이 주인공으로 등장해 어찌 된 영문인지 밝혀내어 호기심을 해소해 주고 통쾌한 맛을 느끼게 해주는 형식은 셜록 홈스 시리즈 덕택에 세상에 널리 알려졌다고 해도 과장이 아니다. 재미있는 인물들이 연달아 등장하는 시리즈로 소설이 이어지는 것이나, 사람들이 즐거운 시간을 보낼 수 있는 재미있고 놀라운 이야기를 읽기 위해 추리소설을 찾는 문화도 따지고 보면 셜록 홈스 시리즈부터 자리 잡은 것이라고 할 수 있다.

홈스 시리즈와 뤼팽 시리즈는 비슷한 시기에 나왔기에 경쟁작처럼 느껴지기도 한다. 나는 뤼팽 시리즈를 훨씬 더 재미있게 읽기는 했지만, 이런 나조차 후대에 미친 영향이 더 큰 소설을 꼽거나 참신한 시도가 더 많았던 소설을 꼽으라면 홈스 시리즈를 꼽을 것이다. 뤼팽 시리즈 중에 홈스로 볼 수밖에 없는 인물이 나와 뤼팽과 대결을 벌이고 결국 뤼팽이 이기는 듯한 장면이 나오는데, 작가가 소설 속에 굳이 이런 장면을 집어넣은 것은 홈스 시리즈를 넘어서고 싶은 생각에 강하게 이끌렸기 때문이 아닌가 싶다.

홈스 시리즈와 뤼팽 시리즈가 경쟁하며 본격적인 추리소설 열풍을 불러일으킨 이후 20년쯤 흘러 1920년대가 되면 새로운 경향의 추리소설들이 대거 등장하기 시작한다. 어릴 때 홈스 시리즈를 읽고 감동받은 사람들이 자라서 소설을 쓰기 시작한 시대 정도로 보아도 좋을 것이다. 한편 이 무렵은, 사람들이 소설을 즐기기 위해 추리소설을 찾아 읽고 소비하는 과정이 산업으로 자리 잡은 시기라고 볼 수 있다. 그런 배경 속에서 작가들은 더욱 교묘하면서 진기한 사건이 일어나고, 그 사건을 파헤치고 해결하는 방법도 더 예리하고 화려해진 소설들을 내놓았다. 이야기를 즐겁게 읽을 수 있게 꾸미는 방법도 꾸준히 발전해서 전체적으로 더 재미있는 소설들이 많이 등장했다는 생각도 든다.

그 때문에 많은 사람들이 1920년대에서 1930년대까지 20년 즈음을 추리소설의 황금시대라고 말한다.

1929년에 나온《로마 모자의 미스터리The Roman Hat Mystery》는 이런 황금시대를 대표하는 작가인 엘러리 퀸Ellery Queen의 소설이다. 이 소설에는 이야기 도중 갑자기 "독자에게 보내는 도전장"이 튀어나온다. 지금까지 충분히 단서를 제시해 두었으니 뒤에 나오는 탐정의 사건 풀이를 읽기 전에 독자가 직접 한번 추리를 해보라는 것이다. 만약 독자가 이야기 속 탐정의 추리를 맞힌다면, 독자는 탐정만큼 추리력이 뛰어나다는 뜻이 된다.

추리소설이 무슨 문제집도 아니고, 정말로 추리력만 있으면 탐정의 추리를 척척 맞힐 수 있는 것은 아니다. 하지만 이런 구성은 적어도 추리소설만의 색다른 재미를 더욱 끌어올린다. 소설 속 이야기를 그저 지켜보기만 하는 것이 아니라, 읽는 독자가 상상으로나마 이야기 속에 뛰어들어 사건의 진상을 생각하게 하고, 어떤 방식으로 비밀을 만들고 풀어낼지 등장인물과 함께 고민하게 만든다. 한편으로 이런 구조는 소설 속 수수께끼와 그 풀이에 더욱 집중하게 만들어 이야기 속의 사건을 더 진지하게 여기고 사실처럼 느끼게 해준다. 그러면서 '독자에게 보내는 도전장' 뒤에 나오는 탐정의 추리를 더욱더 조마조마한 마음으로 기다리게 만든다. 이렇게 보면 '독자에게 보내는 도전장'은 말이 도전장이지, 사실상 요즘 TV 프로그램에서 결정적인 장면에서 잠깐 뜸을 들이고 중간 광고를 보여주며 사람 애를 끓게 하는 것과 비슷하다.

추리소설의 황금시대에는 세계 곳곳에서 추리소설이 인기를 끌었다. 밴 다인S.S. Van Dine이나 녹스Ronald Knox 같은 작가들이 추리소설의 원칙, 규칙 같은 것들을 발표하면서 좋은 추리소설과 재미있는 추리의 원칙에 대해 이야기하는 내용이 알려지기도 했고, 그런 원칙이 필요할 만큼 다양한 양상의 추리소설이 연달아 출간되었다.

특이한 버릇과 성격을 가진 인물이 등장해서 보통 사람은 풀 수 없는 사건을 해결하는 셜록 홈스 시대의 분위기가 꾸준히 이어지면서도, 그 버릇과 성격 면에서 다채로운 주인공들이 등장했다. 그리고 그 다양함에 맞춰서, 사건을 해결하는 단서를 찾아내는 방법도 탐정의 개성에 맞게 발전해 나갔다. 사람의 미묘한 심리를 파헤치는 데 장기를 보이는 브라운 신부(체스터턴G. K. Chesterton의 추리소설 속 주인공)라든가 뛰어난 경찰로서 범죄를 해결하는 메그레 경감(조르주 심농Georges Simenon의 추리소설 속 주인공) 등이 이 시기의 소설에서 활약한 주인공들이다. 그런가 하면 과학 수사를 장기로 내세운 손다이크 박사 시리즈(R. 오스틴 프리먼R. Austin Freeman의 소설) 역시 황금시대에 꾸준히 발표되었다. 한편 한국 현대 추리소설을 시작한 장본인으로 평가받는 김내성金來成 작가가 대표 추리소설 《마인》을 발표한 것도 바로 이 황금시대 기간이다.

이 시기에 등장한 작가들 중에서 가장 압도적으로 성공을 거둔 추리소설 작가라면 단연 영국의 애거사 크리스티Agatha Christie다. 추리소설 황금시대를 대표하는 작가들의 대표로 애거사 크리스티가 잘 언급되지 않는다면 그 이유는 애거사 크리스티가 뒤떨어지는 작가이기 때문이라기보다는 워낙에 큰 성공을 거두어서 추리소설 황금시대가 지난 이후에도 꾸준히 그 명성을 유지하며 걸작들을 계속 탄생시켰기 때문일 것이다. 즉 애거사 크리스티는 추리소설의 황금시대를 이룩한 주역이라고 할 수 있으면서도, 또한 황금시대를 초월해서 차세대를 같이 장식한 몇 안 되는 작가라고 할 수 있다.

과연 황금시대에 나온 크리스티 소설의 상당수는 황금시대 소설에 어울리는 것들이다. 호기심을 돋우는 이상한 사건이 벌어지고, 재미있는 성향을 갖고 있는 특이한 탐정이 등장하여 사건을 조사하고 수사하는 내용이 이어진다. 수사 도중 사건이 몇 건 연달아 일어나면서 점점 더 상황을 이상하게 만드는 경우도 있다. 그러다가 결말에 가까워질 즈음, 탐정은 지금까지 수사한 단서를 종합하여 범인이 누구인지 밝힌다. 그 직전까지 독자는 탐정의 수사를 따라가면서 과연 범인이 누구일지 함께 고민하게 된다. 그리고 나름대로 누군가가 범인이지 않을까 하는 마음도 품는다. 그러나 정작 드러나는 결말은 예상을 깨는 경우가 많다. 독자는 놀라고 감탄하게 된다.

크리스티의 인기작들을 보면, 일단 의외의 인물이 범인으로 지목되어 독자를 놀라게 한다. 범인이 의외의 인물인 까닭은 대개 그 인물이 자신이 범인임을 쉽게 예측하기 어렵도록 어떤 속임수를 썼기 때문이다. 그 속임수의 영리함 때문에 독자는 두 번째로 놀라고 감탄한다. 마지막으로 탐정이 몇 안 되는 단서를 통해 그 영리한 속임수를 간파하고 허점을 지적하면 독자는 세 번째로 놀라게 된다.

황금시대에 나온 훌륭한 추리소설은 이 세 단계를 모두 그럴듯하게 갖추고 있다. 이런 재미는 독자가 같이 고민하면서 이야기를 읽어갈 때 더 커진다. 그리고 그런 식으로 재미를 더하는 것은 오직 추리소설에서만 가능하다. 황금시대의 추리소설들은 이와 같은 추리소설만의 독특한 재미에 특히 더 집중한 경향이 있어 보인다.

크리스티는 여기에 더해서 작가의 소설에 인상적으로 자주 나타나는 몇 가지 수법을 유행시켰다.

가장 눈에 띄는 것은 결말 장면에서 탐정이 관련 인물들을 모두 모아놓고 일장연설을 하면서 전체 상황을 차근차근 설명하고 마지막에 가서 극적으로 "당신이 범인입니다"라고 밝히는 방식이다. 이는 문제집으로 보면 모범 답안에 해당하는 내용인데, 그 장면에서 조마조마함을 높이기 위해 이런 방법을 택한 것이다.

이런 추리소설에서는 설명 장면 직전 탐정이 등장인물들에게 일일이 연락하기보다는 대체로 경찰이나 사건 관계자에게 "관련된 분들을 모두 한자리에 모이게 해주시겠습니까?" 하고 부탁하는 경우가 많다. "모두 한자리에 모이게 해주시겠습니까?"라는 한마디 대사 또한 드디어 모든 진실이 드러나기 직전이라는 것을 알리며 긴장감을 높이는 역할을 한다. 탐정이 독자를 향해 "나는 이제 진실을 완전히 파악했고, 이것을 여러 사람 앞에서 밝힐 수 있을 정도로 자신을 갖고 있습니다. 독자님도 범인이 누구인지 아시겠습니까?" 하고 슬쩍 신호를 보내는 것처럼 느껴지기도 한다.

이어지는 장면에서 범인일 가능성이 있는 인물이 모두 모인 모습이 펼쳐지고, 탐정의 설명이 이어지는 가운데 인물들이 각각 어떻게 반응하는지가 잠깐씩 드러난다. 이런 장면은 자칫 단조로워지기 쉬운 설명 장면의 긴장감을 높이고, 문제 풀이 과정을 보여주면서 마지막까지 추리를 함께 하도록 독자들을 이끈다. 범인일 가능성이 있는 인물들을 마치 객관식 문제의 보기처럼 보여주면서 독자가 그들의 얼굴과 감정을 엿볼 수 있게 해주는 구성은 어찌 보면 상당히 시각적이다. 그래서 소설뿐만 아니라, 연극이나 영화의 결말로도 어울린다. 과연 크리스티 이후에도 수많은 추리소설, 추리 연극, 추리 영화에서 이런 결말을 자주 사용했다.

반면 황금시대가 지나는 동안 이런 결말에 불만을 품은 작가들도 속속 등장했다. 현실에서 사람이 죽고 그 범인을 찾는 수사 과정은 그저 수수께끼 풀이의 재미를 즐기는 게임이 아니다. 훨씬 더 도덕적인 문제를 다루는 일이며, 대체로 심각하고 긴박한 일이기도 하다. 그러므로 현실에서는 이렇게 다들 모아놓고 범인을 지목하는 방식이 적합하지 않다. 그렇게 하기도 어려울 것이고, 그런 식의 쇼를 할 이유도 없다. 훗날 일본 추리소설계에서 황금시대 추리소설과는 전혀 다른 길을 제시한 작가로 손꼽히는 마쓰모토 세이초松本清張는 추리소설의 문학성을 높이려면 결말의 수수께끼 풀이 장면을 자연스럽고 현실적으로 쓰는 것이 과제라고 대놓고 말하기도 했다.

크리스티 소설에서 또 하나 자주 찾아볼 수 있는 수법은, 고립된 외딴 저택이나 별장같이 차단된 장소에서 일어나는 살인 사건을 자주 소재로 사용한다는 점이다.

이런 곳에서 사건이 일어나면, 사건이 일어났을 때 그 장소에 있던 사람 중 한 명이 범인이므로 범인을 찾는 문제는 객관식이 된다. 대도시의 길가에서 살인이 벌어졌는데 어젯밤 그 길을 지났을지도 모르는 수십만 명의 사람 중 한 명이 범인이라면 누가 범인일지 독자가 추측하기는 사실상 불가능하다. 대신, 사건 당시 집 안에 있었던 사람은 희생자인 갑부, 갑부의 집사, 갑부의 친구, 갑부의 사업 경쟁자, 정원사, 요리사, 갑부와 오늘 골프를 같이 친 사람뿐이고 그중에 범인이 있다는 식으로 이야기를 꾸미면 독자의 시선은 달라진다. 독자가 수수께끼 풀이에 관심을 갖고 같이 도전하기가 더 수월해진다. 꼭 그럴 필요는 없지만, 독자는 범인일 가능성이 있는 인물들을 메모해 놓고 단서를 찾아낼 때마다 누가 범인일 확률이 높아졌는지 가늠해 보면서 소설을 읽을 수도 있다.

가장 잘 알려진 크리스티의 추리소설에서는 보통 교외나 시골의 저택이 사건의 배경으로 등장한다. 그러므로 이런 소설을 일컬어 '저택 미스터리country house mystery'라고 부르기도 한다.

만약 추리소설에서 범인일 가능성이 있는 후보가 한 명밖에 없다면, 누가 범인인지 추리하는 문제를 만들기가 어려워진다. 후보가 둘뿐이라고 해도, 둘 중 하나를 가려내는 문제를 긴 소설을 다 채울 만큼 복잡하게 만들기 어렵다. 그러므로 추리소설에서 사건을 꾸미기 위해 적어도 네다섯 사람 이상이 한 공간에 모여 있는 상황을 만들려면 일단 집이 어느 정도 커야 한다. 살인 사건이 일어나는 순간의 장면이 가까이 있는 사람에게 목격되지 않으려면 집 안에 방도 여럿 있어야 하고, 많이 걸어야 하는 긴 복도나 2층, 3층 구조로 각각 떨어진 공간이 있어야 할 필요도 있다. 한국의 대규모 아파트 단지에 있는 작은 면적의 집보다는 큼직한 유럽식 저택이나 별장이 배경인 것이 이야기를 꾸려가기에 편하다.

크리스티의 소설에는 중상류층 이상의 인물들이 자주 등장하고, 특히 귀족, 예의범절, 고상한 사교 모임의 분위기를 드리우는 요소들이 많은 편이다. 저택 미스터리에 등장하는 큰 저택에 출입할 만한 인물을 등장시켜야 하니 자연히 그런 요소들을 자주 다루게 될 수밖에 없다. 하지만 그런 상황을 감안한다 해도, 애거사 크리스티의 소설에는 옛 영국식의 점잖은 사람들이 유난히 많이 나오는 느낌이다.

물론 그렇다고 해서 크리스티 소설에서 가난한 인물이 중요한 역할을 하지 않는다는 얘기는 아니다. 저택에서 일하는 하인이나 저택 옆에서 농사를 지으며 사는 사람 등도 자주 등장한다. 다만, 공장 직원이나 아침 9시에 출근해서 저녁 때 퇴근하는 회사원 같은 현대사회의 평범한 사람들은 드물다는 뜻이다.

말하자면 크리스티의 소설 중 적지 않은 수가 도시 생활에서는 조금 떨어진, 어쩐지 옛 시대의 그림자 속에서 벌어지는 비일상적인 세상 이야기를 다루는 것 같다. 크리스티 소설에는 대기업에서 일하는 사무직 직원보다는, 먼 친척 고모가 세상을 떠나는 바람에 갑작스레 유산을 상속받아 일하지 않고 평생 먹고살 수 있게 된 사람이 훨씬 더 자주 나온다. 이런 특징에 집중하면 크리스티 소설들의 개성이 더 뚜렷해 보인다. 세상이 변화하면서 사람들은 현대사회의 복잡한 조직 속에서 바쁘게 살아가게 되었다. 그런 삶을 사는 현대의 독자들 입장에서는, 옛 시절 상류층이 누리던 여유로운 생활의 짜릿한 흥취를 크리스티의 추리소설을 통해 맛보는 기회로 여기고 즐길 수도 있다는 얘기다.

그렇다고 크리스티의 소설이 시대의 변화를 완전히 무시하고 있다고 말할 수는 없다. 제1차 세계대전으로 인한 국제 정치의 변화를 소재로 다룬 이야기도 자주 보이고, 후기작들에서는 제2차 세계대전 전후로 바뀐 세상에 대한 내용도 종종 등장한다. 1935년 작인 《구름 속의 죽음Death in the Clouds》에서는 하늘을 나는 여객기의 승객 사이에서 벌어진 살인을 다뤘고, 결말 즈음에는 사진을 전송하는 기술이 등장하기도 한다. 이런 것들은 당시로서는 최첨단 기술을 소재로 삼은 것이라고 볼 수 있다.

잠깐 스쳐 지나가는 이야기로 등장하긴 하지만, 크리스티의 후기 대표작으로 자주 언급되는 《끝없는 밤Endless Night》에서는 주인공의 친척이 한국전쟁에서 사망했다는 언급이 보이기도 한다. 한국전쟁 당시 영국군은 5만 명 이상의 병력을 한반도에 보냈고, 그중 전사한 사람의 숫자만 1,000명이 넘었다. 크리스티 소설에 등장하는 이런 언급은 그 시대가 반영된 것이라고 볼 수 있다.

그럼에도 크리스티의 대표작에서 주로 주목받는 것은 현대사회의 생생한 면모보다는 낭만적인 옛 시대의 분위기다. 어쩌면 크리스티가 이제는 흘러간 추리소설의 황금시대부터 걸작을 남겨왔다는 사실이 요즘 평론가들과 독자들로 하여금 더욱 크리스티 소설을 옛 시대를 즐기는 느낌으로 보게 만드는지도 모르겠다.

차라리 200년 전, 300년 전을 배경으로 하는 소설을 읽을 때는 그 시대의 관점에서 현실을 묘사하는 이야기로 받아들일 수 있다. 그렇지만 크리스티의 추리소설은 80년 전, 90년 전 소설이라 하더라도 여전히 소설을 읽는 독자가 직접 범인을 추리하고 단서를 고민해야 한다. 혹 현대의 독자가 이야기 속에 들어가서 단서를 고민하는 추리소설의 특징 덕분에, 크리스티가 풀어놓는 고상하고 여유로운 옛사람들의 분위기가 더 잘 와닿는 것은 아닐까?

막연한 느낌에 불과하지만, 나는 크리스티 소설에 등장하는 현대 기술의 한계는 자동차까지가 아닌가 생각해 본 적이 있다. 크리스티는 1970년대까지도 소설을 썼다. 그렇지만 크리스티의 소설에서 현대적인 소재를 다룬다 하더라도, 등장인물이 TV를 보며 시간을 때우는 심심한 주말 저녁 풍경은 소설에 썩 어울리지 않는다.

크리스티의 대표작 중에는 1960년대에 나온 소설도 있지만, 그렇다고 해서 록큰롤 공연에서 전자기타 연주를 들으며 환호하는 청중의 모습이 크리스티 소설 분위기에 어울리는 것 같지는 않다. 그에 비하면 그래도 자동차에 관한 이야기들은 크리스티의 소설에 부드럽게 잘 녹아들어 있는 듯하다.

예를 들어 《부부 탐정Partners in Crime》 같은 소설에서는 자동차를 타고 이곳저곳을 다니는 장면이나 사람들이 택시를 타고 움직이는 모습들이 이야기에 자연스럽게 이어진다. 《끝없는 밤》에서는 아예 주인공의 직업이 자동차 운전기사다.

이는 어쩌면 자동차라는 제품이 세상에 나타난 사연과 관련이 있을지도 모른다. 오늘날 자동차는 사람들이 생계를 이어나가고 사회를 유지하기 위한 필수품 역할을 하고 있다. 나 역시 어제도 오늘도 버스를 타고 서울 시내 이곳저곳을 다니며 생계를 이어가고 있다. 그렇지만 자동차가 처음 출현했을 때는 사람들의 일상생활을 돕거나 생계를 잇는 도구라는 목적이 부각되지 않았다. 그보다는 오히려 부유한 사람들이 신기한 물건을 경험해 보려는 여흥의 목적에 가까웠던 것 같다.

사실 처음 땅 위를 저절로 움직이는 기계가 개발된 것은 기차와 철도가 생긴 시기에서 머지않다. 철도 위를 달리는 기관차가 평평한 땅 위를 달릴 수 있도록 바퀴만 바꾸면 대강 자동차와 비슷해진다. 그러나 보통 자동차라고 하면, 그보다는 작고 조작하기 편해서 철도가 없는 곳에서도 이곳저곳 다니기 좋은 기계를 말한다.

그런 기계는 내연기관이라는 장치가 개발되면서 실용화되었다. 내연기관은 엔진 속에서 연료가 불타오르면서 생긴 힘으로 움직이는 장치를 말한다. 이는 증기기관이 연료에 불을 지펴 물을 끓이고 물이 증기로 변하면 그 증기의 힘을 받아 움직이는 것과는 다르다.

다시 말해서 내연기관, 즉 보통의 자동차 엔진은 물을 끓여서 증기를 만드는 방식을 사용하지 않는다. 휘발유 같은 물질에 불을 붙이면 폭발하는데 내연기관은 그 폭발하는 힘 자체에 기계 부품이 밀려나면서 바퀴를 조금씩 돌리도록 되어 있다. 내연기관이라는 이름도, 증기를 만드는 중간 단계 없이 연료를 내부에서 태워 바로 작동한다는 뜻이다. 그에 비해 증기기관은 연료를 태워 물을 끓이는 장치가, 막상 실제로 힘을 받는 부분 외부에 따로 있는 경우가 많다. 그래서 대부분의 증기기관을 외연기관이라고도 한다.

내연기관은 물을 끓여 증기를 만드는 중간 단계가 필요 없으므로 전체적으로 장치를 작게 만들 수 있다. 또 불을 지펴서 물이 끓기까지 기다릴 필요도 없다. 내연기관은 쉽게 작동을 시작할 수 있고, 그만큼 쉽게 작동을 멈출 수 있다. 그래서 자그마한 장치를 만들어 한두 사람을 태우고 자유롭게 이동하는 데 유용하다. 증기기관이 거대한 덩치로 수백 명을 태운 긴 열차를 끌고 가면서 시간표에 맞춰 운행하는 기차에 걸맞다면, 내연기관은 적은 수의 사람을 태우고 내 집 앞에서 내가 출발하고 싶을 때 움직이는 자동차에 어울린다.

독일의 기술자 오토Nicolaus Otto는 1860년대에 내연기관 그 자체를 판매하는 데 초점을 맞췄다. 커다란 증기기관 대신, 커봐야 큼직한 가방 하나만 한 내연기관을 어느 기계에든 달아서 사용하면 편리하게 여기는 사람들이 많을 거라고 생각해 여기저기에 팔았던 것이다. 지금도 작은 공장에서 작동하는 기계 중에는 이렇게 내연기관을 이용해서 휘발유나 경유를 연료로 넣어 작동시키는 장비들이 흔하다.

요즘 나오는 캠핑용 장비 가운데 휘발유를 넣어서 작동시키면 전기를 생성하는 휴대용 발전기가 있는데 이런 것도 내연기관을 이용하는 장치다. 이런 장비는 쓸 만한 전기를 듬뿍 만들어 주면서 크기는 한 손으로 들고 다닐 수 있을 정도다.

약 20년에 걸쳐 내연기관이 제법 인기를 얻으며 자리 잡자, 1880년대 벤츠Karl F. Benz 같은 사람들은 내연기관을 마차나 자전거 모양의 장치에 달아 저절로 바퀴를 돌려서 움직이는 탈것을 만들 수 있겠다고 생각했다.

벤츠가 만든 세계 최초의 내연기관 자동차(1885)

마침 이 시기는 자전거가 어느 정도 유행한 시절이어서, 손으로 바퀴를 움직여 방향을 바꾸거나 한두 사람이 타고 다니는 장치를 위한 톱니바퀴, 회전축 같은 부품들이 발달해 있었다. 그 덕택에 내연기관 자동차는 생각보다 어렵지 않게 개발될 수 있었다. 게다가 자전거가 유행하는 바람에 사람들이 이곳저곳을 달리고 그 속도감을 즐기는 문화가 퍼져 있기도 했다. 자전거도 재미있는데 저절로 더 빠르게 달리는 자동차는 얼마나 더 재미있겠냐고 선전하기 좋은 상황이었다.

초창기의 자동차는 말[馬] 없이도 차가 저절로 움직이는 신기한 장치를 즐겨보려는 부유층에게 먼저 팔렸던 것으로 보인다. 성능이 점차 개선되자 말을 타고서는 느끼기 어려운 빠른 속도를 즐기기 위한 장치로 자동차가 팔려나가기도 했다. 내 생각에, 20세기가 막 시작된 무렵만 해도 자동차는 생활에 필요한 장치라기보다는 자동차 경주 대회에서 첨단기술을 이용한 속도 대결을 즐기는 모험가들의 장비에 가까웠다. 아마 크리스티가 어린 시절을 보냈던 1900년대에 자동차는 아름다운 백마가 끄는 마차와 비슷한 사치품이라는 생각이 퍼져 있었을 것이다.

그러나 그 후로 자동차는 훨씬 더 많은 사람들에게 퍼져나갔다. 상황이 결정적으로 바뀐 것은, 미국의 기업가 헨리 포드Henry Ford가 포드 모델 T를 비롯한 저렴하고 튼튼한 차들을 만들어 널리 파는 사업을 성공시킨 후였다.

헨리 포드는 원래 전기를 생산해 판매하는 에디슨의 전기 회사에서 근무하던 사람이었다. 전기 회사의 발전소 장비 관련 일을 하면서 포드는 엔진이 어떻게 작동하는지, 엔진을 이용하려면 어떤 부품을 어떻게 조립해서 어떤 장치를 만들어야 하는지를 익혔다. 그 후, 에디슨의 회사에서 나와 자기 회사를 차린 포드는 엔진을 이용한 자동차를 만들어 팔겠다는 계획을 세웠고, 꾸준히 새로운 차량을 개발하면서 자동차를 만드는 사업을 해나갔다.

그 과정에서 포드는 여러 차례 실패하기도 했다. 포드는 디트로이트 일대의 여러 기업가들과 알고 지낸 덕분에 사업 초창기 기업의 특별한 업무에 필요한 강력한 차를 만드는 사업을 진행하기도 했다. 예를 들어 마차로 물건을 옮길 경우, 말의 힘을 넘어설 만큼 무거운 물건은 옮기기 힘들고, 말이 지칠 수 있기 때문에 아주 오랫동안 먼 거리를 운행할 수도 없다. 또한 말을 키우고 관리하는 것도 하나의 고민거리다. 그런데 만약 어떤 공장에서 굉장히 무거운 쇳덩어리를 옮겨야 한다거나, 주문이 들어오면 24시간 언제든 물건을 배달해야 하는 회사가 있다면, 마차가 감당하기 힘든 그런 일을 자동차가 대신해 줄 수 있을 것이다. 포드는 그런 공장들에 말보다 강력한 자동차를 팔 수 있을 거라고 생각했다.

그러나 정작 포드가 큰 성공을 거둔 것은 그와는 전혀 다른 방향에서 일이 잘 풀렸기 때문이었다.

얼마 후 포드는 부유층이나 사업에 필요해서 자동차를 사려는 기업가뿐만 아니라 세상 사람 누구에게나 자동차를 팔겠다는 쪽으로 방침을 바꾸었다. 특별한 힘을 갖춘 화려한 자동차를 판매하는 것이 아니라, 값싸고 튼튼하며 타기 편리한 차를 많이 만드는 것에 집중하기로 한 것이다. 이런 취지에서 가장 큰 성공을 거둔 제품이 모델 T였다. 포드는 처음 개발한 자동차를 모델 A라 하고, 그 후 모델 B, 모델 C, 모델 D 등 알파벳순으로 이름을 붙였는데, 1908년 20번째 개발품인 모델 T에 이르러서야 일이 제대로 풀린 셈이다.

처음 나왔을 때 모델 T는 가격이 아주 싸지도 않았고 생산 대수도 그렇게 많지 않았다. 하지만 포드의 회사는 더 싼값에 더 빨리 차를 만드는 방법을 계속 연구했다. 그렇게 해서 꾸준히 가격을 내리고 생

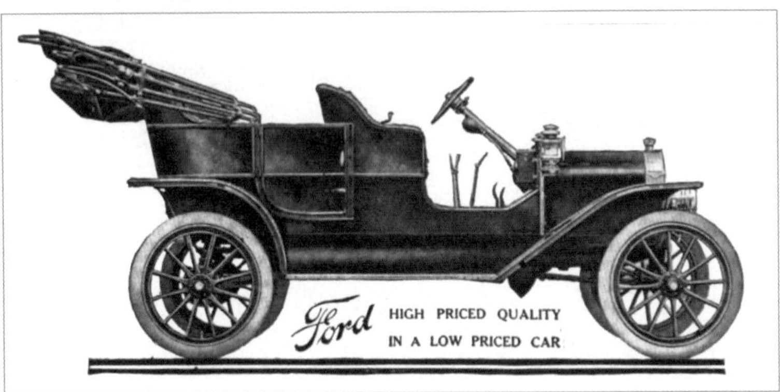

포드 모델 T

산대수를 늘려나갔다. 이 과정에서 포드는 제품이 생산 라인을 따라 천천히 움직이면 직원들이 그 앞에 서서 자기가 맡은 일을 반복 수행하면서 빠르게 조립해 나가는 제조 방식을 도입했다.

지금도 공장이라고 하면, 기계가 돌아가면서 제품들이 줄지어 움직이고 그 앞에 늘어선 직원들이 숙달된 손놀림으로 맡은 바 작업을 계속 반복하는 장면을 떠올리기 마련이다. 그 방식을 바로 20세기 초의 포드가 채택했다.

포드사의 이동식 조립 라인(1913)

포드는 곧 대성공을 거두었다. 그리고 포드의 방식은 다른 회사에 퍼져나가, 전 세계에서 지금까지도 공장을 운영하고 제품을 생산하는 기본 방식으로 자리 잡고 있다. 때문에 어떤 사람들은 포드의 진정한 업적은 모델 T 자동차를 개발한 것이 아니라, 모델 T 같은 자동차를 대량 생산하는 공장 작업 방식을 자리 잡게 한 것이라고 말하기도 한다.

똑같은 제품이 빠르게, 많이 생산되자, 제품의 가격은 계속해서 내려갔다. 포드는 심지어 자동차를 빠르고 쉽게 생산하기 위해 차체 색깔도 검은색으로 통일했다. 하필 그 색깔을 택한 이유도 검은색이 가장 빨리 마르기 때문이라는 전설 같은 소문이 있을 정도다.

그렇게 싼 제품을 많이 만들어 판매한 덕분에 자동차는 부유층의 장난감에서 사회 곳곳에서 사용되는 생활필수품으로 바뀌었다. 단지 마차가 자동차로 바뀌었을 뿐만 아니라, 과거에는 마차를 탈 수 없었던 사람들도 자동차를 타고 먼 곳까지 이동하거나 무거운 짐을 싣고 다닐 수 있게 세상이 바뀐 것이다.

과거에 마차를 두고 사용하려면 말과 마차뿐만 아니라, 말을 기르고 관리하는 하인이 있어야 하고 말을 기르고 먹일 공간도 있어야 했다. 그러나 자동차는 훨씬 적은 공간과 비용으로 집에 두고 사용할 수 있다. 하물며 여러 사람이 타고 다니는 커다란 버스를 운행하기에도 마차보다는 자동차가 유리하다.

자동차 덕택에 사람들은 더 먼 거리를 오가며 살 수 있게 되었고, 세상은 더 빠르게 발전하게 되었다. 자동차가 없었다면, 일산에 사는 사람과 분당에 사는 사람이 서울에 있는 직장으로 출퇴근하며 매일같이 만나는 세상은 오지 않았을 것이다. 그 덕에 인연을 만나 서로 친해지고 사랑하고 가족을 이루는 사람도 얼마나 많겠는가? 나는 이렇게 몇몇 사람만 사용하던 기술을 세상 사람 모두가 쉽게 사용할 수 있도록 퍼뜨리는 쪽으로의 발전이 중요한 계기가 될 때가 있다고 생각한다. 과거에는 기업의 총수나 군대의 고위 간부만 자기 차에 무선 전화기를 설치해 두고 썼지만, 지금은 누구나 스마트폰을 갖고 다니고 있다. 옛날에는 숙련된 기술을 가진 사진가만이 선명한 사진을 찍을 수 있었지만, 지금은 어린아이들도 터치 한 번으로 사진을 찍을 수 있게 되었다.

포드 모델 T는 1920년대 초까지 거의 20년 동안 1,500만 대 이상 팔려나갔다. 전 세계에서 어마어마한 수의 자동차가 생산되어 판매되고 있는 지금까지도 이렇게까지 많이 팔린 차종은 몇 없다. 포드 모델 T는 100년이 지난 지금까지도 역대 누적 판매 대수가 많은 차량 10위권에 들어간다. 몇몇 기사를 보면, 한반도에도 1910년대에 포드 모델 T가 처음 들어와 택시로 활용되었다고 한다. 세계 곳곳의 도로를 자동차가 메우는 시대가 시작되었다.

한편, 자동차의 시대가 시작되면서 세상은 교통사고의 시대로 진입했다. 교통사고는 언제 어디서나 일어나는 사건이 되어 일상의 일부로 자리 잡았다. 요즘 소설, 영화, TV 연속극에서는 어떤 등장인물을 더 이상 등장시키지 않을 핑계가 필요할 때 언제나 들이밀 수 있는 수법으로 교통사고를 사용하기도 한다. 작가이자 영화평론가인 듀나는 이런 점을 지적하면서, 교통사고가 언제나 갑자기 나타나 목숨을 앗아갈 수 있는 현대에 등장한 죽음의 신이 되었다고 언급하기도 했다.

2020년 한국의 교통사고 사망자는 3,079명이었다. 이것도 그나마 과거에 비하면 숫자가 줄어든 것이다. 사람의 긴 역사를 살펴봤을 때 이런 문화가 자리 잡았다는 것은 조금 괴상한 일이다. 만약 요즘 누군가가 나타나서 '어떤 신기술을 도입하면 우리가 먼 거리를 좀 더 빠르게 이동할 수 있게 되는데 그 대신 1년에 3,000명이 목숨을 잃을 수 있다'고 한다면 대부분은 그 기술을 허용해야 한다고 생각하지 않을 것이다. 그런데 세상이 빠르고도 부드럽게 바뀌는 가운데 우리는 교통사고를 어쩔 수 없는 것이라고 여기면서 살게 되었다.

나는 머지않은 시기에 인공지능 안전 운전 장치, 자율주행 기술의 발달로 교통사고가 훨씬 줄어들 것이라 생각하고, 그렇게 하기 위해 애써야 한다고 믿는다. 머지않은 미래에 자동차 사고로 1년에 수천 명씩 목숨을 잃는 것은 20세기와 21세기 초에 한정된 어이없는 문화였다고 생각하는 시대가 와야 한다. 그때가 되면 우리의 후손들은 "옛날에는 어릴 때 부모님들이 어린이들에게 그렇게 차 조심하라고 항상 강조했다더라" 하면서 그것을 믿을 수 없는 과거의 일이라는 듯이 이야기하게 될 것이다.

애거사 크리스티 또한 교통사고가 가진 이런 괴상한 성격을 간파했던 것 같다. 《그리고 아무도 없었다And Then There Were None》에서 크리스티는 교통사고가 갑작스레 찾아오는 사건이며, 또한 과거의 죽음과는 다르게 받아들일 수밖에 없는 특이한 문제라는 점을 지적하며 그것을 이야기의 소재 중 하나로 중요하게 활용했다. 이렇게 보면 크리스티는 사실 예스러운 여유를 소설 분위기에 근사하게 녹여내는 데 능할 뿐, 현대적인 소재도 얼마든지 잘 활용하는 작가인 것 같다는 생각이 든다.

애거사 크리스티는 글을 정말로 잘 쓰는 위대한 작가였다. 잘 알려지고 비슷한 소재를 다룬 소설 몇 편이 워낙 눈에 띄는 바람에 어떤 소설이 크리스티다운 소설이다라는 말이 많이 돌아서 그렇지, 그런 틀에서 벗어나는 다른 글에서도 크리스티는 출중한 솜씨를 뽐냈다.

예를 들어 《부부 탐정》에서는 다른 추리소설들을 짚으면서 이야기를 풀어가는 메타 소설의 구조를 신나게 활용하고, 그러면서 발랄한 농담 따먹기 같은 웃음을 잘 살린다. 《나일강의 죽음Death on the Nile》에서는 이국적인 풍광을 멋들어지게 담아내며 이야기를 풀어내는 솜씨를 발휘하고, 《메소포타미아의 죽음Murder in Mesopotamia》에서는 독특한 인물의 성격을 문학의 주제로 잡아내기도 한다. 그런가 하면 《끝없는 밤》에서는 사랑의 추억과 방황하는 마음을 꿈처럼 그려내는 힘을 과시한다. 나는 크리스티의 모든 소설 중 《리스터데일 미스터리The Listerdale Mystery》에 실려 있는 단편, 〈이스트우드 씨의 어드벤처Mr. Eastwood's Adventure〉를 가장 좋아하는데, "두 번째 오이의 미스터리"라는 해괴한 말로 시작해서 이야기를 풀어나가는 리듬감은 언제 보아도 존경스럽다.

앞서 언급한 《그리고 아무도 없었다》에서의 음침하고 무시무시한 분위기 묘사도 빼놓아서는 안 될 크리스티의 장기다. 무서운 전설이 감도는 어떤 장소가 있는데 그곳에 등장인물들이 모여 있는 와중에 살인 사건이 일어난다. 사람들은 겁에 질리고 공포는 고조된다.

그 인물들 중에 범인이 있을 테니 독자들은 객관식 문제를 풀듯 누가 범인일지 추리하면서 그 무서운 곳 속에 직접 들어간 듯이 상상한다. 이야기가 진행되면서 살인이 연달아 벌어지고, 마치 악령이 감도는 것 같은 괴이한 분위기는 더 깊어간다. 결말에 이르면 모든 것이 논리적으로 밝혀지지만, 그런 가운데 충격적인 진실이 드러나기 때문에 공포는 사그라들지 않는다. 결말에서는 죄란 무엇이고 악은 무엇인가에 대한 고민이 여운으로 이어진다. 《그리고 아무도 없었다》는 그 모든 단계에서 성공한 소설이며, 여기에 독특한 형식의 결말이 주는 파격까지 의외성을 더한다.

《그리고 아무도 없었다》는 역사상 최고의 추리소설을 선정할 때 그 후보에 항상 들어갈 정도로 인기 있는 소설이다. 여러 차례 영화와 TV극으로 영상화되기도 했고, 한국에서도 1987년 KBS 〈일요추리극장〉의 에피소드로 제작되어 '제웅도'라는 섬을 배경으로 펼쳐지는 이야기가 많은 시청자들에게 강한 인상을 남긴 적이 있다. 이후 세계 각지의 수많은 작가들이 《그리고 아무도 없었다》와 비슷한 방식을 취한 소설을 썼다. 이런 소설은 일종의 정통파 추리소설 취급을 받아서 지금도 비슷한 배경, 비슷한 형식의 소설들이 계속해서 출간되고 있다(나조차도 불과 몇 주 전에 《그리고 아무도 없었다》 분위기의 신간 추리소설 한 편을 읽고 그에 대한 추천사를 써주기도 했다).

애거사 크리스티는 추리소설 황금시대에 추리소설을 누구보다 멋지게 쓴 작가인 동시에, 황금시대가 끝나고 한참 세월이 흐른 지금까지도 시대를 초월하여 추리소설이 계속해서 세상에 나오는 데 영향을 미치는 작가라고 할 수 있다.

이와 같이 뛰어난 작가가 쓴 소설이 작가의 성실함 덕분에 50권에 달하는 분량으로 넉넉히 나와 있으며, 또한 그 모든 소설이 한국어로 번역되어 있다는 사실은 세상사 많은 일 중에서도 무척 감사할 만한 일이다. 스마트폰 게임부터 가상현실까지 온갖 복잡한 놀잇거리가 넘쳐나는 요즘, 오늘 하루 책을 읽으며 여가를 보내는 옛날 방식을 택한다고 해보자. 그렇다면 그 많은 크리스티 소설 중에서 마음에 드는 것을 하나 골라보는 것도 꽤 어울리는 선택이 될 것이다.

— *chapter 12.* —

《픽션들》과 냉장고

"사람들은 세상의 많은 문제를 이야기로 표현하고 또 이야기를 받아들이면서 그것을 이해할 때가 많다. 누군가가 슬픈 일을 당했다고 했을 때 '그 사람이 느낀 감정은 슬픔 점수 200점 정도다'라는 식으로 말하지는 않는다."

아르헨티나와 우루과이는 한국에서 가장 먼 나라다. 그러니까 서울에서 똑바로 땅을 파고 들어가서 지구의 중심부까지 내려가고 그러고도 계속해서 땅을 파서 반대편까지 나아가면 아르헨티나 어디쯤으로 튀어나온다는 뜻이다. 이렇게 지구의 한 지점에서 완전히 반대편인 지점을 대척점이라고 하는데, 서울의 대척점은 아르헨티나 근처의 바다 어디 즈음이라고 한다. 서울에서 출발해서 어디인가 먼 곳으로 간다면 아르헨티나 부근의 바다가 지구상에서 도달할 수 있는 가장 먼 위치라는 얘기다. 지구는 둥글기 때문에, 바로 그 대척점에서 동서남북 어느 방향으로든 조금이라도 벗어나면 대척점보다는 서울과 가까워진다.

대척점까지의 거리를 지상에서 재보면 대략 2만 킬로미터 정도다. 아르헨티나가 워낙 큰 나라라서 아르헨티나의 어디를 기준으로 잡느냐에 따라 거리가 달라지겠지만, 대충 한국에서 아르헨티나까지 가려면 2만 킬로미터 정도 가야 한다는 뜻이다.

한국 고전에는 아주 먼 거리를 '9만 리'에 비유하는 표현이 자주 나온다. 또한 "갈 길이 9만 리다"라든가 "앞날이 9만 리 같다" 등의 말들이 지금도 종종 쓰인다. 서울에서 아르헨티나까지의 거리는 2만 킬로미터, 넉넉잡아 5만 리 정도다. "갈 길이 9만 리다"라는 말이 있지만, 아무리 먼 곳까지 간다고 해도 지구상에서는 9만 리는커녕 5만 리보다 멀리 떨어진 장소도 없다. 생각만큼 세상이 크지 않다는 뜻도 되고, 9만 리 정도 되는 먼 길을 간다는 얘기는, 굳이 말을 만들어 보자면, 구불구불 구부러진 길을 돌아 돌아 간다는 뜻일 수도 있다.

그만큼 먼 곳에 있는 아르헨티나라는 나라가 도대체 한국과 무슨 관계가 있을까 싶다. 탱고의 본고장이 아르헨티나라는 사실이라든가 축구를 잘하는 나라라는 정도는 한국 사람들 사이에서도 그나마 알려진 편이긴 하다.

그러나 생각보다 아르헨티나는 한국인의 일상생활에서 그렇게 멀리 떨어져 있는 나라가 아니다. 일단 아르헨티나는 예로부터 세계적으로 농업과 축산업이 발달한 나라다. 때문에 한국도 아르헨티나산 농축산물을 꽤나 수입해서 사용한다.

그중에서도 아르헨티나에서 만든 콩기름을 상당량 수입하고 있다. 콩 자체는 미국이나 파라과이 같은 나라의 것을 더 많이 수입하지만, 콩에서 짠 기름, 그러니까 식용유는 아르헨티나산이 많다.

보통 가정에서 사용하는 식용유는 외국에서 콩을 수입해 와서 한국에 있는 공장에서 기름을 짜내 만든 것들이다. 하지만 공장에서 대량으로 사용하는 식용유나 식당에서 사용하는 식용유로는 아르헨티나에서 기름을 짜서 그대로 실어온 것도 꽤 팔려나간다. 그러니까, 어느 식당에서 맛있는 튀김 요리를 먹었다거나 공장에서 생산되어 유통되는 도넛이나 튀긴 과자를 사 먹었다면, 거기에 아르헨티나 농부들이 기른 콩의 맛이 섞여 있을 수 있다고 생각해도 좋다.

남아메리카의 넓은 들판에서 자란 콩이 아르헨티나 도시의 공장으로 옮겨져서 기름으로 가공되고, 그 기름이 화물선에 실려 몇 달 동안 길고 긴 항해를 거쳐 한국에 도착하고, 그것이 적은 양으로 다시 포장되어 유통되고 식당에 배달된 끝에 지글거리는 튀김 요리를 완성할 수 있게 된다. 그저 몇 번 씹는 사이에 입에서 사라지는 음식을 먹으면서도 어쩐지 지구의 절반쯤을 맛본 듯한 느낌을 상상해 볼 수 있는 이야기다.

한편 아르헨티나 사람들에게 나라를 대표하는 농축산물이 뭐냐고 물으면 아마 콩기름보다 쇠고기를 꼽는 사람들이 훨씬 많을 것이다. 쇠고기는 아르헨티나의 대표 제품이자, 아르헨티나의 상징에 가깝다. 한국인에게 김치가 있다면 아르헨티나인에게 쇠고기가 있다고 해도 과장은 아닐 것이다. 아르헨티나의 쇠고기는 값이 싸고 질이 좋아서, 그 나라 사람들이 쇠고기를 가장 많이 먹을 때에는 성인 남성 한 명당 매년 100킬로그램 정도의 쇠고기를 먹어 치우기도 했다고 한다. 요즘은 그 정도까지는 아니겠지만, 그렇다 하더라도 아르헨티나 사람들이 다른 나라 사람들에 비해 쇠고기를 훨씬 자주, 많이 먹는다는 건 틀리지 않은 것 같다.

어떻게 보면, 아르헨티나 사람들은 한동안 소로 먹고살았다고도 말할 수 있을 정도다.

아르헨티나 초원의 가우초들(1890년경)

아르헨티나인들이 일상생활에서 쇠고기를 많이 먹기도 하지만, 아르헨티나의 경제나 문화를 이야기할 때에도 소를 빼놓기는 어렵다. 아르헨티나에서 소를 돌보며 초원 이곳저곳을 돌아다니는 소몰이꾼을 '가우초gaucho'라고 하는데, 가우초의 문화, 모험담 같은 것들은 아르헨티나의 전통적인 이야기 소재라고 할 수 있다. 조선 시대 옛이야기 중에는, 가난하지만 그래도 공부를 게을리하지 않는 시골 선비가 어떤 모험에 휘말리거나 과거 시험을 보러 가는 길에 이상한 일을 겪는 내용이 많은 편이다. 그와 비슷하게 아르헨티나에는 소몰이꾼인 가우초가 소 떼를 몰고 가다가 악당들을 만나 싸우거나 가우초들이 힘을 합쳐 악당을 물리치는 이야기가 펴져 있다. 미국에 카우보이가 있다면 아르헨티나에는 가우초가 있다고 할 수도 있겠다.

아르헨티나에는 팜파스라는 넓은 초원 지대가 있고, 그곳에서 무척 많은 숫자의 소들을 방목한다. 한국처럼 좁은 외양간에 소를 묶어두고 기르는 것이 아니라, 소들이 가고 싶은 곳은 얼마든지 갈 수 있도록 넓디넓은 풀밭에 풀어두고 기른다. 그래도 될 만큼 땅이 넓기 때문이다. 땅이 어찌나 넓은지, 그렇게 소 한 마리가 넓은 땅을 차지하도록 두고 소를 기르는데도 나라 전체로 따지면 소를 기르는 숫자는 엄청나게 많다. 아르헨티나 땅에서 사는 소의 숫자는 시기에 따라 더 많아질 때도 있고 적어질 때도 있지만, 대체로 아르헨티나의 인구 숫자보다 많다. 그러니까 아르헨티나는 사람보다 소가 더 많은 나라다.

이것만으로도 아르헨티나가 과거에 얼마나 풍요로운 나라였는지 어느 정도 짐작해 볼 수 있다. 조선에서는 집에서 기르는 황소 한 마리가 그 집안의 가장 중요한 재산으로 취급받았다. 그러나 아르헨티나에서 소는 말 그대로 널려 있는 가축이었다. 그런 만큼, 긴 시간 쇠고기를 수출해서 많은 돈을 벌어들이기도 했다. 순위가 출렁거리는 편이긴 하지만, 아르헨티나는 세계에서 쇠고기를 많이 수출하는 나라 10위권, 또는 5위권 안에는 그럭저럭 들어간다. 미국이나 호주 같은 거대한 선진국들이 쇠고기 판매의 앞 순위를 굳건히 차지하고 있다는 점을 고려하면, 아르헨티나의 쇠고기 수출은 대단한 수준이라 할 수 있다.

그런데 아르헨티나가 옛날부터 그렇게 쇠고기로 막대한 돈을 벌어들인 것은 아니었다. 중국이 비단을 수출하고 인도가 후추나 말린 찻잎을 수출하는 것과 쇠고기를 수출하는 것 사이에는 한 가지 중요한 차이점이 있었다.

쇠고기는 오래 두면 상한다는 것이다.

아르헨티나에서 쇠고기가 아무리 많이 생산된다고 한들 과거에는 그 고기를 외국에 내다팔 수가 없었다. 긴 시간 배에 실으면 썩어서 못 팔게 되기 때문이다. 쇠고기를 조리하고 말려서 보관하는 육포 제조법이 발달하기도 했지만, 거기에도 한계가 있었다. 그나마 겨울에는 날씨가 추워서 덜 상하지만, 유럽같이 먼 곳으로 수출할 때는 아무리 날씨가 추워도 별 소용이 없다. 아르헨티나는 지구 남반구에 위치해 있는 데 비해 유럽은 지구 북반구에 위치해 있어서 계절이 정반대이기 때문이다. 즉, 아르헨티나에서 한겨울 가장 추운 날씨를 택해 쇠고기를 보낸다고 해도 그때 유럽은 한여름이다.

또한 아르헨티나에서 유럽으로 가려면 반드시 적도를 지나게 되는데, 이 지역의 날씨는 1년 내내 덥다. 그러므로 아르헨티나에서 유럽으로 쇠고기를 수출하는 길에서 더위를 피할 방법은 없다. 날이 더우면 쇠고기는 더 금방 상한다.

아르헨티나의 쇠고기를 머나먼 외국에 판매하는 방법을 찾는다면, 소를 산 채로 운반하는 것이 그나마 최선이었다. 배에 살아 있는 소를 싣고, 소가 먹을 사료도 같이 싣고, 소를 돌볼 사람도 배에 태우고, 아르헨티나에서 유럽까지 소를 먹여가면서 운반한다고 생각해 보자. 유럽에 도착하자마자 소를 도축해서 쇠고기를 얻을 수 있다면 아르헨티나에서 도축한 쇠고기를 유럽에 수출하는 것과 비슷한 효과를 낼 수 있다. 그러나 이런 방법은 너무 번거롭다. 소를 산 채로 유지하면서 몸무게도 줄어들지 않도록 돌보려면 배 안의 공간을 너무 많이 차지하게 된다. 잔인한 말이지만, 그냥 고기를 상자에 담아 차곡차곡 배에 쌓는 것이 훨씬 더 많은 양을 실을 수 있고 효율적이다. 물론, 그 고기가 항해하는 동안 상하지만 않는다면.

때문에 아르헨티나에서는 쇠고기를 오랫동안 보관하는 기술을 개발하는 것이 꿈같이 달콤한 목표였다. 질 좋은 쇠고기를 소비할 수 있는 부유한 사람들이 많은 곳은 아무래도 적도 반대편에 위치한 유럽이었다. 그곳까지 쇠고기를 신선한 상태로 보낼 수만 있다면, 가우초들이 팜파스의 드넓은 땅에서 키운 소는 막대한 돈을 벌어들이는 무궁무진한 자원이 될 수 있다. 그런데 계절이 다르고 기온이 달라지는 지구의 구조가 아르헨티나인들이 막대한 돈을 벌 수 있는 길을 막고 있었다.

작가 톰 잭슨Tom Jackson의 책 《냉장고의 탄생Chilled》에 따르면, 1868년 아르헨티나 당국에서는 쇠고기를 유럽까지 안전하게 수송하는 방법을 고안해 내는 사람에게 4만 프랑스 프랑에 달하는 막대한 상금을 준다는 공고까지 내걸었다. 당시 4만 프랑이면 지금 우리 돈으로 수십 억 원의 가치를 헤아릴 정도의 거액이었다. 그만큼 아르헨티나 사람들이 지구의 기온 때문에 생긴 한계를 극복하고 싶어 했다는 얘기다.

이 문제에 도전한 인물로는 프랑스의 샤를 텔리에Charles Tellier가 손꼽힌다. 아르헨티나 당국이 제시한 기한 내에 문제를 해결하지는 못했기 때문인지 샤를 텔리에가 4만 프랑의 상금을 받았다는 기록은 보이지 않는다. 그렇지만 샤를 텔리에는 쇠고기 보관 문제를 해결하고자 큰 노력을 기울인 인물이었다. 1876년, 텔리에는 북반구와 남반구를 넘나들며 대서양을 횡단해 고기를 수송하는 항해에 도전했다.

지금 생각하면 너무나 당연한 방법이지만, 텔리에가 사용한 기술은 냉장고를 이용하는 것이었다. 즉 쇠고기를 냉장해서 싣고 가는 것이다.

19세기 후반에 들어서서 냉장고와 비슷한 역할을 하는 기계 장치는 이미 개발되어 있었다. 그렇지만 이 장치는 지금에 비해서는 널리 퍼지지 못했다. 이때만 하더라도 이런 장치를 사용할 만한 선진국의 주민들은 기계를 이용해서 음식을 차갑게 한다는 개념을 낯설게 여겼다. 굳이 음식을 차갑게 만들어야 하거나 얼음이 필요하다면 겨울에 생긴 얼음을 서늘한 창고 같은 곳에 보관해 두었다가 쓰면 된다고 생각하고 있었다. 신라 시대에 얼음 창고를 만들었던 흔적이 경주에서 발견된 바 있고, 조선 시대에도 석빙고石氷庫라는 이름으로 얼음 창고를 운영했던 기록이 남아 있다.

조선 시대에 지어진 경주 석빙고 입구(왼쪽)와 내부(오른쪽)

19세기의 기술 발달로 언제든 차가운 얼음을 만들어 주는 장치뿐만 아니라, 물체를 일정한 정도의 차가운 온도로 유지시켜 주는 냉장고를 만드는 것도 가능해졌다. 그리고 이런 특별한 기술을 필요로 하는 용도도 점차 등장하기 시작했다. 텔리에도 그런 응용 분야를 찾아낸 사람 중 한 명인 셈이다.

냉장고라는 장치가 등장한 것은 사실 19세기 화학의 발전 덕분이라고 해도 틀린 말은 아니다. 냉장고의 근본 원리는 단순하다. 땀을 많이 흘렸을 때 갑자기 바람이 불면, 땀이 마르면서 시원해지는 느낌을 받는다. 세수를 하거나 머리를 감은 뒤에 바람을 맞으면 물기가 마르면서 유독 더 시원하게 느껴지는 것도 같은 원리다. 그렇게 액체가 증발해서 기체로 변할 때 시원해지는 현상이 오랜 시간 강하게 일어나도록 만들어 놓은 장치가 바로 냉장고다.

물론 얼굴에 물을 뿌리고 말리는 정도로는 냉장고처럼 강력하게 주변을 차갑게 만들기 어렵다. 물보다는 좀 더 빠르게 잘 마르는 물질을 찾아내야 한다. 병원에서 주사를 맞을 때 소독용 알코올을 살갗에 바르면 빠르게 마르면서 시원한 느낌이 든다. 그런 식으로 더 잘 마르는 물질을 찾으면 더 쉽게 시원해지는 냉장고를 만들 수 있다.

이렇게 뿌렸을 때 마르면서 시원하게 해주는 물질을, 냉기의 매개가 되는 물질이라고 해서 냉매라고 하는데, 만약 말라서 기체로 변한 냉매를 원래의 액체 상태로 되돌릴 수 있는 방법까지 있다면 더욱 사용하기 좋을 것이다. 끊임없이 새로운 냉매를 뿌릴 필요 없이, 뿌린 냉매를 마르게 하고 원상태로 되돌리면 된다.

19세기에 냉매로 인기를 얻은 물질은 암모니아였다. 암모니아는 원래 기체인데 살짝 압축하면 액체로 변한다. 액체로 변한 암모니아를 분사하면 그것이 말라 기체로 변하면서 주변을 차갑게 만든다. 이렇게 기체로 변한 암모니아를 모아서 다시 압축하면 액체로 되돌릴 수 있다. 암모니아를 그냥 주변에 막 뿌리는 것이 아니라, 유리관이나 쇠로 만든 관 속에 뿌려지도록 하면, 암모니아가 관을 따라 흘러갔다가 다시 압축하는 곳으로 되돌아오게 할 수 있다. 그동안 암모니아가 흘러 다닌 유리관 또는 쇠관은 아주 차가워진다. 그렇게 차가워진 관 뒤에서 선풍기를 돌리면 찬바람, 즉 냉기가 쏟아진다. 이후 말라서 기체로 변한 암모니아를 한쪽으로 뽑아내 다시 압축해서 액체로 만드는 펌프가 있으면 암모니아는 처음 상태로 되돌아온다. 이런 식으로 장치를 계속 돌리면 주위를 차갑게 만들 수 있다.

암모니아 기체가 새어 나오지 않도록 꼭 맞아떨어지는 정교한 장치를 만드는 작업은 쉽지 않았고, 장치를 가동하는 동안 끊임없이 펌프를 움직여 주는 것도 골치 아픈 일이었다. 그렇지만 마침 19세기에 산업이 꾸준히 발전하면서 이런 문제도 해결되었다. 발전된 산업 기술로 정밀한 부품을 가공해서 만드는 일이 더 쉬워지고, 증기기관을 가동해서 기계의 힘으로 펌프를 작동시키는 것도 가능해졌다.

냉장고를 가동해서 그 안을 시원하게 만들기 위해 한쪽에서 석탄으로 불을 지피고 물을 끓이는 증기기관을 가동한다고 하면 어쩐지 괴상하게 들릴지도 모르겠다. 하지만 증기기관 대신 전기의 힘을 사용한다는 점만 빼면, 19세기의 원시적인 냉장고와 현대 냉장고의 원리는 크게 다르지 않다.

따지고 보면 현대의 화력발전소도 불을 지펴서 물을 끓이고 거기서 힘을 얻고 있는 것이다. 그곳에서 멀리 떨어진 곳까지 전선이 연결되어 우리가 냉장고를 사용하고 있기 때문에, 누군가가 불을 지피고 있는 모습이 얼른 눈에 뜨이지 않을 뿐이다. 19세기 방식대로 암모니아를 이용하는 냉장고는 현대에도 대형 창고나 공장을 중심으로 널리 쓰이고 있다. 가정용 냉장고 역시 암모니아 대신 좀 더 안전하고 관리하기 편한 다른 물질을 냉매로 사용한다는 점이 다를 뿐 기본 원리는 같다.

텔리에는 결국 냉장고를 계속 가동하는 방법으로, 프랑스에서부터 약 1만 킬로미터에 달하는 아르헨티나까지 쇠고기를 안전하게 운반하는 데 성공했다. 아르헨티나 입장에서는 19세기 말의 기술 발전으로 드디어 쇠고기를 세계 각지로 수출할 수 있는 길이 열린 셈이다.

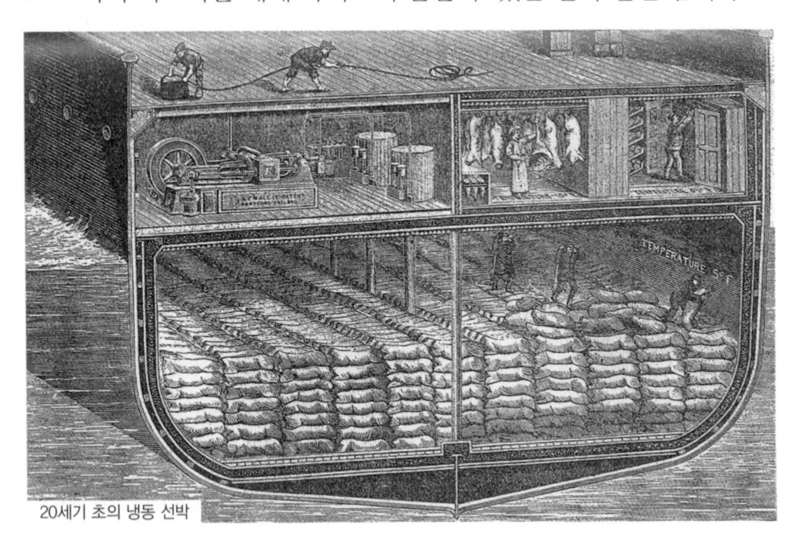

20세기 초의 냉동 선박

아르헨티나의 경제 발전이 오직 쇠고기 덕택이라고 한다면 틀린 말일 것이다. 그렇지만 나는 아르헨티나가 냉장고 달린 배를 이용해서 쇠고기 수출에 성공한 그 순간이 아르헨티나 경제 발전을 상징하는 장면이라고 말할 수 있지 않을까 싶다. 그 외에도 몇 가지 이유로 경제가 꾸준히 발전하여, 20세기 초 아르헨티나는 세계에서 가장 부유한 나라에 속하게 되었다.

그러나 과거에 비해 1950년대 이후 아르헨티나의 경제는 계속된 혼란 속에서 부진을 이어가고 있다. 요즘 아르헨티나의 긴 경제적 혼란 시대에만 익숙하다면, 한때 아르헨티나가 부유한 나라였다는 말이 그냥 지금보다는 좀 더 나은 상황이었다는 정도로 지레짐작할지도 모르겠다. 그러나 20세기 초의 아르헨티나는 그보다 더 부유한 나라를 찾는 것이 쉽지 않을 정도로 풍요로운 나라였다. 1910년대 아르헨티나의 소득 수준이 프랑스나 이탈리아 같은 유럽 선진국들보다 더 높았다는 통계를 찾는 것은 어렵지 않다. 요즘 한국에서는 부유한 사람들을 일컬어 중동 국가의 석유 재벌에 빗대는 경우가 종종 있는데, 20세기 초 프랑스에서는 부유한 사람을 보고 '아르헨티나 사람 같다'는 식의 표현이 쓰였을 정도다.

한때 이렇게 부유했던 아르헨티나가 끊임없는 경제문제에 시달리며 몰락한 이유는 경제학자들 사이에서도 수수께끼다. 정치학자, 사회학자, 경제학자 들 간에 논란이 심한 주제이기도 하다. 어떤 학자들은 해외의 강대국들이 불리한 처지를 강요했기 때문에 아르헨티나가 몰락했다고 주장하기도 하고, 어떤 학자들은 아르헨티나가 기술 발전과 인재 개발에 상대적으로 투자가 적었던 점을 원인으로 지목하기도 한다. 또한 빈민과 약자를 구제하기 위한 조치가 부족했다는 점이 문제였다고 지적하는 학자들이 있는가 하면, 정반대로 오히려 빈민과 약자를 구제하겠다면서 너무 무리한 정책을 추진한 것이 문제였다고 지적하는 학자들도 있다. 그 학자가 속한 정치 파벌이나 갖고 있는 사상적 신념에 따라 아르헨티나 문제를 풀이하는 방법이 완전히 달라지는 경우도 흔하다. 애초에 온갖 문제가 동시에 얽혀 있는 것이 아르헨티나의 경제 상황이기에 그 풀이가 간단하지 않을 수밖에 없다.

그러나 냉장 기술의 발전으로 대표되는 20세기 초 기술 발전 시기에 아르헨티나는 대단히 풍요로웠고, 이후 1930년대 혹은 보기에 따라서는 1960년대부터 그 풍요가 무너지기 시작한 것은 사실이다. 그리고 바로 그 풍요가 사그라든 시대에 맞춰 아르헨티나의 문화도 거기에 어울리는 독특한 특성을 나타냈다고 설명할 수 있다.

아르헨티나를 대표하는 소설가 호르헤 루이스 보르헤스Jorge Luis Borges는 아르헨티나의 전성기에 어린 시절과 젊은 시기를 보냈으며, 본격적으로 활동하던 시기에 아르헨티나가 점차 침체되는 상황을 체험한 인물이다. 세계 어느 나라 사람이든 지나간 어린 시절은 실제보다 아름답고 행복한 때로 추억하게 되는 경우가 많다. 그 때문에 과거를 현재보다 더 좋게 회고하는 이야기를 볼 때는 사실과 다른 내용이 없는지 의심해 볼 필요도 있다. 그런데 보르헤스 입장에서는 정말로 어린 시절이 그가 직면한 현재보다 더 부유하고 평화로운 시기였다. 보르헤스가 나이가 들어 명성을 떨칠 때, 반대로 아르헨티나 경제는 몰락으로 치닫고 있었다.

보르헤스는 1899년 아르헨티나의 수도 부에노스아이레스에서 태어났다. 냉동 기술이 습기를 제거하는 기술과 만나 에어컨이 탄생한 시점을 1902년으로 보는 경우가 많은데, 마침 보르헤스가 태어난 때와 비슷한 시기다. 보르헤스의 아버지는 변호사였으므로 집안도 가난한 편이라 할 수 없었다. 그의 아버지는 영국계 이민자의 후손으로 영어를 잘했고 가족이 유럽에 건너가 살기도 했기 때문에, 보르헤스는 어린 시절에 유럽 문화를 접할 기회가 많았다. 보르헤스 본인도 영어와 스페인어 모두 능통한 것으로 알려져 있는데, 그가 9세의 나이에 영국 작가 오스카 와일드Oscar Wilde의 소설 〈행복한 왕자The Happy Prince〉를 스페인어로 번역했고 그 번역본이 한 잡지에 실렸다는 전설 같은 이야기도 있다.

보르헤스는 10대 시절을 유럽에서 보냈는데, 아마 그 무렵 유럽에서 유행한 최신 예술 사조를 접할 기회도 있었을 것이다. 그러나 막상 그가 유럽에서 아르헨티나로 돌아온 20대 초반 무렵의 상황은 만만치가 않았다. 보르헤스는 유럽에서 특별한 자격을 딴 것도 아니었고, 명문 대학 졸업장을 얻어 온 것도 아니었다. 마침 어린 시절에 비해 가정의 경제 형편도 어려워졌던 것으로 보인다. 그래도 보르헤스는 1920년대부터 차근차근 글을 쓰기 시작했고, 20대에 시집을 출간하기도 했다. 그런 식으로 서서히 아르헨티나 문학계에 자리 잡기 시작했고, 보르헤스를 지지하는 주변 사람들과 그의 글을 괜찮게 평가하는 사람들도 차차 생겨나게 되었다.

보르헤스의 소설 중 걸작들을 모은 것이라면 대개 《픽션들Ficciones》이라는 제목으로 나온 단편소설집을 꼽을 것이다. 이 책에 실린 이야기들 중에는 보르헤스가 1930년대와 1940년대에 쓴 것들이 적지 않다. 공교롭게도 1930년대부터 시작된 세계 경제 대공황의 충격으로 아르헨티나의 경제도 위기를 겪기 시작한 때다. 하지만 그 무렵 30~40대의 보르헤스는 완숙한 글을 쓰게 되었고, 그렇게 완숙해진 글을 선보일 기회도 얻게 되어 대표작들이 속속 등장한다.

단편소설집의 제목이 '픽션들'이라니, 한국어로 완전히 번역한다면 '단편집'이라는 제목의 단편집을 낸 것이나 다름없다. 지나칠 정도로 담백하고 장식이 없는 제목이다. 그렇지만 이 책에 실린 보르헤스의 소설들은 이후 너무나 유명해졌다. 그 때문에 지금 한국에서 '픽션들'이라고만 하면 "누가 쓴 픽션을 말하는 거야?"라고 물을 것도 없이 대체로 보르헤스가 쓴 단편소설집을 가장 먼저 떠올리게 되었다. 어떤 가수가 '노래'라는 제목의 노래를 유행시켰는데, 그 노래가 너무나 큰 인기를 얻어서 그냥 '노래'라고 하면 다들 먼저 그 노래를 떠올릴 정도라고 생각하면 된다. 그 정도로 유명해진 책을 썼다는 것은 작가에게는 영예로운 일이다.

흔히 보르헤스를 '마술적 리얼리즘'의 대가라고들 한다. 마술적 리얼리즘이라는 말은 보르헤스가 개발한 말도 아니거니와, 말이 멋지다 보니 여기저기에 적당히 갖다 붙여서 활용될 때도 많아서 정확히 어디까지를 마술적 리얼리즘이라고 할 수 있는지 좀 불확실해진 말이라는 생각도 든다. 그렇지만 대체로 환상적이고 비현실적인 소재와 상황을 통해 생생한 실제 세상의 문제를 지적하는 이야기가 마술적 리얼리즘으로 평가받는 경우가 잦다. 또는 우리가 체험하는 현실이 과연 무엇인지를 환상적인 이야기 속에서 다루는 소설을 마술적 리얼리즘이라고 부르는 경우도 적지 않아 보인다.

이렇게 복잡하게 마술적 리얼리즘이라는 용어까지 들먹이지 않더라도, 보르헤스의 대표작들에 관해 자주 언급되는 몇 가지 특징을 짚어볼 수는 있을 것 같다.

예를 들어, 보르헤스의 대표작 중에는 이야기에 대한 이야기가 많다. 〈틀뢴, 우크바르, 오르비스 테르티우스Tlön, Uqbar, Orbis Tertius〉라는 소설은 '틀뢴'이라는 이름의 신비로운 세계에 대한 이야기다. 그렇다고 누군가가 배를 타고 틀뢴이라는 신비로운 세계로 가서 마왕을 물리치고 공주나 왕자를 구하는 모험담은 아니다. 소설에서는 대신 틀뢴이라는 세계에 대해 기록된 책이 있다고 먼저 소개한다. 그러고 나서 그

것이 어떤 책인지 하나하나 풀어가면서 본론을 펼쳐나간다. 보르헤스는 그 설명을 통해 간접적으로 틀뢴이라는 신비로운 세계에 대해 하나둘 이해하게 되는 독특한 형식을 사용했다.

예로부터 어떤 책이나 글은 사실 또는 사건을 전달하기 위한 도구인 경우가 많았다. 누군가가 영웅의 사연을 책으로 썼다면, 거기에서 중요한 것은 그 책에 담겨 있는 사연을 통해 알게 되는 영웅의 행적이다. 그런데 보르헤스는 책이나 이야기 속에 담겨 있는 영웅담이나 사건을 그대로 쓰지 않고 대신 책, 그러니까 이야기 그 자체를 소재로 활용한 소설들을 잘 썼다.

현대는 책이 많아지고, 글이 널리 유통되며, 많은 작가들이 사람들이 즐길 만한 이야깃거리들을 계속해서 써 내는 경제적으로 윤택한 시대다. 어쩌면 그렇기 때문에 그런 소설이 나올 수 있게 된 것은 아닌가 싶다. 다양한 책과 이야기를 만들어 내는 과정이 커다란 산업이 되면서, 사람들이 즐기는 이야기가 만들어지는 과정이 더욱 주목받게 되었다고도 말할 수 있다.

또한 보르헤스 소설 중에서는 우리가 세상을 이야기로 이해하는 방식을 파고드는 것들이 인기를 끌었다. 사람들은 세상의 많은 문제를 이야기로 표현하고 또 이야기를 받아들이면서 그것을 이해할 때가 많다. 누군가가 슬픈 일을 당했다고 했을 때 '그 사람이 느낀 감정은 슬픔 점수 200점 정도다'라는 식으로 말하지는 않는다. 사람들은 그 사람이 어떻게 살아왔고 무슨 일을 당했기 때문에 슬퍼하고 있으며 그래서 어떻게 하고 있는지 그 사연을 이야기로 말한다. 그렇게 이야기를 통해 남을 이해하고 세상을 이해하기 때문에, 이야기 속에 자기 자신을 대신 넣어보는 상상을 통해 감정을 떠올려 공감하게 되며, 그 이야기에 이어질 수 있는 다른 정황들과 다음 상황들을 짐작하게 된다. 그런 점에서 이야기에는 사람이 경험하는 세상이 들어 있고, 세상은 사람에게 이야기로 나타난다.

고대 인도의 신화 중에는 꿈속에서 만나는 사람을 소재로 한 것들이 있다. 꿈에서 만나는 사람은 꿈속에서는 꽤 진짜처럼 느껴진다. 꿈속의 모든 것은 우리 상상의 산물일 뿐이지만, 꿈을 꾸는 도중에 꿈에서 만난 사랑하는 사람은 진짜처럼 생생하게 웃고 말하고 팔을 뻗어 손을 잡아준다. 꿈속에서 만난 사람과 같이 놀 수도 있고 대화할 수도 있다. 꿈속 등장인물이 진짜 사람과 다름없다고 말한다면 거부감이 들 수 있겠지만, 적어도 꿈속 인물이 실제 사람을 흉내 내는, 사람처럼 생긴 로봇 정도의 역할은 해준다고 볼 수 있다. 즉, 사람의 꿈에 등장하는 인물은 사람을 꽤 많이 닮은 로봇 비슷한 것이다.

사람이 꾸는 꿈속 등장인물이 로봇 같다면, 한 단계 더 나아가서 사람보다 더 고귀하고 신비로운 누군가의 꿈속에는 현실의 사람 정도가 등장할 수 있지 않을까? 고대 인도인들 중에는 나, 우리, 세상의 모든 것이 사실은 비슈누라는 신의 꿈속에서 펼쳐지고 있는 이야기이며, 비슈누가 꿈에서 깨어나는 순간 그 모든 것이 사라진다고 상상하는 사람들이 있었다.

보르헤스의 소설 〈바벨의 도서관La biblioteca de Babel〉이나 〈끝없이 두 갈래로 갈라지는 길들이 있는 정원El jardín de senderos que se bifurcan〉은 그와 비슷하게, 이야기로 나타날 수 있는 독특하고 기이한 방식을 고안해서 표현한 내용이다. 그러면서 우리가 세상을 이해하는 방식의 한계가 어떤 것인지 상상하고, 세상을 이야기로 전달한다는 점의 신비로움을 포착해서 잘 느낄 수 있도록 표현하고 있다. 이 두 소설보다는 조금 덜 유명한 편이지만 나는 〈허버트 퀘인의 작품에 대한 연구Examen de la obra de Herbert Quain〉도 비슷한 방식의 소설 중에서 뛰어난 것으로 분류하고 싶다. 이 소설들에서 보르헤스의 발상은 참신했고 강렬했기 때문에, 지금도 이런 소설들이 보르헤스의 최고 걸작으로 손꼽히고 있다. 특히 〈끝없이 두 갈래로 갈라지는 길들이 있는 정원〉은 제1차 세계대전이라는 혼란스럽고 충격적인 실제 사건이 배경으로 선명히 등장하여, 뜬구름 잡는 공상 같은 신비한 이야기들과 현실 사회의 구체적인 문제들을 연결하고 있기도 하다.

나는 《픽션들》의 소설 중에서 현실적인 사연, 구체적인 배경, 감정이 더 쉽고 분명하게 드러나는 것들을 좀 더 재미있게 읽었다. 특히 〈칼의 형상La forma de la espada〉이나 〈비밀의 기적El milagro secreto〉을 그 예로 들고 싶다. 이 소설들은 〈끝없이 두 갈래로 갈라지는 길들이 있는 정원〉에 비하면 특이함은 부족해 보일 수 있지만, 대신 더 명확하고 선명한 생동감을 보여준다.

두 소설 모두 압제자로부터 괴롭힘을 당하고 그 압제자에게 저항하고자 하는 사람들의 이야기다. 역사의 긴 시간 동안 왕 또는 고귀한 사람으로 태어난 자들이 신분이 미천한 사람들을 지배하는 것은 당연하다고 생각되었다. 그런데 그 생각이 옳지 않다는 게 상식이 된 시대가 20세기다. 20세기 중반에 발표된 〈칼의 형상〉과 〈비밀의 기적〉은 각각 영국의 아일랜드 지배와 독일의 유대인 차별을 소재로 삼아 이야기를 풀어나간다.

〈칼의 형상〉은 이야기를 전달하는 과정에서 누가 비겁하고 누가 용감한지가 어떻게 왜곡되거나 과장될 수 있는지를 드러내 보이고, 나아가 그런 점을 역이용한다. 〈비밀의 기적〉에는 죽음 직전, 다른 그 누군가는 결코 알 수 없지만 죽음을 앞둔 당사자는 대단히 긴 시간이 흐르는 것 같은 느낌을 받는 기이한 이야기가 나온다. 그리고 그 이야기를 아주 크게 부풀리고, 그것을 다시 '이야기를 만드는 이야기'로 연결한다.

이런 소설들을 읽다 보면, 상상조차 쉽지 않은 독특한 방식으로 이야기를 들려주는 보르헤스의 재치에 감탄하게 된다. 또한 그런 특이한 방식의 이야기를 보면서, 이야기라는 것의 성질과 이야기로 이해하고 있는 우리의 세상이 무엇인지를 다시 깊이 생각하게 된다. 동시에 그런 주제와 얽혀 있는, 영국과 독일의 역사라든가 사람의 자유를 빼앗는 지배자들과 사람의 권리에 대해서도 더 깊게 생각하게 된다.

보르헤스가 어떻게 이런 특이한 소설을 쓸 수 있었느냐는 질문에 답하려면, 역시 20세기 초 아르헨티나의 풍요로움과 20세기 중반으로 접어들면서 시작된 혼란으로 되돌아가야 한다.

냉장 쇠고기로 상징되는 부유한 시대에 보르헤스는 온갖 다양한 소설, 잡지, 만화, 방송, 영화를 즐기며, 재미있고 신기한 이야기가 넘쳐나는 사회에서 살았을 것이다. 그때 그는 넘쳐나는 이야기들로부터 한 발짝 떨어져서 이야기의 특성과 그것을 풀어놓는 독특한 방식에 대해서도 생각해 볼 수 있었을 것이다. 그러다 막상 보르헤스가 본격적으로 글을 쓰기 시작한 시기에 아르헨티나 경제는 위기를 겪게 되었다. 그렇게 보르헤스는 자신이 쌓아둔 개성과, 현실 사람들이 겪는 괴로움 및 국내외의 사회문제를 연결한 이야기들을 쓰게 되었다고 설명해 볼 수 있을 것이다.

그러나 보르헤스와 마술적 리얼리즘의 관계는 이렇게 쉽게 설명할 수 있을 만큼 간단하지 않고, 마술적 리얼리즘과 아르헨티나 경제 사이에 명확한 관계가 있는 것도 아니다. 이렇게 짧은 한 문장처럼 현실을 단순하게 풀어서 설명할 수는 없다. 보르헤스의 동료들, 아르헨티나 문학계와 예술계의 전반적인 흐름, 나이 들어서도 보르헤스가 글을 쓰도록 도와주었던 그의 어머니가 한 역할까지, 보르헤스가 어떻게 그런 글을 쓸 수 있었는지 밝히기 위해 고민해야 할 문제들은 꽤 많다. 게다가 보르헤스의 덜 알려진 소설들과 수필을 통해 그가 직접 밝힌 생각들까지 참고하면 고민할 것은 더욱 많아진다.

1960년대 이후 보르헤스의 소설이 세계 여러 나라에 널리 알려지면서 그는 더 큰 명성을 누리게 된다. 마침 이 시기의 아르헨티나 사회는 극심한 혼란을 겪고 있었다. 보르헤스는 평생 글을 읽고 책 보는 것을 사랑하는 사람이었는데, 경제적 어려움에 시달리던 그가 겨우 말년에 접어들어 아르헨티나 국립 도서관 관장이 되었을 때, 그야말로 운명의 장난처럼 그는 시력을 잃고 스스로 책을 읽지 못하게 된다. 이런 식으로 그의 삶에는 슬픔과 기쁨, 행운과 불운이 겹쳐 있다. 스스로도 자신의 삶에 대해 그런 느낌을 받았는지, 그는 이 무렵 오히려 〈축복의 시Poema de los dones〉라는 시를 썼다. 이 시에서 보르헤스는 "도서관을 낙원으로 상상하던 나는, 지팡이를 더듬거려 가며 어둠 속에 싸인 채 천천히 허공을 탐색한다"라고 쓰고 있다.

많은 사람들이 아르헨티나 경제가 수렁에 빠진 순간으로 1989년의 인플레이션을 지목한다. 긴 시간의 혼란으로 경제력이 약화된 아르헨티나 정부는 돈이 필요할 때마다 조폐국에서 돈을 찍어냈다.

그렇다 보니 아르헨티나 지폐는 점점 가치가 떨어졌고, 곧 더 많은 지폐를 갖다주어도 물건을 팔지 않는 현상이 발생하면서 자연스럽게 물가가 올라갔다. 그리고 물가가 오르니 사람들은 살기가 더 어려워졌다. 정부에서는 사람들의 살림살이를 돕기 위해 어쩔 수 없이 돈을 찍어냈고 그러자 또다시 돈의 가치가 떨어져 물가가 올라가는 악순환이 반복됐다.

결국 1989년 무렵에는 1년에 물가가 50배 이상 뛰는 대혼란이 일어났다. 정부는 혼란을 수습하고자 지폐를 더 찍어내고자 했지만, 결국 조폐국에서 "돈을 찍을 종이가 다 떨어졌고, 그 종이를 사 올 돈도 없어서 돈을 더 찍으려야 찍을 수 없다"고 발표하는 기막힌 상황이 벌어졌다.

아르헨티나 문학의 빛나는 성취를 상징하는 작가인 보르헤스가 전 세계 문인들의 애도 속에서 세상을 떠난 것도 이 무렵이다. 보르헤스는 1986년 6월 14일 스위스의 제네바에서 세상을 떠났다. 아르헨티나 인플레이션이 빚어낸 최악의 순간을 2년 정도 앞둔 때였다.

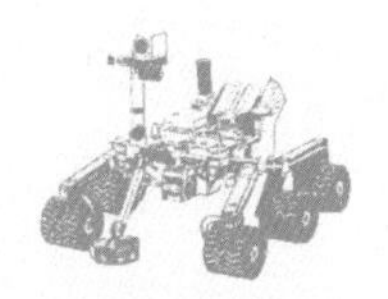

— *chapter 13.* —

《자신을 행성이라 생각한 여자》와 화성 탐사선

"소달구지와 행성 간 우주선이 같이 있는 인도를 배경으로 반다나 싱은 미래, 현대, 과거가 충돌하는 소설을 썼다. 그런 소설을 써나가면서도, 외계 행성 탐사대의 대장이나 천재 과학자가 겪는 모험이 아니라 평범한 도시 주부의 일상을 배경으로 삼는다."

고려 시대에 과거 제도가 실시되면서 세상이 평등해졌다고 여기는 생각은 지금도 꽤 널리 퍼져 있다. 대입 시험을 준비하는 고교생들이 상식으로 외우는 내용일지도 모르겠다. 그런 만큼, 아주 틀린 말은 아니다.

과거 제도가 실시되기 전 어떤 사람이 귀한 대접을 받으려면, 고귀한 집안에서 태어나거나 아니면 어떻게든 다른 고귀한 사람 혹은 임금의 마음에 들어서 높은 자리를 직접 하사받는 수밖에 없었다. 그런데 과거 제도가 생기자, 시험을 쳐서 좋은 성적을 거두면 고귀한 자리를 얻을 수 있게 되었다. 조선 시대에 들어 과거 제도가 더 활발해진 후에는 이제 누구든 재주만 있으면 시험을 잘 쳐서 높은 벼슬자리를 얻을 수 있는 세상이 되었다고들 이야기하게 되었다.

그에 대한 비판으로 누군가가 다른 사람보다 더 고귀한 대우를 받는 세상이 과연 평등한 세상이냐는 생각을 해볼 수도 있을 것이다. 또한 과연 과거 시험이 그렇게 공평한 제도였나 하는 이야기를 해볼 수도 있다.

그런데 그 외에도 과거 제도의 한계에 대해 이야기하면서 자주 생략되는 문제가 하나 더 있다. 과거 시험을 볼 수 있는 사람이 노비가 아닌 사람과 남성으로 제한되어 있었다는 점이다. 조선 시대 사람들은 "누구나 과거 시험만 잘 보면 벼슬을 살 수 있다"라고 자주 말했지만, 그 '누구나'에 노비와 여성은 포함되지 않았다. 즉 노비와 여성을 보통 사람의 범주에서 제외하는 것이 차별이라는 생각조차 하지 못할 정도로 너무나 자연스럽게 차별하고 있었던 것이다. 이는 그만큼 더 깊고 강한 차별이라고 할 수 있다.

20세기 초까지만 해도 세계 대다수의 지역에서 남녀의 차별은 당연한 것이었다. 조선을 예로 들면, 나라를 다스리는 임금의 자리는 항상 임금의 남자 자식들만 이어받을 수 있게 되어 있었다. 임금이 남자 자식을 남기지 못하고 세상을 떠나도 여자 자식은 절대 임금이 될 수 없다고 여겼기에, 임금의 먼 친척 중에서라도 남자 자식을 찾아 새 임금으로 삼는 것이 유일한 방법이라고 보았다. 여성을 임금으로 모시는 것은 고사하고, 임금이 거느리고 있는 정승, 대신, 대간과 같은 주요 신하들을 뽑을 때도 여성을 채용한다는 생각을 하지 못했다.

세상 사람의 절반이 여성인데, 그 절반을 무시하는 것을 이상하게 생각하지 못하던 시대였다. 사실 조선 시대에는 그저 여성을 무시하는 정도를 넘어서, 여성이 나라의 중요한 일을 하는 것을 굉장히 나쁜 일이라고 여기기까지 했다.

예를 들어 조선 전기의 이야기 책 《용천담적기龍泉談寂記》에는 '요계

妖鷄'라고 하여 이상하게 생긴 닭이 출현하는 것을 세상이 망해가는 징조로 여겼다는 소문이 실려 있다. 이 이야기에 따르면, 당시 사람들은 여성이 높은 자리에 올라 중요한 일을 하면 세상의 음양 조화가 어그러지기 때문에 나라에 나쁜 기운이 퍼지게 된다고 믿었다. 그렇게 되면 닭과 같이 나쁜 기운에 민감한 동물이 정상적으로 태어나지 못하고 뿔이 달리거나 다리가 셋 달린 채 출현한다고 믿었다는 것이다. 《용천담적기》의 저자 김안로金安老는 아마도 명종 임금의 어머니로 많은 일을 벌였던 문정왕후를 지적하면서 이런 글을 기록한 것 같은데, 여성이 평등한 권리를 갖는 것을 무슨 자연의 법칙을 거스르는 굉장히 심각한 문제로 여긴 셈이다.

이런 허황된 생각은 20세기 중반에 접어들면서 세계적으로 점차 깨지기 시작했다. 서프러제트Suffragette로 대표되는, 여성 권리 운동에 나선 사람들이 세계 각지에서 큰 공을 세웠기 때문이다. 한편으로는 경제 발전으로 전체적인 교육 수준이 향상되면서, 교육을 받는 여성들의 숫자가 늘어났기 때문이기도 하다.

여성 참정권 운동을 벌이는 서프러제트(1911년경)

여기에 더해, 적지 않은 사람들이 제1차 세계대전과 제2차 세계대전 시기에 전 세계의 주요 강대국들이 나라의 인력과 자원을 총동원해서 전쟁을 벌인 것을 중요한 계기로 지목하기도 한다. 전쟁에서 이기기 위해 나라의 모든 것을 최대한 효율적으로 활용하려고 하다 보니, 공장이나 군대에서 일하는 여성들의 숫자가 크게 늘어났다. 그 과정에서 자연히 모두가 여성들도 남성들처럼 일할 수 있다는 사실을 체험하고 깨닫게 되었을 뿐만 아니라, 자연히 남녀 차별이 부질없는 짓이라는 것을 조금씩 느끼게 되었던 것이다.

1차 세계대전 당시 무기 공장의 여성 노동자들(왼쪽)과 2차 세계대전 당시 영국의 여성 기술자(오른쪽)

한편으로 20세기 중반에 세계 여러 나라가 독립하거나 정치 체제를 바꾸면서 시대에 걸맞은 새로운 법과 제도를 도입한 것도 차별을 줄이는 데 큰 영향을 미쳤다. 예를 들어 한국이나 인도 같은 여러 나라들은 1940년대에 광복을 맞이하여 새로 헌법을 만들면서 신분이나 성별에 따른 차별이 없어야 한다는 조항을 분명히 새겨 넣었다. 이러한 과정을 통해서 많은 사람이 차별은 불필요하고 나쁜 것이라는 사실을 분명히 깨닫기 시작했다. 그렇게 적어도 법 조항상으로는 평등한 기회가 주어지기 시작했다.

인도에 오랫동안 정착된 옛 관습으로 사람의 신분을 브라만, 크샤트리아, 바이샤, 수드라로 나누는 카스트 제도를 들어본 적이 있을 것이다. 1947년 인도가 영국으로부터 독립한 이후 인도 사람들은 앞으로 카스트에 따른 차별이 없어야 한다고 법으로 정했다. 한국의 경우에도 1948년 제헌 헌법이 처음 생겨나면서부터 노비 제도를 부정했고, 여성에게도 평등한 투표권과 선거에 선출되어 공무원이 될 수 있는 권리가 주어졌다. 그렇게 해서 실제로 대한민국 제1공화국의 1대 국회에서부터 여성 국회의원이 선출되어 활동하게 되었다.

그러나 법과 제도만으로 바로 성평등이 이룩된 것은 아니다. 한국의 사례만 보아도, 대한민국 법에 성차별은 없다고 처음부터 명시되었지만 그것만으로 관습, 고정관념, 사람들의 사고방식, 문화 속에 녹아든 성차별이 한순간에 없어진 것은 아니다. 그 후에도 문화에 녹아든 성차별은 계속해서 이어졌다. 많은 사람들이 법적으로는 차별이 없다고 하지만 그와 달리 실제로 삶을 살아가면서 겪게 되는 차별을 줄이기 위해 많은 사람들이 힘겹게 노력했다.

지금 돌아보면 차별을 줄이는 것은 기술 발전을 다음 단계로 밀고 나가고 경제 성장을 촉진시키는 확실한 방법이기도 하다. 특정 신분이나 특정 성별을 가진 사람이 어떤 일에는 적합하지 않다면서 차별하는 쪽과, 신분과 성별에 따른 차별 없이 가장 재능 있는 사람들이 일을 맡는 문화가 정착되어 있는 쪽 중에서 차별이 없는 쪽이 사회 발전에 더 유리하다는 것은 뻔한 문제다. 조선 시대에는 활용할 생각도 하지 못했던 여성 인력을 대한민국 시대에 차별 없이 잘 활용한다면, 이는 일 잘하는 인재를 단숨에 두 배로 늘릴 수 있는 방법이다.

사회에서 얻을 수 있는 돈과 재물은 한정되어 있으며 사회생활이란 이리저리 다투면서 그 한정된 몫을 서로 차지하기 위해 애쓰는 과정일 뿐이라고 생각하는 사람이 있다고 해보자. 이런 사고방식을 가진 사람의 눈에는, 차별이 없어져서 노비 출신이 경영자가 되거나 높은 관리가 될 경우 기존에 높은 자리를 차지하고 있던 양반들의 돈과 재물이 그만큼 줄어드는 것처럼 보인다. 이런 사고방식으로 보면, 신분 차별이 없어질 경우 노비에게는 이득이지만 양반에게는 손해다.

그렇지만 기술 발전이 사회를 진보시켜 온 과정을 보면 세상을 바라보는 그런 시선이 옳지 않다는 사실을 알 수 있다. 사회는 그런 식으로 한정된 재물을 나눠 먹는 방법만 바뀌면서 발전해 오지 않았다.

과거에는 남성만 기술자가 될 수 있었는데, 차별이 없어져서 여성도 기술자가 될 수 있다고 해보자. 그러면 남녀 관계없이 솜씨가 조금이라도 더 좋은 기술자가 더 안전하게 비행기를 조종하고 기차를 운전해서 사고를 줄이고 사람의 목숨을 구할 수 있게 된다. 과거에는 생물학에 재능이 있는 줄도 모르고 교육받을 기회도 없었던 여성 인재가 활약할 수 있는 기회가 열린다면, 그렇게 등장한 여성 과학자가 수많은 사람이 고통받고 있는 병을 치료하는 약을 만들어 낼 수도 있다. 차별이 사라져서 더 뛰어난 사람들이 기술을 발전시키면 그 혜택은 사회의 모두가 얻게 된다.

이런 사실을 이해하면, 각자의 이익을 위해서라도 모두가 평등한 대우를 받아야 한다는 사실을 받아들이기 쉽다. 추락하는 우주선을 비상착륙 시킬 선장을 찾는다면, 하여튼 우주선에 대해서 가장 잘 아는 사람에게 일을 맡겨야지 괜히 양반 남자 중에서만 선장을 찾겠다고 하는 것은 황당한 짓이다. 성별이 무엇이건 가장 뛰어난 사람이 우주선 조종간을 잡아야 모두가 살 수 있다.

요즘에는 경제를 발전시키는 방법을 찾기 위해서라도 생활 속에서 차별을 줄여나가기 위해 노력하고 있다. 먼저 깨달은 쪽부터 차별을 없애는 경쟁을 벌이고 있다고 해도 될 정도다.

인도 뉴델리 출신의 작가 반다나 싱Vandana Singh 또한 이런 문제를 잘 이해한 사람이었다.

반다나 싱은 고귀한 가문의 백만장자와 낮은 신분으로 태어나 너무나 가난하고 굶주림에 시달리는 사람들이 수없이 얽힌 채 움직여 나가는 뉴델리라는 도시를 직접 겪으며 자란 여성이다. 싱은 현대 인도 사회가 변화하는 과정에서 보인 차별과 평등에 관한 문제를 부드럽게 포착해 냈다.

소설집 《자신을 행성이라 생각한 여자The Woman Who Thought She Was a Planet and Other Stories》(2014)에 실린 단편 〈델리Delhi〉에서 싱은 긴 역사를 거쳐 끊임없이 성장하며 커져간 델리의 전체적인 풍경을 환상적인 이야기 속에 잘 담아냈다. 반다나 싱이 2000년대 중반부터 활발히 활동했던 것을 감안하면, 아마도 그가 겪은 델리는 20세기 후반의 거대 산업 도시였을 것이다. 성장 중에 있는 비슷한 시기 세계 어느 거대 도시와 크게 다를 바 없을 그곳에서 싱은 이론, 사상, 법과 제도로 표현되어 있는 자유, 평등, 차별의 철폐와 실제로 사람들이 살면서 겪게 되는 억압과 차별의 거리를 느꼈을 것이다.

한편 〈갈증Thirst〉과 같은 소설에서는 현대 기업의 회계 일을 하는 사람의 바로 곁에서, 비슈누*, 아그니** 같은 고대 신화로부터 내려온 신들에 관한 전통, 관습이 함께 살아 있는 현대 인도의 풍경을 근사한 심상으로 멋지게 그려내기도 했다.

특히 싱은 이런 이야기들을 SF를 통해 표현했다.

싱은 과학이 그려내는 상상의 세계를 활용하면 구체적이고 실감 나는 현실의 이야기를 하는 동시에 신비롭고 공상적인 환상의 이야기도 함께 풀어낼 수 있다는 점을 잘 활용한 작가이기도 하다. 싱은 우주 한구석의 행성이라든가 시공간의 특성에 관한 문제와 같이 과학 기술이 발전할수록 점점 더 가깝게 느껴질 대상을 가져와서 소설 속 소재로 사용한다. '행성'이라고 하면 머나먼 다른 세상의 이야기 같은 느낌이 든다는 점, '시공간'이라면 도저히 뛰어넘을 수 없는 것을 초월하는 느낌을 풍긴다는 점 같은 환상적인 느낌을 십분 활용한다는 뜻이다.

SF 중에는 이런 식으로 공상 속의 신비한 소재를 이야기에서 활용하면서, 동시에 과학 기술을 배경으로 삼아 그것이 좀 더 있음직하고 현실감 있게 보이도록 하는 이야기들이 꽤 있는 편이다.

예를 들어, 어느 날 지옥문이 잠깐 열려서 지옥의 마귀들이 몇 마리 튀어나오고, 어지간한 공격으로는 결코 쓰러지지 않는 그 마귀들

* 고대의 한국인들은 불교를 통해 비슈누를 알게 되었으며, 비슈누를 '나라연천那羅延天'이라고 불렀다.

** 마찬가지로 불교를 통해 아그니에 대해 알게 된 고대 한국인들은 아그니를 '화천火天'이라고 불렀다.

을 물리치기 위해 사람들이 힘을 합쳐 싸우는 이야기가 있다고 해보자. 이런 것은 그저 환상적이고 신비로운 이야기에 머물 뿐이다. 지옥의 마귀들이 어떻게 생겼고 어떻게 해야 물리칠 수 있는지는, 신화 속에 전해 내려오는 이야기나 작가의 상상에 전적으로 달려 있을 따름이다.

그러나 만약 전투 로봇을 만드는 공장에서 오류가 발생해 전쟁터에서 사용할 로봇들이 사람들을 공격하며 난동을 부리게 되었다고 해보자. 이런 로봇을 물리치는 이야기라면, 지옥의 마귀와 싸우는 이야기보다 더 현실감이 느껴진다. 아무리 공격해도 쓰러지지 않는 강한 적이 몰려온다는 으스스하고 신비로운 분위기는 마귀나 로봇이나 비슷하지만, 그 적이 어떤 연료로 움직이고 어떤 컴퓨터를 장치한 기계라고 하면 세부적인 내용에서 현실을 반영하는 느낌을 더 줄 수 있다. 미래의 언젠가는 정말 그런 일이 일어날 수도 있겠다는 생각이 들게도 한다.

SF가 환상과 현실의 결합이라는 관점에서 소설을 다시 읽어본다면, 반다나 싱은 현실보다는 환상에 더욱 뛰어난 작가다. 대표작 〈자신을 행성이라 생각한 여자〉는 물론이고, 〈은하수에 대한 세 가지 이야기: 성간 여행 시대의 신화들Three Tales from Sky River: Myths for a Starfaring Age〉처럼 배경이 훨씬 더 구체적인 이야기에서도 싱은 하여튼 알 수 없는 이상하고 놀라운 일이 일어났다는 식의 이야기를 잘 펼쳐나간다. 그리고 그 놀라운 상황이 사람의 감정과 사회의 문제를 상징하도록 꾸미고, 그 놀라운 일을 겪고 지켜보는 사람들의 모습을 서술하면서 같이 고민해 볼 만한 다양한 인간의 마음과 행동을 인상적으로 표현하기도 한다.

쉽게 평론을 쓰려는 사람들은 작가의 출신이나 대학 시절 무엇을 전공했느냐 같은 것을 보고 '어디 출신이라서 글을 이렇게 쓴다'거나 '무엇을 전공해서 이런 경향의 소설을 쓴다'며 그 사람이 평생 쓴 글의 특성을 간단하게 말하려는 경향이 있다. 글을 쉽게 평하는 사람들은 작가의 전공이 과학 또는 공학이기 때문에 소설에서도 과학적 사실을 중시하고 과학적으로 얼마나 말이 되는지를 세심하게 따진다고 말하고 싶어 한다. '그 작가는 과학자 출신이라서 소설을 쓸 때에도 과학적으로 불가능한 일은 결코 쓰지 않으려고 한다'는 식이다. 이렇게 작가의 출신과 배경을 조사해서 어떻게든 소설과 연결시켜 놓고 소설의 비밀을 파헤치는 날카로운 분석을 해냈다고 주장하는 사람들은 대단히 많다.

그러나 실제 작가들은 이런 식의 말하기 편한 분석에 맞춰주기 위해 자기 글을 쓰지 않는다. 반다나 싱도 마찬가지다. 반다나 싱은 입자물리학을 전공한 학자로, 지금도 미국의 학교에서 과학을 가르치고 있다. 그러니 싱의 소설을 보고 '역시 입자물리학자 출신이라서 소설에 등장하는 우주선의 원리와 우주의 모습을 말이 되도록 정확히 계산해서 묘사했다'는 식의 1차원적인 해설을 하고 싶어 하는 사람들도 꽤 있을지 모르겠다. 하지만 싱은 오히려 그 반대다. 싱의 대표작들은 과학 기술에 따라 미래를 정확히 예측하기보다는, 과학에서 찾을 수 있는 소재로부터 얻은 영감으로 마음껏 상상을 펼치는 이야기다.

SF는 초기부터 범위가 넓고 여러 가지 다양한 방향으로 갈래를 치며 발전해 온 분야라고 생각한다. 때문에 SF는 한 가지 정형화된 인상에 계속 머문 것이 아니라, 진작에 다양한 느낌을 갖는 여러 유형으로 다채롭게 바뀌어 왔다. 예를 들어 19세기 말에 나온 초창기 SF인 《해저 2만리》와 《우주 전쟁War Of The Worlds》만 해도 분위기는 서로 꽤 다르다. 《해저 2만리》는 첨단 기술, 미래 기술을 소재로 놀라운 모험을 벌이는 이야기에 좀 더 집중한 소설이다. 따지고 보면 《80일간의 세계일주》와 비슷한 방향의 이야기라고 할 수 있을지도 모른다. 그에 비해 《우주 전쟁》은 외계인이 지구로 침공해 온다는 극단적인 상황을 제시하고 그런 상황에서 사람들이 느끼는 충격과 공포, 사람의 본성, 사회의 원초적인 가치 같은 고민을 하나둘 짚어가는 이야기에 더 가깝다.

SF는 괴상한 소재를 접할 수 있는 재밋거리로 활용되기도 했고, 인생의 문제를 고민하게 하는 묵직한 도구로 활용되기도 했다. 1980년대까지만 해도 한국에서 SF라고 하면 어린이용 로봇 만화나 외계인과 싸우는 간단한 컴퓨터 게임 같은 인상이 워낙 강했다. SF가 유치하고 황당무계한 이야기라는 생각도 제법 퍼져 있었던 것 같다. 그렇다 보니 1990년대의 한국 SF 팬들은 SF가 유치한 장르가 아니라는 점을 부각하려는 의지가 꽤 강했고, 거꾸로 "진정한 SF는 SF만의 방법으로 인생의 심각한 고민을 다루는 것이고, 나머지는 진정한 SF가 아니다"라고 주장하는 사람들도 있었던 것 같다.

물론 SF물 중에 원래부터 그냥 재밋거리로 즐기고자 만들어진 이야기가 무척 많았던 것도 사실이다. 많은 사람이 SF가 급성장한 시기로 1930~1940년대 미국의 펄프 잡지 시대를 지목한다. 펄프 잡지란 싸구려 종이로 만든 잡지라는 뜻으로, 그저 심심풀이 삼아 싼값에 사서 보는 잡지를 말한다. 세계 경제 대공황의 불황을 맞아 사람들의 마음을 달랠 놀잇감이 필요한데, 큰돈을 들일 수가 없으니 그런 값싼 잡지를 많이 사 본 것이라고 해석하기도 하는데, 근본적인 원인이 무엇이건 이 시기 펄프 잡지가 많이 나오고 또 많이 팔린 것은 사실이다. 요즘 심심풀이 삼아 보는 SNS의 글이나 유튜브, 틱톡의 웃긴 영상 같은 것들의 역할을, 스마트폰이 없던 1940년대에 싼값의 펄프 잡지가 대신했다고 봐도 좋겠다.

미국의 SF 잡지 《어메이징 스토리즈》(왼쪽)와 판타지 호러 소설 잡지 《위어드 테일스》(오른쪽)

그리고 그런 펄프 잡지사들이 SF를 선호했다. SF라고 하면 일단 신기한 소재가 주목을 끌기 좋고, 그런 소재로 눈에 띄는 그림을 그려서 표지에 실을 수가 있다. 사람들의 호기심을 자극해서 쉽게 팔 수 있다고 생각했을 것이다.

성실하게 하루하루를 살아가는 한 직장인의 따뜻한 삶이라든가, 정치인들의 심각한 사상 논쟁을 다룬 이야기를 소설로 썼다면 눈에 확 뜨일 만한 표지를 그리기가 힘들다. 그렇지만 외계인과 만나는 이야기라든가, 로봇을 조종해서 적을 공격하는 이야기, 우주선을 타고 하늘을 날아가는 이야기라면 뭔가 놀랍고 해괴한 표지를 그릴 수 있다. 동전 몇 닢을 내고 시간을 때울 읽을거리를 찾는 사람들 입장에서는, 징그러운 외모의 외계인이 갑자기 하수구에서 튀어나와 길 가는 사람 발목을 잡는 장면 같은 것이 표지에 그려져 있어야 저게 뭔가 싶어 들여다볼 것이다.

그렇게 SF가 발전해 가는 과정에서 더 진지하고 더 고민하게 만드는 이야기들도 같이 등장하며 쌓여나갔다. 이를테면, 지금 우리 사회에 이러이러한 문제가 있는데 이 문제가 점점 더 심각해지면 앞으로 100년 후에는 이런 식으로 무시무시한 사회가 될 것이다, 그러니까 이 문제를 해결하기 위해 좀 더 노력하자고 주장하기 위한 SF들도 꾸준히 나왔다. 펄프 잡지의 전성기가 지나고 나서는 그저 해괴한 소재가 등장하는 이야기뿐만 아니라 진지한 이야기들의 비중이 상대적으로 더 커졌다는 생각도 든다.

1970년대 이후로 이른바 '사이버 펑크' 분위기의 이야기가 유행한 것도 빼놓을 수 없는 흐름이다. 단순화해 보면, 우주나 외계인, 로봇 같은 소재를 많이 다루던 시대가 지나고 반대로 사람과 사람의 정신, 내면이 주요 소재로 등장했다고 말할 수도 있다. 이 시기에는 지극히 발달한 기계 문명 속에서 소외된 사람의 초라한 모습이나, 기계와 사람을 연결하는 기술, 사람의 정신을 조작하거나 사람의 정신이 기계와 연결되어 움직이는 이야기 등이 SF 소재로 유행했다.

필립 K. 딕Philip K. Dick은 1960년대에 이미 그와 비슷한 소재로 인상적인 소설들을 써서 호평을 받았고, 1980년대 들어 윌리엄 깁슨William Gibson이 사이버 펑크 분위기를 이야기 속에서 한껏 멋지게 활용하면서 본격적으로 사이버 펑크가 유행하기 시작했다. 사람의 정신이란 어떤 것인가, 기술이 끝없이 발전하는 세상에서 정말로 소중한 가치란 무엇인가, 인간성의 본질은 무엇인가를 소재로 슬쩍슬쩍 활용하는 이야기들이 이 시기 SF의 울적하면서도 무언가 번뜩이는 듯한 분위기를 장식했다는 느낌이다.

시대에 따른 SF 유행에 관해서 좀 더 이야기해 본다면, 과학 기술의 발전이 과학을 소재로 활용하는 SF의 유행과 어느 정도 관계가 있을 거라는 관점도 짚어볼 만하다.

1960년대에는 미국과 소련이 우주 개발에서 누가 먼저 앞서느냐를 두고 나라의 운명이 걸린 것처럼 막대한 예산을 투자하며 서로 경쟁했다. 그 덕분에 우주선, 로켓에 관한 소식이 사람들 사이에서 무척 자주 거론되었고, 1969년 미국의 달 착륙은 굉장히 중요한 사건이자 거대한 축제처럼 홍보되었다. 그런 분위기에서 자연히, 미래에 더욱 먼 우주를 탐사하는 사람들이 등장하는 〈스타 트렉〉 시리즈 같은 SF TV극이 나올 수 있었을 것이다.

1980년대가 되면 사람들은 비디오게임이나 컬러텔레비전과 같은 전자 장비를 통해 더 생생하고 자극적인 문화에 깊이 빠져들게 된다. 그런 문화 속에서 사람의 정신과 전자 기기를 연결하는 것을 소재로 삼은 윌리엄 깁슨의 《뉴로맨서Neuromancer》 같은 SF 장편소설이 나왔다고 할 수 있다.

그렇다면 반다나 싱의 SF는 21세기 SF의 유행이나, 20세기 말 인도의 과학 기술 발전을 반영하고 있는 것일까?

꼭 그렇게 볼 수는 없다. 나는 반다나 싱이 인도 출신이기 때문에 그의 SF에 인도의 과학 기술이 반영되었을 거라고 넘겨짚는 것은 섣부른 짐작이라고 본다. 싱의 소설에는 최첨단 과학 기술의 특징을 잡아내는 이야기보다는, 쉬운 서술과 선명한 묘사 속에서도 복잡하고 오묘한 기분이 드는 장면을 환상적으로 펼쳐내는 솜씨가 더 많이 눈에 띈다. 그러면서도 반다나 싱의 SF를 이루고 있는 글의 한편에는 시대상이 묻어 있다. 싱은 현실과 동떨어진 글을 쓰는 작가가 아니기 때문이다. 물론 급격히 성장 중인 나라에서 과학 기술과 미래 사회에 대해 가질 만한 생각들을 반영하는 대목들이 보이기는 한다.

아닌 게 아니라, 인도 과학 기술의 발전은 확실히 독특한 면을 드러낼 때가 있다. 예를 들어, 인도가 보유한 우주 기술은 세계 어느 나라 못지않게 수준이 높으면서도, 기술 개발의 역사는 전형적인 우주 선진국들과 확연히 다르다.

우선 인도는 우주에 인공위성을 발사하는 로켓을 진작부터 개발하여 꾸준히 운영해 오고 있는 나라다. 나는 PSLV가 인도를 대표하는 로켓이라고 생각한다.

PSLV는 극궤도, 그러니까 지구를 주로 타원 모양으로 빙빙 도는 인공위성을 우주에 띄워놓을 수 있는 로켓이다. 크기는 44미터로 한국 최초의 완전 자체 개발 로켓인 누리호와 비슷한데, 사실 인도의 PSLV가 한국의 누리호보다 조금 더 작다. PSLV는 로켓을 처음 개발하는 나라가 만들 만한 크기의 작은 로켓이다. 그러나 인도는 한국의 누리호에 비해 30년 정도 앞선 1990년대 초에 이미 PSLV를 개발했고, 그 후 이 로켓을 계속 개량하면서 꾸준히 발전시켜 수많은 용도로 활용했다. PSLV 로켓의 기본 설계는 지금도 쓰이고 있다.

특히 인도의 로켓 개발 당국은 신선한 발상과 특이한 착안을 최대한 도입해서 비용을 낮추기 위해 노력했다. 인도는 빈민층 인구가 상당한 편이다. 거액을 투자해서 로켓을 발사하고 우주 임무를 수행할 돈으로 차라리 가난한 사람들을 도와주는 게 낫지 않느냐는 비판이 항상 따를 수밖에 없다. 인도 당국은 그 때문에라도 우주 사업에 최대한 돈을 적게 들이려고 애쓴다. 가끔 비용을 믿을 수 없을 만큼 줄이는 데 성공해서 다른 나라 기술진을 당황하게 만들기도 한다. 2017년에는 한 번의 발사로 104개의 작은 인공위성을 PSLV 계열 로켓에 싣고 올라가 모두 우주에 띄워놓는 신기록을 세우기도 했다. 로켓 한 대로 인공위성 한 대를 띄우는 사업과 비교하면, 단순히 인공위성 개수로 따졌을 때 비용을 100분의 1 이하로 줄였다는 계산이 나온다.

인도는 저렴한 가격을 내세워 다른 나라의 인공위성을 대신 우주에 띄워 올려주는 사업을 하면서 돈을 벌기도 한다. 1999년 한국의 우리별 3호 인공위성을 우주에 보낸 로켓도 바로 인도의 PSLV 계열 로켓이었다. 우리별 3호는 외국에서 기술을 배워 와서 만든 인공위성 우리별 1호, 우리별 2호와 달리 국내에서 처음으로 자체 설계, 제조한 인공위성이었다. 실험에 가까운 초창기 인공위성 개발에 도전하던 시기였으니 혹시 실패해서 좋은 성과가 나지 않더라도 큰 비용을 날리지 않도록 조심해야 할 필요가 있었다면, 값싸게 우주로 갈 수 있는 인도의 PSLV 로켓이 유용했을 것이다.

PSLV가 값싼 로켓이라고 해서 변변찮은 임무만 수행하는 것은 아니다. 인도는 달 근처까지 날아가서 달을 탐사하는 무인 우주 탐사선을 보낼 때도 바로 이 PSLV 계열의 로켓을 이용했다. 심지어 인도는 2013년 화성 근처까지 다가가서 화성을 관찰하고 사진을 촬영하는 무인 탐사선을 보낼 때도 PSLV 계열 로켓을 이용했다. 인도의 탐사선은 화성에 무사히 도착했는데, 이는 아시아 최초의 성공이자 인도가 세계에서 세 번째로 화성 탐사에 성공한 나라가 되는 순간이었고, 화성 탐사 사상 세계 최초로 처음 도전에서 성공한 탐사이기도 했다.

2014년, 인도인들은 화성 탐사 성공을 국가적인 자랑거리로 선전했다. 지구에서 화성까지의 거리는 평균 2억 킬로미터가 넘는데, 그 먼 거리를 날아가 화성에서 너무 멀어지지도 않고 행성에 추락하지도 않으면서 계속 돌 수 있는 위치를 찾아 정확히 머물렀다는 뜻이다. 그냥 그 지점에 도달한 것만으로도 굉장한 기술이라고 할 만하다.

전설 같은 이야기지만, 인도에서 PSLV 로켓과 우주 개발 사업을 진행하던 중 값싼 장비를 쓰려다 보니 인공위성이나 로켓 부품 같은 것을 옮길 때 소달구지를 이용한 적도 있다고 한다. 그렇게 소달구지까지 동원해서 로켓을 만들며 차근차근 도전한 결과 화성까지 우주선을 보낼 수 있었던 것이다. 이것이 워낙 멋진 소재라고 생각했는지, 인도에서는 화성 탐사선 이야기를 다룬 영화가 여러 편 제작되기도 했다.

인도인들은 화성 탐사에 소요된 금액이 대략 700억 원으로 대단히 저렴했다는 점을 특히 자랑스럽게 여겼다. 실제로 당시 인도에서 나왔던 비교로, 지구 주위의 우주정거장에서 일어나는 일을 다룬 〈그래비티Gravity〉라는 할리우드 영화를 찍는 데 미국인들이 들인 돈이 약 1,000억 원이라는 이야기가 있다. 그런데 인도인들은 실제로 그보다 더 적은 돈으로 화성까지 우주선을 보냈다.

인도 사회에는 인도만의 독특한 옛 문화의 흔적이 여전히 많이 남아 있다. 그러면서도 화성까지 도달하는 우주선을 개발하는 데 성공했다. 이런 사연은 빠르게 발전하는 과학 기술과 그보다 늦게 변화해 나가는 문화의 융합 및 충돌을 자연스럽게 떠올리게 한다. 인도 사회의 성차별적인 인습이 심각한 문제로 지적되는 동시에, 인도 화성 탐사선 사업을 성공시키는 데 기여한 인도 여성 과학 기술인의 업적이 자랑스럽게 칭송되기도 한다. 이런 융합과 충돌은 서로 조금씩 다른 모습으로 나타날 뿐 어느 나라에서나 관찰된다. 어떤 나라에서는 사람들의 이해와 적응이 기술 발전을 따라가지 못하는 문화 지체 현상으로 표현되기도 하며, 어떤 나라에서는 세대 차이로 나타나기도 한다.

소달구지와 행성 간 우주선이 같이 있는 인도를 배경으로 반다나 싱은 미래, 현대, 과거가 충돌하는 소설을 썼다. 그런 소설을 써나가면서도, 외계 행성 탐사대의 대장이나 천재 과학자가 겪는 모험이 아니라 평범한 도시 주부의 일상을 배경으로 삼는다.

글을 잘 쓴다는 것도 눈에 띄는 장점이다. 부드럽게 이어지는 중에 리듬감마저 느껴지는 문장을 읽다보면, 먼 나라의 이야기지만 가까운 이웃의 생활처럼 친근하게 다가오는 삶이 펼쳐진다. 그리고 그 가까운 삶이 우주 바깥이나 별처럼 환상적인 세상의 이야기로 이어지는 순간, 싱은 현대사회를 사는 사람의 고민을 짚고, 종교 문제에 걱정하는 사회상을 짚고, 인도 여성의 걱정을 짚어나간다.

다시 먼 옛날 이야기로 거슬러 올라가면, 옛이야기 속 사람들은 밤하늘의 별과 행성을 보면서 신령과 운명을 생각했다. 《변신 이야기》에 나오는 그리스 로마 신화의 신들은 성스러운 사물들을 밤하늘에 올려 별자리로 만들었고, 《수호전》에 기록된 전설과 풍문에서는 밤하늘에 빛나는 별들이 천상의 세계에 사는 마귀나 천사로 등장했다. 그런데 21세기는 돈 700억 원을 들여서, 연료로 실어놓은 사산화이질소와 모노메틸하이드라진의 폭발하는 화학반응을 이용해 우주를 날아다니는 쇳덩어리를 지구 바깥의 행성, 바로 저런 천상의 세계에 보낼 수 있는 시대다. 과거 사람들은 화성을 전쟁의 신이라 여겼고, 천문학자들을 홀리는 행성이라고 믿기도 했다. 그런데 지금은 화성에 도착한 우주선이 디지털카메라로 사진을 찍어서 SNS에 공유하는 시대가 왔다.

이런 세상에서는 미래를 생각하고 새로운 꿈을 상상하는 방법이 달라질 수밖에 없다. 수많은 작가들이 SF를 이용해, 별과 행성을 보며 꿈꾸던 먼 이야기를 우리의 일상 곁으로 끌어 오려 하고 있다. 반다나 싱은 일찌감치 그 도전에 성공한 작가라는 평을 받기에 충분하다.

참고문헌

• 김부식, 《삼국사기(三國史記)》, 국사편찬위원회 한국사데이터베이스(국역).
• 김종서 등, 《고려사절요(高麗史節要)》, 국사편찬위원회 한국사데이터베이스(국문).
• 신숙주 등, 《고려사(高麗史)》, 국사편찬위원회 한국사데이터베이스(국문).
• 일연, 《삼국유사(三國遺事)》, 국사편찬위원회 한국사데이터베이스(국역).
• 《조선왕조실록(朝鮮王朝實錄)》, 국사편찬위원회 조선왕조실록 대국민 온라인 서비스.

chapter 1

• 박배근, 〈이라크 주둔 한국군의 국제법적 지위〉, 《법학연구》 48, no.1(2007), pp.321~346.
• Abusch, Tzvi, "6. The Development and Meaning of the Epic of Gilgamesh: An Interpretive Essay", *Male and Female in the Epic of Gilgamesh*, Penn State University Press, 2021, pp.127~143.
• Algaze, Guillermo, "The end of prehistory and the Uruk period", *The Sumerian World*, Routledge, 2013, pp.92~118.
• Baenas, Tomás, Alberto Escapa, and Jose M. Ferrandiz, "Precession of the

non-rigid Earth: Effect of the mass redistribution", *Astronomy & Astrophysics* 626(2019), A58.

- Charmet, Gilles, "Wheat domestication: lessons for the future", *Comptes rendus biologies* 334, no.3(2011), pp.212~220.
- Cheng, Hai, R. Lawrence Edwards, Ashish Sinha, Christoph Spötl, Liang Yi, Shitao Chen, Megan Kelly et al., "The Asian monsoon over the past 640,000 years and ice age terminations", *Nature* 534, no.7609(2016), pp.640~646.
- De Villiers, Prinsloo, "Gilgamesh sees the deep: from shame to honour", *Journal for Semitics* 11, no.1(2002), pp.23~44.
- Feldman, Moshe, "Historical aspects and significance of the discovery of wild wheats: (origin of wheat, evolution, gene pools)", 1977.
- Jager, Bernd, "The birth of poetry and the creation of a human world: An exploration of the Epic of Gilgamesh", *Journal of Phenomenological Psychology* 32, no.2(2001), pp.131~154.
- Kbah, AA Rashid, "The Integration of Sustainable Cities in the Marshes(Iraq)", *IOP Conference Series: Earth and Environmental Science*, vol.290, no.1, IOP Publishing, 2019, p.012125.

- Pitskhelauri, Konstantine, "Uruk migrants in the Caucasus", *Bull. Georg. Natl Acad. Sci* 6(2012), pp.153~161.
- Saltzman, Barry, and Kirk A. Maasch, "Carbon cycle instability as a cause of the late Pleistocene ice age oscillations: modeling the asymmetric response", *Global Biogeochemical Cycles* 2, no.2(1988), pp.177~185.
- Trescak, Tomas, Anton Bogdanovych, and Simeon Simoff, "City of Uruk 3000 BC: Using genetic algorithms, dynamic planning and crowd simulation to re-enact everyday life of ancient Sumerians", Social Simulation Conference, 2014.
- Weaver, Andrew J., and Claude Hillaire-Marcel, "Global warming and the next ice age", *Science* 304, no.5669(2004), pp.400~402.
- Zampieri, Matteo, Andrea Toreti, Andrej Ceglar, Gustavo Naumann, Marco Turco, and Claudia Tebaldi, "Climate resilience of the top ten wheat producers in the Mediterranean and the Middle East", *Regional*

Environmental Change 20, no.2(2020), pp.1~9.

- Zhao, Haiyan, Boli Guo, Yimin Wei, Bo Zhang, Shumin Sun, Lei Zhang, and Junhui Yan, "Determining the geographic origin of wheat using multielement analysis and multivariate statistics", *Journal of Agricultural and Food Chemistry* 59, no.9(2011), pp.4397~4402.

chapter 2

- Devers, Quentin, Viraf Mehta, and Tashi Ldawa, "A Review of Rock Art Discoveries in Ladakh over the Last Fourteen Decades", Flight of the Khyung, 2017.
- Edwards, Steven A., "The iron god that was carved from a meteorite", *American Association for the Advancement of Science*, Mon, 10/08/2012.
- Comelli, Daniela, Massimo D'orazio, Luigi Folco, Mahmud El-Halwagy, Tommaso Frizzi, Roberto Alberti, Valentina Capogrosso et al., "The meteoritic origin of Tutankhamun's iron dagger blade", *Meteoritics & Planetary Science* 51, no.7(2016), pp.1301~1309.
- Siegelová, Jana, and Hidetoshi Tsumoto, "Metals and metallurgy in Hittite Anatolia", *Insights into Hittite History and Archaeology*, 2011, pp.275~300.
- Wright, Nathan J., Andrew S. Fairbairn, J. Tyler Faith, and Kimiyoshi Matsumura, "Woodland modification in Bronze and Iron Age central Anatolia: an anthracological signature for the Hittite state?", *Journal of Archaeological Science* 55(2015), pp.219~230.
- 심재연, 〈강원지역 청동유물의 출토 맥락 검토〉, 《고고학》 19(2020), pp.25~40.
- Fleischer, Michael, "The abundance and distribution of the chemical elements in the earth's crust", *Journal of Chemical Education* 31, no.9(1954), p.446.
- Easton, Donald F., J. David Hawkins, Andrew G. Sherratt, and E. Susan Sherratt, "Troy in recent perspective", *Anatolian Studies* 52(2002), pp.75~109.

chapter 3

- CLINCIU, Alina, "The musical libretto and the "accompaniment" functions subsumed to it. The Hourglass opera "The last days, the last hours..." by Anatol Vieru", Bulletin of the *Transilvania* University of Braşov, Series VIII: Performing Arts 8, no.2-Suppl.(2015), pp.95~100.
- Panici, William Franklin, "From Literature to Music and Film: The Myth of Orpheus and Eurydice", *Journal of the Washington Academy of Sciences* 77, no.1(1987), pp.32~35.
- Hannah, Robert, "The Pantheon as a timekeeper", *British Sundial Society Bulletin* 21, no.4(2009), pp.2~5.
- Mark, Robert, and Paul Hutchinson, "On the structure of the Roman Pantheon", *The Art Bulletin* 68, no.1(1986), pp.24~34.
- Edwards, James Frederick, "Building the great pyramid: Probable construction methods employed at Giza", *Technology and Culture* 44, no.2(2003), pp.340~354.
- 배문규, 〈여의도 국회의사당은 어쩌다 지붕에 돔을 얹었나〉, 《경향신문》, 2015. 10. 03.
- Delatte, Norbert J., "Lessons from Roman cement and concrete", *Journal of Professional Issues in Engineering Education and Practice* 127, no.3(2001), pp.109~115.
- 이주현, 〈[이슈분석] 최첨단 기술 집약체 롯데월드타워〉, 《전자신문》, 2017. 04. 12.
- Ryan, John F., "The story of Portland cement", *Journal of Chemical Education* 6, no.11(1929), p.1854.
- 알란 클리네, 세실리아 클리네, 원미선 옮김, 《고대 그리스로마의 진기록들》, 물레, 2008.
- Wheeler, Arthur L., "Topics from the Life of Ovid", *American Journal of Philology*, 1925, pp.1~28.
- 김현석, 강희정, 〈시멘트산업의 온실가스 배출저감 시나리오 분석〉, 《한국대기환경학회지》(국문) 22, no.6(2006), pp.912~921.

- 김재원, 문혁, 이윤선, 김재준, 〈시멘트 소비량과 건축 건설투자지표 비교분석을 통한 건축산업 변화요인 분석〉, 《대한건축학회 논문집 - 구조계》 24, no.1(2008), pp.171~178.

chapter 4

- 李濚旭, 金成紋, 〈고려속요 〈雙花店〉에 수용된 다문화적 요소 考究〉, 《다문화콘텐츠연구》 12(2012), pp.203~223.
- 정수일, 〈혜초의 서역기행과 《왕오천축국전》〉, 《한국문학연구》 27(2004), pp.26~50.
- Darwish, H., "Arabic loan words in English language", *Journal of Humanities and Social Science* 20, no.7(2015), pp.105~109.
- Arndt, A. B., "Al-Khwarizmi", *The Mathematics Teacher* 76, no.9(1983), pp.668~670.
- Mehri, Bahman, "From Al-Khwarizmi to Algorithm", *Olympiads in Informatics* 11, no.71~74(2017).
- Nabirahni, David M., Brian R. Evans, and Ashley Persaud, "Al-Khwarizmi(Algorithm) and the development of algebra", *Mathematics Teaching Research Journal* 11, no.1~2(2019), pp.13~17.
- 〈조선 초기 세계지도, 나일강 위치까지 어떻게 알았을까〉, 《중앙일보》, 2012. 08. 11.
- 신병주, 〈610년 전 조선이 바라본 세계 - 「혼일강리역대국도지도」〉, 한국고전번역원, 2011.
- Durham, John W., "The introduction of "Arabic" numerals in European accounting", *The Accounting Historians Journal*, 1992, pp.25~55.
- Bhattacharya, Ramkrishna, "The Global Victory of the Indo-Arabic Number System", *Indo-Iranica*, March & June, 2007, pp.13~24.

chapter 5

- Von Glahn, Richard, "Re-examining the Authenticity of Song Paper Money

Specimens", *Journal of Song-Yuan Studies* 36(2006), pp.79~106.
- Barker, Randolph, "The origin and spread of early-ripening champa rice: it's impact on Song Dynasty China", *Rice* 4, no.3(2011), pp.184~186.
- Shaffer, Lynda, "China, technology and change", *World History Bulletin* 4, no.1(1986), pp.4~6.
- 박성래, 〈기계시계 원조 자동천문시계 만든 송(宋)의 소송(蘇頌)〉, *The Science & Technology* 12(2004), pp.100~101.
- Baigrie, Brian S., "The justification of Kepler's ellipse", *Studies in History and Philosophy of Science*, Part A 21, no.4(1990), pp.633~664.
- 贾连港, "北宋末年郭京"六甲神兵"之由来蠡测——基于钦宗君臣思想来源的考察". 宗教学研究 3(2019).

chapter 6

- Kim, H. C., M. S. Ahn, and J. H. Kim, "The History & Future Prospect of Industrial Explosives and Pyrotechnic", *The Journal of KSEE* 18, no.3(2000), p.13.
- 이용우, 김민재, 왕승원, 김재호, 허환일, 〈조선시대 로켓인 대신기전 복원: 약통에 대한 기초연구〉, 《한국추진공학회 학술대회논문집》, 2008, pp.211~214.
- 정이오, 〈화약고 기문(火藥庫 記文)〉: 《신증동국여지승람(新增東國輿地勝覽)》, 한국고전번역원(김규성 번역, 1969).

chapter 7

- 최웅, 〈우리가 몰랐던 은 이야기〉, 《E²M-전기 전자와 첨단 소재》(구 전기전자재료) 32, no.6(2019), pp.54~59.
- 진보성, 〈『오주서종박물고변』 저술의 성격과 이규경의 박물관(博物觀)〉, 《인문학논총》 45(2017), pp.125~148.
- Eamon, William, "Alchemy in Popular Culture: Leonardo Fioravanti and the Search for the Philosopher's Stone", *Early Science and Medicine*, 2000, pp.196~213.

- Wennerlind, Carl, "Credit-money as the philosopher's stone: Alchemy and the coinage problem in seventeenth-century England", *History of Political Economy* 35, no.5(2003), pp.234~261.
- TAKEDA, Tatsuya, "Industrial Heritage and Museums in Sado-In Comparison with Iwami-Ginzan Silver Mine", *Transactions of Japan Society of Kansei Engineering* 9, no.2(2010), pp.465~474.
- 김시덕, 《일본인 이야기 1 - 전쟁과 바다》, 메디치미디어, 2019.
- 김시덕, 《일본인 이야기 2 - 진보 혹은 퇴보의 시대》, 메디치미디어, 2020.
- Sutton, J. E. G., "The African lords of the intercontinental gold trade before the Black Death: al-Hasan bin Sulaiman of Kilwa and Mansa Musa of Mali", *The Antiquaries Journal* 77(1997), pp.221~242.
- Musa, Mansa, "Mansa Musa", *African Biography: Kru-Mus* 2(1999), p.388.
- Wilson, Robin, "The Age of Exploration", *The Mathematical Intelligencer* 36, no.4(2014), pp.114~114.
- Bell, Coral, "The end of the Vasco da Gama era", *Lowy Institute for International Policy*, 2007, p.2.

- O'ROURKE, KEVIN H., and Jeffrey G. Williamson, "Did Vasco da Gama matter for European markets? 1", *The Economic History Review* 62, no.3(2009), pp.655~684.
- Axelson, Eric, "Finding of a Bartolomeu Dias Beacon", *South African Geographical Journal* 21, no.1(1939), pp.28~38.
- Keegan, William F., and Steven W. Mitchell, "The archaeology of Christopher Columbus' voyage through the Bahamas, 1492", *American Archaeology* 6, no.2(1987), pp.102~108.
- Desai, Christina M., "The Columbus myth: Power and Ideology in Picturebooks about Christopher Columbus", *Children's Literature in Education* 45, no.3(2014), pp.179~196.
- Fernandez-Armesto, Felipe, "Vasco da Gama", Britannica.
- Porter, Jonathan, "The Transformation of Macau", *Pacific Affairs*, 1993, pp.7~20.
- Kamper, Karl W., "Polaris today", *Journal of the Royal Astronomical Society*

of Canada 90(1996), p.140.
- Jim Kaler, "ACRUX(Alpha Crucis)", http://stars.astro.illinois.edu/sow/sow.html, 4/07/00; revised 7/03/09.
- Castro, F., N. Budsberg, J. Jobling, and A. Passen, "The Astrolabe Project", *Journal of Maritime Archaeology* 10, no.3(2015), pp.205~234.
- 이진현, 〈기독교 수도승 제르베르의 아스트롤라베 도입 사례로 본 이슬람 천문학의 중세 유럽 전래〉, 《통합유럽연구》 11, no.3(2020), pp.1~27.
- 김효영, 〈태양을 닮은 항해 도구, 항해용 아스트롤라베〉, 《해항도시문화교섭학》 15(2016), pp.241~249.
- 김상혁, 〈구만옥, 『조선후기 의상개수론과 의상 정책』(혜안, 2019), 432쪽〉, 《한국과학사학회지》 42, no.1(2020), pp.325~328.
- '혼개통헌의(渾蓋通憲儀)', 국가문화유산포털.
- 이기철, 〈[이기철의 노답 인터뷰] "한국 고천문 강국 가능성 충분…그러자면 고천문박물관이 필요하죠" 고천문학자 민병희 연구원이 말하는 고천문박물관 필요성〉, 《서울신문》, 2018. 11. 22.

chapter 8

- 임학성, 〈조선시대 奴婢制의 推移와 노비의 존재 양태: 동아시아의 奴婢史 비교를 위한 摸索〉, 《역사민속학》 41(2013), pp.73~99.
- 장경준, 〈18-19세기 노비 호구수 변화 양상에 대한 재검토: 호적대장을 바라보는 새로운 시각〉, 《역사민속학》 52(2017), pp.103~127.
- Davis, David B., "James Cropper and the British anti-slavery movement, 1823-1833", *The Journal of Negro History* 46, no.3(1961), pp.154~173.
- Peaucelle, Jean-Louis, and Cameron Guthrie, "How Adam Smith found inspiration in French texts on pin making in the Eighteenth century", *History of Economic Ideas*, 2011, pp.41~68.
- 배은아, 〈《迂書》에 나타난 유수원의 상업정책론〉, 《한국여성교양학회지》 23(2014), pp.19~60.
- 이장존, 박석환, 임성태, 한민수, 〈고려시대 선체출토 석탄의 재료학적 특성 및 국산 석탄과의 비교 연구〉, 《보존과학회지》 Vol.29, no.4(2013).

• 〈탄광사고로 9명 사상자 난 장성광업소 어떤 곳〉, 《연합뉴스》, 2012. 02. 05.
• Lovland, Jorgen, "A history of Steam power", Department of Chemical Engineering, NTNU, 2007.
• Frenken, Koen, and Alessandro Nuvolari, "The early development of the steam engine: an evolutionary interpretation using complexity theory", *Industrial and Corporate Change* 13, no.2(2004), pp.419~450.
• 박재광, 〈우리나라의 전통무기 – 대원군의 국방강화 의지의 산물 '중포, 소포'〉, *The Science & Technology* 7(2007), pp.39~45.

chapter 9

• Bucci, Ovidio Mario, "Electromagnetism without fields: From Ørsted through Ampère to Weber[Historical Corner]", *IEEE Antennas and Propagation Magazine* 62, no.4(2020), pp.128~137.
• Martins, Roberto De Andrade, "Resistance to the Discovery of Electromagnetism: Ørsted and the Symmetry of the Magnetic Field", *Volta and the History of Electricity*, 2003, pp.245~266.
• Israel, Paul B., "Inventing industrial research: Thomas Edison and the Menlo Park laboratory", *Endeavour* 26, no.2(2002), pp.48~54.
• The Editors of Encyclopaedia Britannica. 'O. Henry', Britannica.

chapter 10

• Durham, Carolyn A., "Modernism and mystery: the curious case of the Lost Generation", *Twentieth Century Literature* 49, no.1(2003), pp.82~102.
• Oliver, Charles M., "Ernest Hemingway A to Z: The Essential Reference to His Life and Works", 1999.
• Seals, Marc, "Trauma theory and Hemingway's lost Paris manuscripts", *The Hemingway Review* 24, no.2(2005), pp.62~72.
• Pennington, Hugh, "The impact of infectious disease in war time: a look back at WW1", 2019, pp.165~168.

- Hall, George J., "Exchange rates and casualties during the First World War", *Journal of Monetary Economics* 51, no.8(2004), pp.1711~1742.
- Royde-Smith, John Graham, 'World War I', Britannica.
- Moreland, Kim, "Just the tip of the iceberg theory: Hemingway and Sherwood Anderson's "Loneliness"", *The Hemingway Review* 19, no.2(2000), p.47.
- Steinmann, Gunter, Alexia Prskawetz, and Gustav Feichtinger, "A Model on the Escape from the Malthusian Trap", *Journal of Population Economics* 11, no.4(1998), pp.535~550.
- Korotayev, Andrey, and Julia Zinkina, "East Africa in the Malthusian trap?", *Journal of Developing Societies* 31, no.3(2015), pp.385~420.
- Fowler, David, Mhairi Coyle, Ute Skiba, Mark A. Sutton, J. Neil Cape, Stefan Reis, Lucy J. Sheppard et al., "The global nitrogen cycle in the twenty-first century", *Philosophical Transactions of the Royal Society B: Biological Sciences* 368, no.1621(2013).
- Jones, Grinnell, "Nitrogen: its fixation, its uses in peace and war", *The Quarterly Journal of Economics* 34, no.3(1920), pp.391~431.

chapter 11

- 정환국, 〈송사소설(訟事小說)의 전통과 『신단공안(神斷公案)』〉, 《한문학보》 23(2010), pp.529~556.
- Malmgren, Carl D., "The crime of the sign: Dashiell Hammett's detective fiction", *Twentieth Century Literature* 45, no.3(1999), pp.371~384.
- Devereux, Danielle Marie, "Through the Magnifying Glass: Exploring British Society in the Golden Age Detective Fiction of Agatha Christie and Ngaio Marsh", 2012.
- Hadley, Mary, "American Detective Fiction in the 20th Century", Oxford Research Encyclopedia of Literature, 2017.
- Alizon, Fabrice, Steven B. Shooter, and Timothy W. Simpson, "Henry Ford and the Model T: lessons for product platforming and mass customization",

International Design Engineering Technical Conferences and Computers and Information in Engineering Conference, vol.43291(2008), pp.59~66.
- Williams, Karel, Colin Haslam, and John Williams, "Ford versus 'Fordism': The Beginning of Mass Production?", *Work, Employment and Society* 6, no.4(1992), pp.517~555.
- Wilson, James M., "Henry Ford: A just-in-time pioneer", *Production and Inventory Management Journal* 37, no.2(1996), p.26.
- Wicks, Frank, "The Remarkable Henry Ford", *Mechanical Engineering* 125, no.5(2003), p.50.
- 경찰청 보도자료, 〈현 정부 출범 이후 교통사고 사망자 1,106명(26.4%) 감소〉, 대한민국정책브리핑, 2021. 02. 25.

chapter 12

- 하상섭, 〈아르헨티나 식량안보와 식량주권 위기: GM 대두생산 사례 연구〉, 《중남미연구》 31, no.2(2012), pp.161~189.
- 추종연, 〈남미지역의 곡물자원 현황과 우리기업의 진출문제〉, *Translatin* 3(2008).
- 톰 잭슨, 김희봉 옮김, 《냉장고의 탄생》, MID, 2016.
- 손영식, 〈석빙고고(石氷庫考)〉, 《한국건축역사학회논문집》 2, no.2(1993), pp.9~25.
- 고동환, 〈조선후기 경강의 냉장선 빙어선(氷魚船) 영업과 그 분쟁〉, 《서울학연구》 69(2017), pp.119~150.
- Braun, Oscar, and Leonard Joy, "A Model of Economic Stagnation—A Case Study of the Argentine Economy", *The Economic Journal* 78, no.312(1968), pp.868~887.
- Halperin, Tulio, "The Argentine Export Economy: Intimations of Mortality, 1894 – 1930", *The Political Economy of Argentina 1880–1946*, Palgrave Macmillan, 1986, pp.39~59.
- Korol, Juan Carlos, and Hilda Sabato, "Incomplete Industrialization: An Argentine Obsession", *Latin American Research Review* 25, no.1(1990),

pp.7~30.
- Toulan, Omar N., and Mauro F. Guillén, "Beneath the surface: The impact of radical economic reforms on the outward orientation of Argentine and Mendozan firms, 1989–1995", *Journal of Latin American Studies* 29, no.2(1997), pp.395~418.
- Lissardy, Zelmar, "ARGENTINA RUNS SHORT OF CURRENCY GOVERNMENT DECLARES BANK HOLIDAY WHILE MORE AUSTRALS PRINTED", April 29, 1989.
- Keiser, Graciela, "MODERNISM/POSTMODERNISM IN "THE LIBRARY OF BABEL": JORGE LUIS BORGES'S FICTION AS BORDERLAND", *Hispanófila* 115(1995), pp.39~48.
- 〈[보르헤스 100주년]「부에노스아이레스의…」 시선집〉, 《조선일보》, 1999. 08. 22.
- 〈끝없이 두갈래로 갈라지는 길에 있는 보르헤스〉, 《한겨레》, 2018. 03. 15.

chapter 13

- 김안로, 이한조 옮김, 〈용천담적기(龍泉談寂記)〉, 한국고전번역원, 1971.
- 선무외, 《대비로자나성불신변가지경(大毘盧遮那成佛神變加持經)》, 동국대학교 불교기록문화유산 아카이브.
- 변순미, 〈힌두교와 불교에서 방위와 수호신의 관계 비교〉, 《인도철학》 35(2012), pp.151~189.
- Komerath, Narayanan, and Nicholas Boechler, "The space power grid" Proceedings of IAC 2006.
- Sudhakar, Goparaju, "ISRO: 104 satellites in 1 Go", *Vidyaniketan Journal of Management Research*, 2018, pp.74~94.
- Rotteveel, Jeroen, and Abe Bonnema, "Launch services 101, managing a 101 CubeSat launch manifest on PSLV-C37", 2017.
- Nampoothiri, M. Vishnu, L. Sowmianarayanan, B. Jayakumar, and P. Kunhikrishnan, "PSLV-C25: the vehicle that launched the Indian Mars Orbiter", *Current Science*(00113891) 109, no.6(2015).

- Sundararajan, Venkatesan, "Mangalyaan-Overview and Technical Architecture of India's First Interplanetary Mission to Mars", *AIAA Space 2013 Conference and Exposition*, 2013, p.5503.
- Negi, Kuldeep, B. S. Kiran, and Satyendra Kumar Singh, "Mission Design and Analysis for Mars Orbiter Mission", *The Journal of the Astronautical Sciences* 67, no.3(2020), pp.932~949.
- 박성동, 임종태, 〈우리별 위성 개발〉, *Satellite Communications and Space Industry* 10, no.1(2002), pp.67~82.
- 김보영, 박상준, 심완선, 《SF 거장과 걸작의 연대기》, 돌베개, 2019.
- Bannerjee, Suparno, "An Alien Nation: Postcoloniality and the Alienated Subject in Vandana Singh's Science Fiction", *Extrapolation*(University of Texas at Brownsville) 53, no.3(2012).
- Byrne, Deirdre, and David Levey, "Memory as a Distorting and Refracting Mirror in Short Science Fiction by Vandana Singh and Kathleen Anne Goonan", *English Studies in Africa* 56, no.2(2013), pp.60~72.

- 20쪽: 길가메시 부조. BC. 721~705, 파리 루브르박물관 호르사바드 궁.
- 20쪽: 엔키두. BC. 2027~1763, 바그다드 이라크 국립박물관. ⓒ Osama Shukir Muhammed Amin FRCP(Glasg).
- 23쪽: 우루크 시대의 원통 인장(cylinder seal). BC. 3100년경, 파리 루브르박물관. ⓒ Marie-Lan Nguyen.
- 32쪽: 《뉘른베르크 연대기(Liber Chronicarum)》(1493)의 삽화.
- 33쪽: 에드워드 힉스(Edward Hicks), 〈노아의 방주(Noah's Ark)〉, 1846, 필라델피아 미술관.
- 39쪽: Tablet V of *the Epic of Gilgamesh*, BC. 2003~1595, 이라크 술라이마니야 박물관. ⓒ Osama Shukir Muhammed Amin FRCP(Glasg).
- 48쪽: 1947년 지금의 러시아 시호테알린 지역에 떨어진 운석들. ⓒ H. Raab/ⓒ eigenes Bild.
- 49쪽: 철질운석으로 만든 톡차. ⓒ IPlantagenet.
- 51쪽: 문화재청 보도자료, 〈정선 아우라지 청동기 시대 취락유적에서 각목돌대문토기와 청동제 장신구 함께 출토〉(2016).
- 58쪽: 트로이의 목마. *Vergilius Romanus*, 5세기.
- 58쪽: 잔 도메니코 티에폴로(Gian Domenico Tiepolo), 〈트로이 성내로 들어가는 트로이의 목마(Processione del cavallo di Troia)〉, 1760년경, 런던 내셔널갤러리.

- 63쪽: BC. 370~360, 이탈리아 팔라초 자타 국립박물관.
- 73쪽: 아리 셰페르(Ary Scheffer), 〈에우리디케의 죽음에 슬퍼하는 오르페우스(La Mort d'Eurydice d'Ary Scheffer)〉, 1814년경, 소재 미상.
- 78쪽: 가브리엘 쥘 토마(Gabriel Jules Thomas), 〈오르페우스(Orphée)〉, 1854, 파리 루브르박물관. ⓒ Jamie_Mulherron.
- 80쪽: 로마 판테온. ⓒ Rabax63.
- 85쪽: 강원도 양양 낙산사(洛山寺)의 홍예문(虹蜺門). (본 저작물은 '문화재청'에서 공공누리 제1유형으로 개방한 '낙산사 홍예문(촬영: 문화재청)'을 이용하였으며, 해당 저작물은 '국가문화유산포탈' 사이트(https://www.heritage.go.kr/)에서 무료로 다운받으실 수 있습니다.)
- 88쪽: 판테온의 돔 지붕. ⓒ Anthony Majanlahti.
- 88쪽: 판테온 내부 천장의 오쿨루스. ⓒ Mohammad Reza Domiri Ganji.
- 88쪽: 조반니 파올로 파니니(Giovanni Paolo Panini), 〈로마 판테온의 내부(L'interno del Pantheon)〉, 1734, 런던 내셔널갤러리.
- 93쪽: 프랑스 남부의 퐁뒤가르(Pont du Gard). ⓒ Benh LIEU SONG.
- 107쪽: 산가지. (본 저작물은 '한국학중앙연구원'에서 공공누리 제1유형으로 개방한 '산가지/산목(촬영: 한국학중앙연구원, 유남해)'을 이용하였으며, 해당 저작물은 '한국민족문화대백과사전' 사이트(http://encykorea.aks.ac.kr/)에서 무료로 다운받으실 수 있습니다.)
- 113쪽: 〈혼일강리역대국도지도(混一疆理歷代國都之圖)〉(1402). 규장각 소장본.
- 117쪽: 페르디난드 켈러(Ferdinand Keller), 〈셰에라자드와 술탄 샤리야르(Scheherazade und Sultan Schariar)〉, 1880, 베를린 프리츠 구를리트 갤러리.
- 136~137쪽: 장택단(張擇端), 〈청명상하도(淸明上河圖)〉, 12세기, 베이징 고궁박물원.
- 140쪽: 북송 시대의 도자기들. 11~12세기, 미국 메트로폴리탄 미술관.
- 142쪽: 소송(蘇頌), 《신의상법요(新儀象法要)》(1092).
- 145쪽: 국보 제228호 '천상열차분야지도각석(天象列次分野之圖刻石)'(1395). 국립고궁박물관 소장. (본 저작물은 '국립고궁박물관'에서 공공누리 제1유형으로 개방한 '천상열차분야지도각석'을 이용하였으며, 해당 저작물은 '국립고궁박물관' 홈페이지(https://www.gogung.go.kr/)에서 무료로 다운받으실 수 있습니다.)
- 166쪽: 모원의(武備志), 《무비지(武備志)》(1621).

- 170쪽: 보물 제648호 '만력기묘명 승자총통(萬歷己卯銘 勝字銃筒)'(1579), 국립중앙박물관 소장.
- 174쪽: 조총(鳥銃). (본 저작물은 '국립고궁박물관'에서 공공누리 제1유형으로 개방한 '조총'을 이용하였으며, 해당 저작물은 '국립고궁박물관' 홈페이지(https://www.gogung.go.kr/)에서 무료로 다운받으실 수 있습니다.)
- 192~193쪽: 알프레도 가메이로(Alfredo R. Gameiro), 〈1497년 인도로 출발하는 바스쿠 다 가마(A partida de Vasco da Gama para a Índia em 1497)〉, 1900년경, 리스본 포르투갈 국립도서관.
- 195쪽: 테오도르 드 브리(Theodor de Bry), 〈마카오(Amacao)〉, 1598년경. Published by W. Richter in Frankfurt a. Main, 1606.
- 198쪽: 보물 제2032호 '혼개통헌의(渾蓋通憲儀)'(1787), 실학박물관 소장.
- 203, 205, 208쪽: 1894년 영국에서 출간된 《걸리버 여행기》의 삽화(by C. E. Brock).
- 209쪽: Jonathan Swift, *Travels into Several Remote Nations of the World, in The Works of Dr. Jonathan Swift* Vol. Ⅱ, London: Printed for C. Bathurst, 1768.
- 224쪽: *Great Industries of Great Britain,* Volume I(c.1880).
- 226쪽: *Practical physics for secondary schools. Fundamental principles and applications to daily life*(1913).
- 228쪽: *A History of the Growth of the Steam Engine*(1878).
- 231, 234쪽: Jules Verne, *Le tour du monde en quatre-vingts jours*, Paris: Pierre-Jules Hetzel & Cie, 1873. Illustration by Alphonse de Neuville and Léon Benett.
- 245쪽: 〈Mulberry Street, New York City〉(1900년경), 워싱턴 D.C. 미국 의회도서관.
- 250쪽: *Elementary Treatise on Natural Philosophy, Part 3: Electricity and Magnetism*(1876).
- 256쪽: Universal Stock Ticker(1872), 디트로이트 헨리 포드 박물관.
- 258쪽: 에디슨과 조수 프랜시스 젤(1929), 디트로이트 헨리 포드 박물관.
- 262쪽: 《누구를 위하여 종은 울리나》 초판 표지에 실릴 사진의 포즈를 취하는 헤밍웨이(1939). Lloyd Arnold 사진.
- 268쪽: 제1차 세계대전 당시 미국의 포스터. Wallace Robinson(1915).

- 268쪽: 인도 병사들. 런던 임페리얼 전쟁 박물관.
- 275쪽: Bilderdienst Süddeutscher Verlag, 1916.
- 304쪽: 1910년에 찍은 광고 사진. Harry Shipler of Shipler.
- 304쪽: *Life* magazine, volume 52(1908).
- 319쪽: 경주 석빙고 입구와 내부. (본 저작물은 '문화재청'에서 공공누리 제1유형으로 개방한 '경주 석빙고_입구'와 '경주 석빙고 빙실 내부(경사진 바닥과 홍예 틀)'를 이용하였으며, 해당 저작물은 '국가문화유산포탈' 사이트(https://www.heritage.go.kr/)에서 무료로 다운받으실 수 있습니다.)
- 322쪽: Antonin Rolet, *Les conserves de légumes de viandes des produits de la basse-cour et de la laiterie*, J.-B. Paris: Baillère et fils, 1913.
- 336쪽: *The Suffragette* by Sylvia Pankhurst. New York: Source Book Press, 1970.
- 337쪽: 무기 공장의 여성 노동자들. Horace Nicholls 사진. 런던 임페리얼 전쟁 박물관.
- 337쪽: 제2차 세계대전 당시 영국을 방문한 엘리너 루스벨트와 여성 기술자. Toni Frissell Collection, 워싱턴 D.C. 미국 의회도서관.

ㅅ

ㅇ

ㅈ

ㅎ

기타

화성 탐사선을 탄 걸리버:
곽재식이 들려주는 고전과 과학 이야기

초판 1쇄 발행 2022년 7월 7일
초판 3쇄 발행 2023년 5월 9일

지은이 | 곽재식
발행인 | 강봉자, 김은경

펴낸곳 | (주)문학수첩
주소 | 경기도 파주시 회동길 503-1(문발동 633-4) 출판문화단지
전화 | 031-955-9088(마케팅부), 9532(편집부)
팩스 | 031-955-9066
등록 | 1991년 11월 27일 제16-482호

홈페이지 | www.moonhak.co.kr
블로그 | blog.naver.com/moonhak91
이메일 | moonhak@moonhak.co.kr

ISBN 978-89-8392-980-8 03500